编委会

主 编

白建忠　柏晓东

副主编

王会斌　王明国　袁　涛　蒋万斌

编写者（以姓氏笔画为序）

王仙波　王会斌　王明国　王旭敏　王建平
牛继成　尹学红　卢　慧　田俊霞　白武星
白建忠　朱瑞瑞　吴　涛　吴富进　何永平
张　珞　柏晓东　姜国先　袁　涛　耿　荣
黄自林　黄　萍　蒋万斌　雍　忠　蔡卫国
魏学贞

青铜峡市耕地土壤与地力

白建忠　柏晓东　主编

黄河出版传媒集团
阳光出版社

图书在版编目(CIP)数据

青铜峡市耕地土壤与地力 / 白建忠, 柏晓东主编. -- 银川：阳光出版社, 2023.5
ISBN 978-7-5525-6812-7

Ⅰ.①青… Ⅱ.①白…②柏… Ⅲ.①耕作土壤－土壤肥力－土壤调查－青铜峡②耕作土壤－土壤评价－青铜峡 Ⅳ.①S159.243.4②S158

中国国家版本馆 CIP 数据核字(2023)第 086156 号

青铜峡市耕地土壤与地力　　　　白建忠　柏晓东　主编

责任编辑　申　佳
封面设计　姜喜荣
责任印制　岳建宁

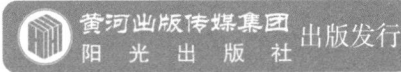

出 版 人	薛文斌
地　　址	宁夏银川市北京东路 139 号出版大厦（750001）
网　　址	http://www.ygchbs.com
网上书店	http://shop129132959.taobao.com
电子信箱	yangguangchubanshe@163.com
邮购电话	0951-5047283
经　　销	全国新华书店
印刷装订	宁夏凤鸣彩印广告有限公司
印刷委托书号	（宁）0026386

开　本	720 mm×980 mm　1/16
印　张	20.25
字　数	280 千字
版　次	2023 年 6 月第 1 版
印　次	2023 年 6 月第 1 次印刷
书　号	ISBN 978-7-5525-6812-7
定　价	58.00 元

版权所有　翻印必究

前　言

耕地是获取粮食及其他农产品最基础的生产资料。耕地质量是指由耕地地力、田间基础设施和耕地土壤环境等构成的满足农作物生长适宜性、安全性和持续性的能力。耕地质量水平直接影响农业产业结构、耕地产出能力及农产品质量。

青铜峡市于20世纪80年代完成第二次土壤普查，查清了全市土壤资源状况，包括土壤类型分布、理化性状、肥力状况及土地利用状况，系统地提出了农、林、牧、水产业综合经营、合理布局和综合利用的大农业发展战略。自2005年青铜峡市实施测土配方施肥以来，按照农业部和宁夏回族自治区测土配方施肥技术规程要求，对青铜峡市耕地土壤的分布、理化性状、土地利用现状、种植结构、产量水平、施肥状况等进行了全面调查，为青铜峡市农业结构调整、产业规划、耕地质量保护和建设、耕地改良利用、科学施肥和生态环境保护等提供了科学依据。

按照《国务院办公厅关于印发粮食安全省长责任制考核办法的通知》（国办发[2015]80号）、《国务院第三次全国国土调查领导小组办公室关于印发〈第三次全国国土调查耕地质量等级调查评价工作方案〉的通知》（国土调查办发[2018]19号）、农业部部长令《耕地质量调查与评价办法》《耕地质量等级》（GB/T 33469-2016）、《农业部办公厅关于做好耕地质量等级调查评价工作的通知》(农办农〔2018〕18号)、《农业农村部耕地质量监测保护中心关于印发〈全国耕地质量等级评价指标体系〉的通知》(耕地评价函〔2019〕87号)、《宁夏耕地质量等级调查评价工作方案》及《宁夏耕地质量检测调查与评价技术方案》(宁农(种)发〔2019〕20号)等文件要求和农业农村部总体部署,青铜峡市耕地地力评价工作在国家和自治区耕地地力长期监测的基础上,2012年完成了第一轮县域耕地地力评价,建立了县域耕地地力评价系统。2013年完成了耕地地力评价补充耕地地力调查采样。2016年春季完成了土壤盐渍化调查。2017—2019年开展了第二轮青铜峡市耕地地力调查与质量评价工作,对全市进行采集各类土壤样品237个,填写野外调查表78张,分析化验土壤pH、有机质、有效磷、全氮、速效钾、全盐7项1 659项次,中微量元素有效硼、有效铁、有效锰、有效铜、有效锌和有效钼中微量元素等项目640项次,采用全球卫星定位系统(GPS)、地理信息系统(GIS)和遥感技术(RS)等现代高新技术手段,建立了青铜峡市耕地质量调查评价管理信息系统,编制了青铜峡市耕地土壤与地力调查评价报告。

《青铜峡市耕地土壤与地力》分为8章。第一章青铜峡市概况,介绍了青铜峡市地理位置与区划、自然环境概况、农业生产发展概况和耕地质量保护与提升。第二章青铜峡市耕地发展概况,系统阐述了青铜峡市耕地的由来变迁形成、灌溉水利设施、粮食产量构成等发展情况。第三章青铜峡市耕地土壤类型特性,系统地论述了青铜峡市灌淤土、潮土、灰钙土、风沙土和新积土5个土类土壤主要特性、土种诊断特征和利用改良。第四章青铜峡市耕地土壤主要养分现状及变化趋势,全面分析阐述了青铜峡市土壤有机质、氮、磷、钾、微量元素、全盐和pH等的含量、分布及变化趋势。第五章耕地地力评价方法与步骤,详细介绍了青铜峡市耕地地力评价的每一个技术环节,具体包括资料收集与治理、评价指标体系建立、空间数据库建立、耕地地力等级划分与评价、专题图鉴编制等内容。第六章青铜峡市耕地综合生产能力分析,全面分析阐述了青铜峡市7个等级耕地分布特征、地力特征及改良利用方向。第七章青铜峡市供港蔬菜基地土壤质量评价,系统论述了全市供港蔬菜基地土壤质量状况,按照国家土壤评价标准对供港蔬菜生产方式、技术模式、管理水平进行综合评价。第八章青铜峡市耕地土壤专题调查研究,论述了青铜峡市中低产田类型及利用改良、青铜峡市耕地土壤盐渍化及改良利用、青铜峡市秸秆还田量对水旱轮作作物产量和土壤肥力的影响。附件包括青铜峡市耕地土壤系列图件和青铜峡市耕地地力评价系列图件。

《青铜峡市耕地土壤与地力》一书的编写是在各级领导和自治区专家团队的鼎力支持与精心指导、全市农业技术人员的共同努力下完成的。同时,原宁夏农业技术推广总站总农艺师、测土配方施肥技术专家组首席专家马玉兰研究员对本书稿的审阅和修改表示衷心感谢!

本书的出版能提高青铜峡市各级政府、技术人员和种植大户对耕地的认识,有利于因地制宜地合理利用耕地,培肥改良耕地土壤,促进青铜峡市农业增收、农业优势特色产业可持续发展及农民增收。

目 录

第一章　青铜峡市概况 / 001

第一节　地理位置与区划 / 001

　　一、地理位置和行政区划 / 001

　　二、农业区划 / 002

第二节　自然环境概况 / 003

　　一、气候条件 / 004

　　二、地势地貌 / 012

　　三、生物资源 / 013

　　四、水文条件 / 014

　　五、成土母质 / 014

第三节　耕地质量保护与提升 / 016

　　一、制度建设及法律保障 / 016

　　二、提升耕地质量主要措施 / 016

第二章　青铜峡市耕地发展概况 / 019

第一节　农业生产发展概况 / 019

　　一、青铜峡市农业发展概况 / 019

二、青铜峡市施肥现状与主要农作物产量调查结果分析 / 021

第二节　青铜峡市农业经济发展概况 / 025

  一、封建制发展制度 / 025

  二、土地改革制度 / 025

  三、农业合作化制度 / 026

  四、人民公社制度 / 028

  五、农业生产责任制 / 030

  六、农业市场经济制度 / 032

第三节　青铜峡耕地发展概况 / 034

  一、青铜峡市耕地数量发展概况 / 035

  二、青铜峡市耕地质量发展概况 / 037

第四节　青铜峡市耕地的形成与分布 / 040

  一、青铜峡市灌溉耕地的形成 / 040

  二、青铜峡市灌溉耕地的分布 / 044

第三章　青铜峡市耕地土壤类型特性 / 050

第一节　耕地土壤分类及面积分布 / 050

  一、青铜峡市耕地土壤分类 / 050

  二、青铜峡市耕地土壤类型分布及面积 / 051

第二节　灌淤土和潮土主要特性 / 073

  一、灌淤土 / 073

  二、潮土 / 083

第三节　灰钙土和风沙土主要特性 / 090

  一、灰钙土 / 090

  二、风沙土 / 097

第四节　新积土主要特性 / 098

一、新积土土类主要特性 / 098

二、新积土主要亚类及土种特性 / 099

三、青铜峡市新积土特点及其分布 / 100

第四章　青铜峡市耕地土壤主要养分现状及变化趋势 / 102

第一节　耕地土壤有机质 / 103

一、耕地土壤有机质含量及分布特征趋势 / 103

二、影响耕地土壤有机质含量的主要因素 / 109

三、土壤有机质分布及调控 / 111

第二节　耕地土壤氮素营养 / 112

一、青铜峡市耕地土壤全氮含量及分布特征 / 112

二、耕地土壤碱解氮含量分布特征 / 117

三、影响耕地土壤氮素含量主要因素 / 123

四、土壤氮素营养的调控 / 126

第三节　耕地土壤磷素营养 / 129

一、耕地土壤磷素含量及分布特征 / 129

二、影响耕地土壤磷素含量主要因素 / 134

三、土壤磷素营养的调控 / 135

第四节　耕地土壤钾素营养 / 137

一、耕地土壤钾素含量及分布特征 / 137

二、影响耕地土壤钾素含量主要因素 / 142

三、土壤钾素营养的调控 / 143

第五节　耕地土壤微量元素营养 / 146

一、耕地土壤微量元素含量及发布特征 / 147

二、耕地土壤有效铜（Cu）/ 147

三、耕地土壤有效铁（Fe）/ 149

四、耕地土壤有效锌(Zn) / 152

　　五、耕地土壤有效锰(Mn) / 154

　　六、耕地土壤有效硼(B) / 156

第六节　耕地土壤其他理化性质 / 159

　　一、耕地土壤 pH / 159

　　二、青铜峡耕地土壤易溶盐含量及分布特征 / 161

第五章　耕地地力评价方法与步骤 / 166

第一节　资料收集与准备 / 166

　　一、软硬件资料收集与整理 / 166

　　二、评价样点选择、化验分析质量控制和数据审核 / 168

第二节　评价指标体系建立 / 173

　　一、评价指标的选取依据 / 173

　　二、评价指标的选取方法 / 174

　　三、评价指标、指标权重及隶属函数 / 174

第三节　数据库的建立 / 178

　　一、空间数据库的建立 / 178

　　二、属性数据库的建立 / 178

　　三、空间数据和属性数据的连接 / 179

第四节　耕地地力等级评价方法 / 179

　　一、评价原则与依据 / 179

　　二、评价方法与流程 / 180

第五节　耕地土壤养分专题图的编制 / 182

　　一、图件编制步骤 / 182

　　二、图件差值处理 / 182

　　三、图件清绘整饰 / 182

第六章 青铜峡市耕地综合生产能力分析 / 183

第一节 耕地等级分布特征 / 183
一、青铜峡市耕地等级分布特征 / 183
二、不同行政区划等级分布特征 / 188
三、不同土壤类型耕地等级分布特征 / 190

第二节 高等耕地地力分布特征 / 191
一、一等耕地地力特征 / 191
二、二等耕地地力特征 / 194
三、三等耕地地力特征 / 197

第三节 中等耕地地力分布特征 / 200
一、四等耕地地力特征 / 200
二、五等耕地地力特征 / 203
三、六等耕地地力特征 / 206
四、七等耕地地力特征 / 209

第七章 青铜峡市供港蔬菜基地土壤质量评价 / 213

第一节 评价方法与步骤 / 214
一、资料收集与准备 / 214
二、评价指标体系建立 / 218
三、数据库的建立 / 220

第二节 供港蔬菜基地耕地质量评价 / 223
一、供港蔬菜基地土壤理化性状结果评价 / 223
二、供港蔬菜基地建设前后土壤养分各项指标分析 / 224
三、供港蔬菜基地土壤养分监测指标分析 / 226
四、供港蔬菜基地土壤质量评价 / 239

第三节 供港蔬菜基地土壤环境质量评价 / 239

一、供港蔬菜基地灌溉水水质评价分析 / 239

　　二、供港蔬菜基地土壤重金属背景值评价 / 241

　　三、供港蔬菜基地浅层地下水评价 / 242

　　四、评价结论 / 242

第八章　青铜峡市耕地土壤专题调查研究 / 244

第一节　青铜峡市中低产田类型与改良利用 / 244

　　一、中低产田类型与划分标准 / 244

　　二、高中低产田类型与分布特征 / 246

　　三、中低产田类型的特性与改良利用 / 251

第二节　青铜峡市盐渍化土壤与改良利用 / 256

　　一、土壤盐渍化危害及分级 / 257

　　二、盐渍化耕地分布特征 / 259

　　三、青铜峡市耕地盐渍化的发展趋势 / 263

　　四、青铜峡市盐渍化耕地成因分析 / 270

　　五、盐渍化耕地改良措施 / 272

第三节　秸秆还田量对水旱轮作作物产量和土壤肥力的影响 / 273

　　一、材料与方法 / 274

　　二、结果与分析 / 276

　　三、结论 / 283

附件：专题图件

《青铜峡市耕地质量等级分布图》/ 285

《青铜峡市耕地质量等级评价采样点分布图》/ 286

《青铜峡市行政区划图》/ 287

《青铜峡市土壤类型图》/ 288

《青铜峡市土地利用现状图》/ 289

《青铜峡市耕地土壤速效钾分布图》/ 290

《青铜峡市耕地土壤有机质分布图》/ 291

《青铜峡市耕地土壤全氮分布图》/ 292

《青铜峡市耕地土壤碱解氮分布图》/ 293

《青铜峡市耕地土壤有效磷分布图》/ 294

《2018 年青铜峡市耕地质量等级分布图》/ 295

《2019 年青铜峡市耕地质量等级分布图》/ 296

《青铜峡市供港蔬菜基地耕地质量等级分布图》/ 297

《青铜峡市供港基地采样点位分布图》/ 298

《青铜峡市供港基地耕地土壤 pH 分布图》/ 299

《青铜峡市供港基地耕地土壤有机质分布图》/ 300

《青铜峡市供港基地耕地土壤有效磷分布图》/ 301

《青铜峡市供港基地耕地土壤速效钾分布图》/ 302

《青铜峡市供港基地耕地土壤缓效钾分布图》/ 303

《青铜峡市供港基地耕地土壤全氮分布图》/ 304

《青铜峡市供港基地耕地土壤全盐分布图》/ 305

《青铜峡市耕地中低产田分布图》/ 306

《青铜峡市耕地盐渍化分布图》/ 307

第一章　青铜峡市概况

耕地是土地的精华,是农业生产不可替代的重要生产资料,是保持社会和国民经济可持续发展的重要资源。保护耕地是我国基本国策。保护耕地包括保护耕地数量和质量。根据 2019 年统计部门统计,青铜峡市总面积 1 892 km²,耕地保有量 55.95 万亩,基本保护农田 44.696 2 万亩,全市农业人口 14.09 万人,其中农业劳动力人口为 108 480 人。人均占有耕地 3.97 亩,高于全宁夏人均耕地 22.67%,其中高产田占 47.2%,中产田占 45.1%,低产田占 7.7%。更好摸清青铜峡市耕地现状,及时掌握青铜峡市耕地资源的质量及其变化情况,对于合理规划利用耕地、切实保护耕地具有十分重要的意义。

第一节　地理位置与区划

一、地理位置和行政区划

青铜峡市隶属宁夏回族自治区吴忠市,东经 105°37′~106°21′,北纬 37°16′~38°15′,地处黄河中上游,宁夏平原中部,东隔黄河与吴忠市利通区相望,南以牛首山为界和中宁县接壤,西至明边墙(明长城)毗邻内蒙古自治区阿拉善左旗,北连银川市永宁县。辖区面积 1 892 km²,占宁夏回族自治区总面积的 3.8%。

青铜峡市共辖峡口镇、青铜峡镇、大坝镇、小坝镇、瞿靖镇、邵岗镇、陈袁滩镇、叶盛镇 8 镇、国营连湖农场、树新林场、良种繁殖场 3 个农(林)场,裕民街道办事处1街道,84个行政村,22个社区居民委员会,466个村民小组。青铜峡市总人口267 575人,其中农业人口183 065人,占全市总人口的68.4%;非农业人口84 510人,占全市总人口的31.6%。2019年青铜峡市常住人口29.81万人,其中城镇人口15.71万人,乡村人口14.09万人;汉族20.93万人,占总人口的75.3%,回族6.73万人,占总人口的24.2%。

二、农业区划

根据1985年《青铜峡县综合农业区划报告》,将青铜峡市种植业区域划定为"东北部黄河冲积平原为农、林、牧综合农业区"。该区域位于青铜峡市境内东北部,东起黄河,西至西干渠,南至卡子庙,北与永宁县、国营连湖农场相连,包括全市除广武、甘城子以外的所有乡镇场,种植业区划分为4个二级区。

(一)小坝灌淤土麦稻糖区

该区位于青铜峡市境东北部。黄河、惠农渠西,青铜峡镇北,唐徕渠以东的地区,包括叶升、瞿靖、小坝、蒋顶、邵刚、大坝、良种繁殖场等乡镇场共62个村、438个村民小组。面积43.56万亩,占种植区总面积的64.7%。该区域水资源充足,惠农、汉延、大清、唐徕4大干渠及12条干沟纵横分布,配套成网;地势平坦,土壤熟化层厚0.77~1.55 m。一级、二级农田占76%;光照充足,积温高。但部分地区排水不畅,盐渍化面积较大,邵刚、叶升2乡镇盐渍化面积占当地的34%。灾害性天气,如"二月雨"、热干风、低温、冰雹等时有出现。

辖区以稻、麦生产为主。1980年,粮食作物播种面积27.93万亩,占种植业区的71%。

(二)中滩潴育灌淤土稻麦糖区

该区位于黄河西北部和惠农渠以东河滩地带,包括原中滩乡的7个村及小坝乡万粮滩村,面积8.46万亩,占种植区的12.6%。1982年,在册耕地面积3.31万亩。该区域地处黄河沿线,滩地多,地势差异较大,表土层较沙,一般底土层多有砾石,渗水严重,肥力较低。二级农田占53.8%,三、四级农田占22%。有机质含量11.2 g/kg、碱解氮含量75.5 mg/kg、有效磷含量14.89 mg/kg,本区域盐渍化面积占39.8%。

(三)立新盐化草甸土麦杂糖区

该区位于种植区西部,西干渠以东和唐徕渠2侧,北起邵刚乡,南至立新高桥村,包括原立新乡(除高桥村)、蒋西村、银光村、营桥村等7个村、37个村民小组,面积6.161万亩,占种植区总面积的9.2%。本区地势平坦,土壤以薄层灌淤土为主,沙性大,熟化度低,肥力不高,三、四级农田占35%。农田有机质含量10.0 g/kg、碱解氮含量55.1 mg/kg、有效磷含量13.8 mg/kg、土壤水溶性盐1.2 g/kg,高于全市平均值,中、重盐渍面积占22.6%,为全市灌区之首。水源充足,但西干渠位高,渗水量大,排水沟淤塞,地下水位提高,一般为150~180 cm,并易受山洪、风沙、霜冻等危害。粮食作物种植面积2.24万亩,占种植区的5.7%。

(四)城镇厚层灌淤土麦稻粮菜区

该区位于青铜峡黄灌平原中南端,包括峡口镇(除草台子村)、青铜峡镇及小坝镇张岗、小坝等13个村,面积9.14万亩,占种植业区总面积的13.6%。该区耕地土层深厚,土壤肥沃,一级、二级农田占81.4%,有机质含量1.25%,碱解氮含量60.1 mg/kg、有效磷含量17.4 mg/kg,非盐渍面积占62.1%。水源充足,光照适中,但易受热干风、低温等危害。

第二节 自然环境概况

青铜峡市地处西北内陆,远离海洋,位于腾格里沙漠边缘,属中温带干旱气候区,具有典型的大陆性气候特征,干旱少雨,蒸发量大,冬寒长,夏热短,年、日温差大,日照充足,光能丰富,无霜期短。年内伴有大风、寒潮、霜冻等。

一、气候条件

(一)温度及热量

1. 气温

青铜峡市境内气温分布特点由东向西、由北向南递减。气温年变化曲线呈单峰型。年度气温变化分为4个阶段:12月至次年2月为低值阶段,平均气温在-5.2℃以下;3—5月为明显上升阶段,其中4月比3月高7.9℃,5月比4月高5.7℃;6—8月气温相对平稳,为高值阶段,月平均气温21.8℃;9—11月为下降阶段,10月比9月下降6.5℃,11月比10月下降7.6℃。各区域年均温差在30.2~31.3℃。

(1)平原灌区

年平均气温9.2℃。1月最冷,月平均气温-7℃;7月最热,月平均气温23.1℃。年平均温差30.2℃,温差最大34.8℃(1967年),最小温差25.0℃(1979年)。月平均温差12~15℃,最大温差26.8℃(1962年4月20日),极端最高气温37.7℃(2000年7月20日),极端最低气温-25.0℃(1993年1月20日)。

表1-1 青铜峡市平原灌区月平均气温

单位:℃

月份 乡镇	1月	2月	3月	4月	5月	6月	7月	8月	9月	10月	11月	12月	平均气温	年温差
小坝镇	-7.1	-3.4	5	11.4	17.1	21	23.1	21.3	15.9	9.4	1.8	-5	9.2	30.2
邵岗镇	-8.3	-4.5	3.2	11.1	17.1	20.9	23	21.5	15.7	9.2	1.3	-6.2	8.7	31.3
瞿靖镇	-8	-4.4	3.2	10.9	17.1	20.9	22.9	21.5	15.7	9.7	1.3	-6.1	8.7	30.9
蒋顶	-8	-4.4	3.3	11	17.2	21	23	21.6	15.8	9.3	1.3	-6.1	8.8	31
叶升镇	-8.2	-4.4	3.2	10.9	17.1	20.6	22.9	21.6	15.6	9.1	1.2	-6.3	8.6	31.1
中滩乡	-7.8	-4.2	3.3	10.8	17	20.5	22.9	21.5	15.6	9.2	1.4	-5.8	8.7	30.7
大坝镇	-7.8	-4.2	3.3	10.9	17.1	20.8	23	21.7	15.7	9.3	1.4	-5.9	8.8	30.8
青铜峡镇	-7.8	-4.3	3.4	10.9	17.1	20.7	23.1	21.8	15.7	9.2	1.3	-5.8	8.8	30.9
峡口镇	-7.8	-4.1	3.4	10.9	17.1	20.6	23.1	21.7	15.7	9.3	1.4	-6.4	8.7	30.9

(2)西部丘陵区

年平均气温 6.3~8.6℃,比平原灌区低 0.2~2.8℃。1 月平均气温-8.9℃,比平原灌区低 0.7℃。极端最高气温 38.4℃,极端最低气温-28.3℃。

表 1-2 青铜峡市西部丘陵区月平均气温

单位:℃

月份 地点	1月	2月	3月	4月	5月	6月	7月	8月	9月	10月	11月	12月	平均气温	年温差
玉泉营	-8.5	-4.8	2.8	10.8	17.8	20.8	23.2	21.5	15.4	8.9	0.8	-7.5	8.4	31.7
鸽子山	-8.5	-4.8	-3.1	11.1	17.3	21.4	23.2	21.8	15.7	9.7	0.6	-6.8	8.6	31.7
分水岭	-7.9	-4.5	-3.3	10.6	17.1	20.8	23	21.6	15.6	9	0.8	-6	8.6	30.9
白崖子	-10.6	-6.6	0.9	7.4	14.4	18.9	19.9	20.2	13.2	7.2	-1	-7.8	6.3	30.5

(3)南部山地丘陵区

年平均气温 6.9~8.7℃。1 月平均气温-8.9℃,比平原灌区低 0.9℃。7 月平均气温 22.2℃,比平原灌区低 0.8℃,极端最高气温 36.5℃。

表 1-3 南部山地丘陵区月平均温度

单位:℃

月份 地点	1月	2月	3月	4月	5月	6月	7月	8月	9月	10月	11月	12月	平均气温	年温差
广武	-7.8	-4.4	3.3	10.7	17.1	20.8	23	21.7	15.6	9.1	1	-5.9	8.7	30.8
牛首山	-9.7	-6	1.4	8.6	15.8	19.6	21.4	19.5	13.5	7.7	-1.5	-7.9	6.9	31.1

四季气温:①春季(3—5 月)。入春后,气温回升快。3 月气温上升到 0℃以上(3.2℃)。4 月为春季代表月份,月平均气温 11.0℃。5 月气温回升到 16.9℃。春季平均气温 10.6℃,与多年平均气温相比,距平值小于-0.5℃的称为春寒,大于 0.5℃的称为春暖。②夏季(6—8 月)。夏季平均气温 21.8℃,7 月最高为 37.7℃(2000 年 7 月 20 日)。6 月最低为 5.6℃(1974 年 6 月 6 日)。8 月平均气温为 21.3℃,略低于该季平均气温。8—9 月正是水稻抽穗扬花、灌浆期,气温高低对水稻产量影响较大。1961 年和 1964 年,水稻遇稻瘟病严重减产。1976 年

和1979年,水稻遇冷害减产。③秋季(9—11月)。9月气温开始下降,秋高气爽,稻谷飘香,气候宜人。10月平均气温9.3℃。11月为1.4℃。秋季平均气温9.0℃,最高33.5℃(1997年9月5日),最低-16.8℃(1971年11月29日),气温分布与春季相似,但秋季气温比春季气温低1℃左右。秋季气温高对作物生长成然有利。④冬季(12月至次年2月)。1月为冬季代表月份,气温最低平均气温-7.1℃。12月平均气温-5.0℃。2月平均气-3.4℃。冬季平均气温-5.2℃,日平均气温低于-5.0℃为严寒期,最长67 d,最短9 d(1979年)。冬季平均气温低于-7.0℃的有3年,平均气温-10.0℃。冬季平均气温大于-5.0℃的有3年,1978年最暖,平均气温-2.6℃。冬冷可冻死越冬害虫。

根据气象观测资料分析,青铜峡市境年平均气温有升高的趋势,冬季较明显。1998年年平均气温最高为11.1℃,1967年年平均气温最低为7.7℃。2000年7月8—26日,连续19 d日最高气温均在30.0℃以上,7月20日最高气温达37.7℃,高温持续时间最长,极端气温最高,实属罕见。1993年1月最低气温达-25.0℃,为有观测记录以来的极端最低气温。

2. 热量

日平均气温稳定通过0℃的开始日期和终止日期大致代表土地开始解冻和开始冻结日期,其持续时间在气象学上称为温暖期或农耕期。青铜峡市日平均气温稳定通过0℃初日为3月7日,终日为11月19日,持续期为258 d,积温为3 829.3℃。

日平均气温稳定通过5℃的持续时期称为生长期。青铜峡市日平均气温稳定通过5℃初日为3月28日,终日为10月27日,持续期是215 d,积温为3 660.3℃。

日平均气温稳定通过10℃的持续时期称为生长活跃期。青铜峡市日平均气温稳定通过10℃初日为4月11日,终日为10月11日,持续期为201 d,积温为3 300.6℃。

日平均气温稳定通过15℃的持续时期称为喜温作物适宜期。青铜峡市日平均气温稳定通过 15℃初日是 5 月 7 日,终日为 9 月 19 日,持续期为 136 d,积温为 2 620.1℃。

表 1-4　青铜峡市年日均气温稳定通过各指标温度初终期及年平均持续期

项目＼界限	>0℃	>5℃	>10℃	>15℃
年平均日数/d	258	215	201	136
平均初终日期(日/月)	7/3~19/11	28/3~27/10	11/4~11/10	7/5~19/9
积温/℃	3829	3660.3	3301	2620

3. 地温

青铜峡市地面极端最高温度达 69.5℃(1977 年 7 月 18 日),极端最低温度达 -29.1℃(1967 年 3 月 5 日)。地面以下 5 cm、10 cm、15 cm、20 cm 4 个层次的土壤年月平均温度表现为 7 月各层次平均温度最高;11 月至次年 2 月各层次地温比地面温度高;3—10 月各层次地温比地面温度低。土壤冷热变化与气温基本同步增减。5 cm 深度年平均温度为 11.2℃,10 cm 深度年平均温度为 11.0℃,15 cm 深度年平均温 11.4℃,20 cm 深度年平均温度为 11.3℃。

青铜峡市最大冻土深度 83 cm（1968 年 2 月出现 4 次,3 月出现 5 次）。10 cm 平均冻结日期为 11 月 30 日,平均解冻日期为 3 月 7 日。最大积雪深度为 12 cm(1963 年 4 月 5 日)。

无霜期:气温高于 0℃的日期称为无霜期。绝对无霜期 127~164 d。最长无霜期 204 d,最短无霜期 110 d,无霜期较短。

(二)日照及太阳辐射

1. 日照

青铜峡市光能资源丰富,属宁夏光能资源高值区,年太阳辐射总量为 140.4 mwh/cm²。年日照时数为 2 892.2 h,日照百分率为 65%。年日照时数最长为 3 401.4 h;5 月至 7 月日照时数在 287 h 以上;6 月日照时数最长在 290 h 以上。4 月至 10 月总日照时数在 1 866.7 h,2 月日照时数最少为 206 h。

2. 太阳辐射

青铜峡市太阳总辐射值由南向北增加。依季节分配,春、夏、秋、冬 4 季的太阳辐射量分别为 41.2 mwh/cm²、47.3 mwh/cm²、29.5 mwh/cm²、22.4 mwh/cm²,夏季最多,冬季最少。就月份而言,最大值出现在 6 月,为 16.9 mwh/cm²,最小值出现在 12 月,为 6.7 mwh/cm²。

表 1-5 青铜峡市各月日照时数和日照百分率

月份	1月	2月	3月	4月	5月	6月	7月	8月	9月	10月	11月	12月	全年
日照时数/h	215.5	206	232	254	287.6	293	288	271	238.1	236	211.8	214.3	2 946
百分率/%	68	67	63	64	65	66	64	64	64	68	70	73	65

表 1-6 青铜峡市各月太阳总辐射值

单位:mwh/cm²

月份	1月	2月	3月	4月	5月	6月	7月	8月	9月	10月	11月	12月	全年
日照时数/h	215.5	206	232	254	287.6	293	288	271	238.1	236	211.8	214.3	2 946
百分率/%	68	67	63	64	65	66	64	64	64	68	70	73	65

云量:青铜峡市多年平均总云量为 4.7 成,低云量为 0.6 成;日平均总云量小于 2 成的晴天 9 d,日平均低云是小于 2 成的腊天 28 d;日平均总云量大于 8 成的阴天 7 d,日平均低云量大于 8 成的明天 0 d。云量的年变化可分为 3 个阶段:1—3 月为上升增加阶段;4—9 月为高值阶段;10—12 月为减少阶段。12 月云量最少,4 月云量最多。

表 1-7 青铜峡市多年月、年平均总云量统计

单位:成

月份	1月	2月	3月	4月	5月	6月	7月	8月	9月	10月	11月	12月	全年
云量	3.2	4.3	5.6	5.9	5.9	5.8	5.6	5.3	5.2	4.1	3.2	2.8	4.7

(三)降水

青铜峡市年平均降水量为181.7 mm,由南向北、由东向西递减。平原灌区年平均降水量为181 mm,降水量年变化率很大,相对变化率达30.8%,年最多降水量为322.1 mm(1978年),年最少降水量为78.4 mm(1980年);西部丘陵区多年平均降水量为147.7 mm,比平原灌区少33.3 mm,最多降水量为250.4 mm(1964年),最少降水量为83.6 mm(1980年);南部山地丘陵区多年平均降水量为169.2 mm,比平原灌区少16.2 mm。

青铜峡市降水季节分配极不均匀,春季降水32.4 mm,占年降水量的18%;夏季105 mm,占年降水量58.3%;秋季40.2 mm,占年降水量22.3%;冬季3.1 mm,占年降水量2%。夏季降水量多,7—8月最多,降水量225.6 mm(1978年),最少13.8 mm(1965年)。7—8月降水量100 mm以上的有11年,水稻不同程度受灾。春、夏2季连旱有5年,夏旱有12年。冬季降水量最少,冬雪最多11.1 mm(1974年)。春季降水量最多82 mm(1991年),最少8.1 mm(1976年)。

表1-8 青铜峡市1958—2000年历年降水量

年份	降水量/mm	年份	降水量/mm	年份	降水量/mm	年份	降水量/mm
1957年		1968年	263.2	1979年	233.0	1990年	250.8
1958年	185.4	1969年	161.5	1980年	78.4	1991年	152.3
1959年	144.8	1970年	164.4	1981年	149.0	1992年	225.0
1960年	159.0	1971年	137.4	1982年	82.9	1993年	163.0
1961年	302.0	1972年	137.4	1983年	164.0	1994年	119.4
1962年	177.9	1973年	230.2	1984年	208.0	1995年	203.9
1963年	154.6	1974年	141.2	1985年	262.0	1996年	189.9
1964年	292.3	1975年	140.0	1986年	132.0	1997年	146.1
1965年	128.2	1976年	150.3	1987年	180.0	1998年	209.8
1966年	94.0	1977年	186.9	1988年	183.0	1999年	167.7
1967年	279.7	1978年	322.1	1989年	181.0	2000年	146.8

青铜峡市月平均降水量最大值出现在 8 月,为 49.1 mm;月平均降水量最小值出现在 12 月,仅为 0.6 mm,降水的年度变化曲线呈单峰型。进入 6 月降水量逐渐增大,9 月以后急剧减少。最长连续降水日期 10 d,降水量为 27.6 mm(1968 年 6 月 30 日至 7 月 9 日);最长连续无降水日期 185 d(1998 年 10 月 13 日至 1999 年 4 月 15 日)。单日最大降水量 55.9 mm(2000 年 8 月 14 日)。平均年降水日数达 46.4 d。日降水量大于 5 mm、10 mm、25 mm 和 50 mm 的天数,分别为 10.9 d、5 d、0.9 d 和 0.1 d。43 年间出现冰雹 23 次。降水日数主要集中在 6—9 月,尤以 7 月、8 月最多。

表 1-9 青铜峡市历年 6 月至 8 月各量级平均降水日数

单位:d

月份	≥0.1	≥1.0	≥5.0	≥10.0	≥25.0	≥50.0
6 月	5.8	3.5	1.1	0.4	0	0
7 月	8.0	4.7	2.0	1.2	0.3	0
8 月	8.2	5.8	2.8	1.6	0.4	0

青铜峡市年平均相对湿度为 58%,在全国和宁夏属较干燥地区。每年 3—4 月由于多风,空气十分干燥,甚至午后(14:00 左右)相对湿度达 0 值。4 月出现最低值,5—8 月逐月上升,8—9 月达到最高值为 70%。以后缓慢下降。

表 1-10 青铜峡市历年各月平均相对湿度

月份	1月	2月	3月	4月	5月	6月	7月	8月	9月	10月	11月	12月	全年
平均/%	48	44	46	42	49	58	63	70	69	62	56	52	58

(四)蒸发

青铜峡灌区平原年平均蒸发量 1 994.7 mm,为降水量的 11.3 倍,日蒸发量 5.6 mm。年最大发量 2 382.4 mm。1—5 月蒸发量最大,为 303.6 mm,12 月最少。山区气温较低、干旱、风沙多、湿度小,蒸发量更大,年蒸发量 2 906.2 mm,为降水量的 19.8 倍,日蒸发量 8 mm。各月最大蒸发量是降水量的 3~5 倍,特别是冬、春2季,蒸发量是降水量的8~9倍。强烈的蒸发使土壤水分大量散失,加剧了土壤的盐渍化。降水少,蒸发大,干燥度较高,年干燥度为4.68 K,4—9月干燥度为4.48 K。

表1-11 青铜峡市山区、川区各月蒸发量

单位:mm

月份	1月	2月	3月	4月	5月	6月	7月	8月	9月	10月	11月	12月	全年
川区	56	78.1	158	260	284	258.6	243.4	200	149	124	83.9	58	1 952
山区	50.9	77.2	190	308	442	458	435.9	362	259	183	83.5	56.6	2 906

(五)风

青铜峡市境内风多,尤其春季多大风、沙暴,属宁夏多风地区。冬季受冷空气南侵影响,盛行偏北风或西北风,夏季盛行偏南风。贺兰山作为平原地区的天然屏障,对西北风起了阻挡作用。

青铜峡市全年平均风速为2.7 m/s。12月最大,平均风速3.4 m/s。3—4月次之,平均风速为3.3 m/s。9月最小,为1.9 m/s。各季节平均风速为2.3~3.2 m/s之间,差异不大。冬、春季风速最大,夏、秋季最小。

表1-12 青铜峡市历年各月平均风速

单位:m/s

月份	1月	2月	3月	4月	5月	6月	7月	8月	9月	10月	11月	12月	全年
风速	3	3.1	3.3	3.3	2.8	2.4	2.2	2.2	1.9	2.2	3	3.4	2.7

青铜峡市大于8级的大风日数平均每年出现20.5 d,4月达3.7 d。春季(3—5月)大风占年大风日数的41%,11月至次年2月次之,8—9月最少。1993年5月5日,瞬时最大风速达29.2 m/s。主导风向以北风为主,次主导风向是西北风和西风。

青铜峡市境内风能资源极为丰富。全市平均有效风能162 kW·h/m²,有效风能密度4.6 W/m²,全年有效风速累积时数3 432 h,全年有效风速累计频

率40%。

表1-13 青铜峡市历年各月平均大风日数

单位:d

月份	1月	2月	3月	4月	5月	6月	7月	8月	9月	10月	11月	12月	全年
日数	2.1	2.1	2.7	3.7	2.4	0.9	0.8	0.5	0.3	0.9	2	2.1	20.5

二、地势地貌

青铜峡市境地域南北长,东西宽,总面积285万亩。贺兰山纵亘于西,牛首山横卧于东南,形成了由西南向东北自高而低呈阶梯状分布地势的特点,海拔1 150~1 700 m。山区占70%,水区占10%,灌区平原占20%,俗称"七山一水二分田"。土地依地貌形态可分为山地、低山丘陵、缓坡丘陵、洪积扇地带、黄河冲积平原和库区6个地貌类型。

(一)山地

青铜峡市山地主要分布在东南部的牛首山地区。面积24.15万亩,占土地总面积8.5%,海拔1 500~1 700 m,平均坡度30°~60°。土壤母质与裸露岩石交替呈现,土层较薄,沟壑密度大,切割明显,植被稀少。该地区水土流失较为严重,开发利用困难。

(二)低山丘陵

青铜峡市低山丘陵主要分布在西南部的野猫子山和土窑圈一带。面积1.50万亩,占土地总面积的7.9%,海拔1 300~1 500 m,平均坡度25°~30°。该地区地形起伏大,土层薄,沟壑多,切割较明显,土质粗,局部地区砾石裸露,植被稀疏,较难利用。

(三)缓坡丘陵

青铜峡市缓坡丘陵主要指牛首山北麓、东干渠以南的鄂尔多斯台地。面积1.73万亩,占土地总面积的9.1%,海拔1 150~1 300 m,平均坡度7°~15°。该地区地形相对较缓,土层较厚,切割微弱,土质较粗,多为灰钙土,可开发利用发展牧业。

(四)洪积扇

青铜峡市洪积扇主要分布于贺兰山东麓、包兰铁路以西的范围内。南北长约 58 km,东西宽约 13 km,面积 117.15 万亩,占土地总面积的 41.2%,海拔 1 160~1 250 m,平均坡度 6°~15°。地形由西向东趋于平缓,土层较厚,土质较细,但地表破碎,开发潜力较大,适宜发展林业。

(五)黄河冲积平原

青铜峡市黄河冲积平原位于包兰铁路以东、黄河以西范围内。面积 81.15 万亩,占土地总面积的 28.5%。该地区地形平坦,灌溉自流,土壤肥沃,土壤类型主要为灌淤土和潮土。土地生产力水平和利用程度较高,适宜发展种植业、养殖业、渔业、林业等。

(六)库区

青铜峡库区地处黄河青铜峡水电站上游的淹没区。面积 82 995 亩,占土地总面积的 2.9%。土壤多以沙质土为主,开发利用后适宜发展林业、渔业等。青铜峡库区是宁夏回族自治区级自然保护区。

三、生物资源

青铜峡市地处宁夏平原中部,生物资源丰富。粮食作物主要有小麦、玉米、水稻等;经济油料作物主要有大豆、马铃薯、向日葵、枸杞、红薯等;瓜果蔬菜主要有西瓜、甜瓜、茄子、辣椒、番茄、梅豆、黄瓜、菱瓜、甘蓝、白菜、菠菜、油菜、韭菜、芹菜、冬瓜、葱、洋葱、芫荽、丝瓜、豇豆、盘菜、菜花、西兰花、莴苣、萝卜、苤蓝等 20 多种;林木主要有杨树、柳树、槐树、松树、榆树、臭椿、沙枣树、柏树、桑树、火炬树、柠条、白蜡等 20 多种;干鲜果品主要有苹果、梨、桃、杏、李、核桃、枣、葡萄等;家禽主要有牛、羊、猪、鸡、鸭、鹅等;水产品主要有鱼、虾、蟹等;野生鸟类有苍鹰、天鹅、鸿雁、燕鸥、喜鹊、麻雀、杜鹃等,有 100 多种在此栖息。

四、水文条件

(一)大气降水

青铜峡市历年平均降水量185.4 mm,7月、8月、9月降雨量占全年的60%~70%,灌区地表水年径流总量183 km³,每平方公里年产水量3 005 m³。山区年径流总量633 km³,每平方公里年产水量5 004 m³,降水量少而分布不均,但在特定条件下有一定的调节作用。就山区来说,降水量多少直接关系到木草的生长。

(二)黄河水

黄河穿越青铜峡市境58 km,通过10大干渠,从黄河引水自流灌溉,年配水量9.342亿 m³(现在控制到7.6亿 m³),水量充沛、水质好,是全市主要的地表水资源。丰富的黄河水源,弥补了天然降水的不足。

(三)地下水

青铜峡市在灌溉季节进入灌区的总水量约为9亿 m³,而11条大干沟排水量约4.9亿 m³,为灌水量的45%,大量灌溉水没有及时经排水沟排出,而是渗入地下转为地下水。灌区大部分地区地下水矿化度很低,水质良好。有80.67%农田矿化度小于1.00 g/L;16.69%的农田矿化度为1.00~3.00 g/L。矿化度低的地区主要在西干渠和唐徕渠之间,包括树新林场,邵刚、蒋顶、立新等乡镇的部分地区以及东干渠和惠农渠之间地下水滞流地段。地下水埋藏越深,地下水矿化度越小。根据普查资料,当地地下水埋深平均为1.55 m时,矿化度平均为0.85 g/L;地下水埋深为1.2 m时,矿化度高达1.44 g/L。

山地有主要水泉15处、水井25眼,年总涌水量0.043 2亿 m³。其中鸽子山、庙山湖、红崖子3处泉水年涌水量0.042亿 m³。

五、成土母质

青铜峡市引黄灌区的成土母质以河流冲积物为主,此外还有湖积物、风积物和洪积物等多种成土母质。

(一)河流冲积物

河流冲积物的质地一般较粗,尤其在主河道流经的地区都有卵石层分布。卵石层在 100 cm 以内出现,有效土层小于 30 cm 时则农业生产利用困难。一般河流冲积物的质地以沙壤土和沙土为主,如中滩公社草甸土荒地的土壤表层质地全部为沙壤土和沙土。

(二)灌水淤积物

除河流冲积物外,在阶地内大部分母质则是灌水淤积物。由于黄河水中携带大量泥沙(青铜峡段黄河水平均含沙量为 3.31 kg/m^3)。经过干、支、斗、农渠的层层分选,最后引进农田的沉积物,一般质地都比较细,多为轻壤土和中壤土。由灌溉落淤而形成的成土母质,称为灌水淤积物。灌水淤积物的厚度因耕种历史长短而异,老灌区一般都超过 50 cm,在叶盛、瞿靖、小坝、大坝、峡口等公社,可见到超过 200 cm 的灌淤层。

(三)湖积物

湖积物是在静水条件下形成的沉积物,质地比灌水形成的淤积物更细,一般为重壤土和黏土,主要分布于湖泊洼地中。

(四)风积物

风积物在广武、立新、树新、蒋顶、邵岗等公社的西部地区可以见到,主要是风成细沙和粗粉沙。由于受风积物的影响,这些地区的土壤质地也较粗,多为沙土和沙壤土。

(五)洪积物

洪积物分布在灌区外缘,有洪积过程的地区,洪积物的质地混杂不均、变化较大,一般以砾石和沙土的分布范围最广,个别地区也可见到黏土分布,如原立新公社的一些地段就有洪积的黏土分布。

第三节　耕地质量保护与提升

耕地质量保护是《中华人民共和国土地管理法》《中华人民共和国基本农田保护条例》《中华人民共和国农业法》赋予农业部门的主要职责,也是农业部门开展耕地质量建设与保护的重要依据。

一、制度建设及法律保障

为发挥农业部门耕地质量管理职能,提高管理效率和管理水平,根据宁夏回族自治区农牧厅耕地质量建设管理工作要求,紧紧围绕"藏粮于地"国家战略夯实青铜峡市农业生产基础,强化方案引领,规范项目实施,每一个项目在实施前都组织人员编制可行性、操作性较强的项目实施方案,为项目实施指明了方向;在耕地质量立法方面,自治区农牧厅2010年开展了"耕地质量保护条例"地方立法工作前期调研,2015年申请自治区政府法制办的"耕地质量保护条例"地方立法项目。宁夏回族自治区已经制定并发布了《宁夏基本农田保护条例》,对耕地数量保护做了规定,但耕地质量建设与保护的内容不够全面。

二、提升耕地质量主要措施

21世纪以来,青铜峡市党委、政府高度重视耕地质量建设,围绕落实中央"严格保护耕地"的总体要求,深入实施"藏粮于地、藏粮于技"国家战略,推进全市耕地绿色、生态发展,大力提升耕地综合生产能力,努力改善耕地基础设施条件,强化中低产田改造和地力培肥,合力打造基础设施完备、耕地质量上乘的高产、稳产基本农田。

提升耕地质量的主要措施:首先大力推广科学施肥与化肥减量增效技术。自2005年农业部在全国范围内启动实施测土配方施肥技术示范推广项目以来,青铜峡市农业主管部门和农业技术人员紧紧抓住有利时机,借助项目实施培养了一支土肥水技术队伍,项目实施10多年来取得了骄人的技术成果,并在全市大面积推广应用。测土配方施肥与化肥减量增效技术应用规模不断扩大。截至2019年年底,全市测土配方施肥技术覆盖率达到95%,主要农作物化肥利用率提高到38%以上,秸秆还田率达到80%以上,配方施肥施用面积达到90%以上,商品有机肥应用面积达到全市耕地总面积的25%以上;累计创建以主要粮食作物为主的化肥减量增效技术核心示范区149个,核心示范区面积累计10万亩以上,其中玉米5.13万亩、水稻3.45万亩、蔬菜1.42万亩,辐射带动当地种植大户及合作社以5%逐渐递增,累计带动64.9万亩。主推"有机肥+配方肥""有机肥+一次性施肥""有机肥+农机农艺""有机肥+机械施肥"等融合技术模式,通过大面积示范推动有机肥应用与测土配方施肥配套技术有机结合,辐射带动当地农户实现化肥减量增效目的。通过实施化肥减量增效技术项目,落实田间调查、取土化验、田间试验等测土配方施肥基础工作,示范展示肥料新产品、施肥新技术,不断提高肥料利用率。化肥总用量从2015年前的24 100 t(折纯)下降至2019年的19 710 t(折纯),减少化肥用量4 390 t(折纯),减少化肥用量18.2%,平均年递减率4.9%。其中纯氮由15 490 t下降到11 826 t,减量23.7%,平均年递减率6.5%;五氧化二磷由6 420 t下降到5 913 t,减量7.9%,平均年递减率2.0%;氧化钾由2 190 t下降到1 971 t,减量10%,平均年递减率2.6%;亩平均施用化肥量由39.5 kg(折纯)下降到32.3 kg(折纯),平均年递减率4.9%;化肥利用率由32.1%增长至39.4%,平均年增长率4.6%;商品有机肥年使用面积由5.78万亩增至18.34万亩,增长217%,年平均递增率35%以上,施用量由2 315 t增长至7 300 t,增长206%,2019年有机肥使用面积占耕地面积31.3%。自通过耕地质量提升化肥减量项目实施以来,青铜峡市粮食作物平均亩产量由2015年的495 kg增长至2019年的584 kg,亩增产17.9%,年平均亩增产递增率3.8%,经济作物平均亩产量由2015年的2 170 kg增长至2 690 kg,亩增产23.9%,年平均亩增产递增率5.1%。通过测土配方施肥项目的实施,摸清了全市耕地土壤养分现状,建立了主要作物不同区域施肥指标。项目实施以来,累积采集土壤样品1.05万多个,测试分析了7.9万项次土壤样品检测指标,获得了大量的耕地质量养分数据,摸清了全市主要耕地土壤类型养分数据;建立了不同区域小麦、水稻、玉米和马铃薯及蔬菜等作物施肥指标体系,推进了农户科学施肥水平提升和农业技术服务转变。随着测土配方施肥与化肥减量增效技术深入实施,农户施肥结构持续优化,施肥水平显著提高,全市主要作物测土配方施肥技术到位率95%以上。特别是宁夏测土配方施肥智能决策系统的全方位应用,在全市12个社会化综合服务站、84个益农信息社智能查询终端和微信公众平台及手机APP等全媒体应用成为青铜峡市农户获取科学施肥信息的主要途径。在测土配方施肥基础上建立了《青铜峡市耕地资源管理空间数据库和属性数据库》,实现了对全市耕地的数字化动态管理。

其次加大中低产田改造培肥力度,提升耕地综合生产能力。2010—2019年,在全市范围内开展高标准农田建设和千亿斤粮食基本农田治理项目,累计资金投入6.3亿元,完成项目建设面积26.18万亩,占全市耕地总面积的46.79%,其中高标准农田建设17.99万亩、资金投入5.1亿元;千亿斤粮食基本农田治理8.19万亩、资金投入1.2亿元。主要建设内容以开挖疏浚沟渠、沟渠砌护、输水管道铺设等,其中开挖疏浚沟渠1 576.56 km、沟渠砌护2 203.73 km、土壤改良10.7万亩、平整土地7.29万亩。

第二章 青铜峡市耕地发展概况

青铜峡市地处宁夏平原中部,水土资源丰富,地势平坦,土壤肥沃,盛产水稻、小麦、玉米及各种瓜果蔬菜。

第一节 农业生产发展概况

一、青铜峡市农业发展概况

(一)农业生产基本概况

青铜峡市引黄灌溉已有2 000多年的历史。秦、汉移民充边,凿渠引水,拓荒屯垦,农牧业逐渐兴旺。北魏修渠灌田,筑城储谷,解决了军需食粮。唐代昌盛时期,大力兴修农田水利,阡陌纵横,物阜粮丰。元疏浚渠道,明移民垦殖,清建渠扩地,都促进了农业生产的发展。但由于长期受封建主义、官僚资本主义的残酷剥削和沉重压迫,农业遭受了极大的摧残,加之清末以后战乱频繁,农业经济几乎陷于崩溃的境地,生产水平低下。新中国成立前夕,稻麦每亩仅产100 kg左右。

根据青铜峡市志记载,新中国成立后,在中国共产党的领导下,经过土地改革、互助合作社和人民公社化运动,依靠集体经济的力量改土治水,开展大规模的农田基本建设,改革耕作制度和栽培技术,改善作物布局,不断更新作物品种,推广农业机械,为农业生产的持续发展奠定了坚实的基础。80年代以后,实行家庭联产承包责任制,农民的生产积极性空前高涨,不断扩大耕地面积,注重科学种田,提高单位面积产量。农业经济增长迅速,农业生产条件不断改善,农业机械化水平不断提高,促进了农业的发展,农业连年丰收。进入社会主义市场经济阶段后,农业以市场为导向,进一步调整农业种植结构,优化区域布局,加快科技推广步伐,粮食产量稳中有增;经济作物发展迅速,品种增多,极大地丰富了城乡居民的物质生活,推进了农业产业化进程。

1949—2002年,青铜峡市农作物播种面积由20.95万亩增加到72万亩;粮食总产量由1 865.5万kg增加到25 306.8万kg,增长了13.57倍;人均拥有粮食量由320 kg增加到1 020 kg,增长了3.19倍;油料总产量由43.5万kg增至300万kg,增长了6.9倍。53年间,粮食产量出现了32年增产、15年减产、6年平产,总趋势呈波浪式上升。新中国成立初期,经过土地改革、互助合作社和人民公社化运动,改善了生产条件,农业生产得到恢复和发展,粮食产量持续增长。1958年,总产量达到4 706万kg,但在随后3年中,由于"左"的干扰和农村生产关系变革过急,加之受自然灾害影响,粮食产量直线下降。1961年,出现低谷,总产仅2 720万kg。1962—1966年,逐步调整了农业体制,放宽了经济政策,总产连续上升至6 143万kg。之后,由于"文化大革命"的影响,农业生产长期徘徊,10年中出现了2年减产、4年增减交替、3年直线上升和1年垂直下降的局面1975年。总产首次突楼1亿kg,1976年却猛跌至6 402 kg,降到1966年的水平,出现了又一次低谷。1978年,中国共产党的十一届三中全会以后,农村经济体制改革取得了成功,政策归心,风调雨顺,粮食总产持续18年上升。1999年,粮食总产创历史最高纪录达到26 254.1万kg。之后3年,由于调整农业生产结构,粮食种植面积逐年缩小,产量连续降低,但降幅不大。2002年,总产量达到25 306.8万kg。

农业总产值逐年提高,1949年为542万元,2002年达到72 789万元。其中种植业产值由447万元增至41 653万元。2002年,农民人均纯收入为3 101元,均居自治区各市县前列。由于农业投入增加,机械化程度不断提高,农业基础建设不断加强,农业科技推广、应用、普及,农业生产条件不断改善,

2002年末,全市农业科技普及率达98%,农业机械总动力达39.87万kW,全年化肥施用量达7.8万t;农村用电量达3 707万kW/h,相当于1978年的5.3倍。

2019年,全市耕地总面积58.60万亩,全市农作物播种面积81.3万亩,其中粮食播种面积51.65万亩;蔬菜播种面积16.28万亩,增长58%;粮食总产量26.9万t,蔬菜总产量57.3万t,比2018年增长5.1%,配套总面积达到12万亩,酿酒葡萄面积12.2万亩。全市农林牧渔业总产值37.9亿元,其中农业产值21.5亿元,增长7%;林业产值0.1亿元;牧业产值14.1亿元,增长2.3%;渔业产值1亿元;农林牧渔产值1.2亿元。年末生猪存栏7.3万头,牛存栏9.5万头,羊只存栏15.1万只,家禽存栏为223.5万只,全年肉类总产量1.9万t,禽蛋总产量2.4万t,奶类总产量22.9万t。全年共完成造林面积3.5万亩,水果面积19.2万亩,水果总产量10.3万t。全市渔业养殖面积2.5万亩,水产品总产量1.1万t。

(二)农业投入基本情况

青铜峡市化肥施用量9.15万t,其中氮肥施用量5.654 2万t,磷肥施用量1.15万t,钾肥施用量0.3189万t,复合肥施用量2.03万t,农用塑料薄膜使用量43.26 t,地膜使用量21.93 t,农用柴油使用量1.81万t,农药使用量24.39 t,农村用电量12690万kW/h,农业用电量8 000万kW/h,农业生产用煤1.05万t。

二、青铜峡市施肥现状与主要农作物产量调查结果分析

(一)有机肥施用现状调查与分析

青铜峡市有机肥施用的种类主要有圈肥、堆沤肥、土杂肥、沼气肥和商品有机肥为主。施用面积约1.3万亩,数量在32.5万kg左右。从表2-1可看出,水稻、玉米调查户数仅有35.8%、33.3%施用有机肥,蔬菜调查户数均施用有机肥。以上调查结果表明,目前粮食作物施用有机肥很少,均以化肥为主,这也是造成耕地农田土壤有机质不能提升的主要原因。

表 2-1　青铜峡市不同作物有机肥施用情况调查表

作物	水稻	单种玉米	蔬菜
调查户数	106	75	58
施用户数	38	25	58
比例/%	35.8	33.3	100
平均用量/kg	1 836	1 386	2 056.6

(二)青铜峡市主要农作物产量、化肥投入量变化分析

1. 粮食作物播种面积与化肥投入量变化分析

从图 2-1 可看出,2006—2019 年 15 年来,青铜峡市农作物播种面积有 2 个高峰期,第一个高峰期在 2008 年,第二个高峰期在 2017 年,2017 年比 2008 年高,达到了 90 万亩,变化幅度在 69~90 万亩;化肥施用总量有一个高峰期,在 2014 年达到 9.55 万 t,变化幅度在 7.19~9.55 万 t,其中氮肥用量有一个高峰期,在 2014 年达到 6.31 万 t,变化幅度在 4.65~6.31 万 t;磷肥比较平稳,磷肥最高用量 1.38 万 t,变化幅度在 1.04~1.38 万 t;钾肥用量有逐年递增的趋势,最高用量 0.35 万 t,变化幅度在 0.16~0.38 万 t。以上数据表明,青铜峡市粮食作物播种面积稳中有升,化肥总施用量不稳定,呈现先降后增加又降低的过程,氮肥有下降趋势,磷钾肥用量较稳定。这也表明自 2016 年实施化肥零增长行动以来,化肥用量有降低趋势,尤其是氮肥用量有明显减少。

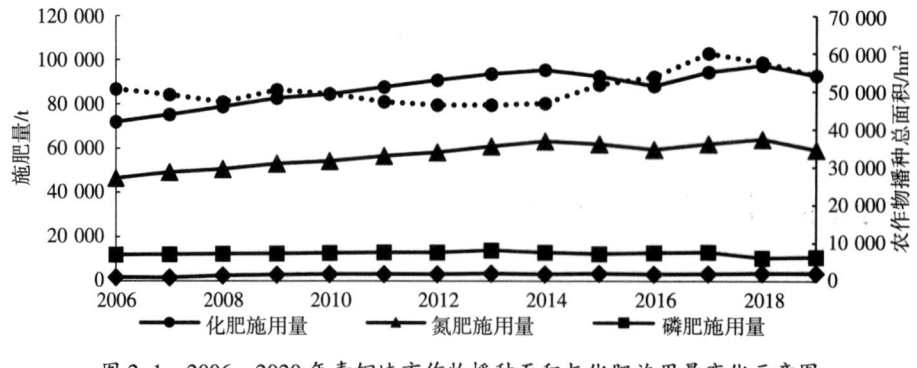

图 2-1　2006—2020 年青铜峡市作物播种面积与化肥施用量变化示意图

2. 粮食作物平均产量和化肥平均投入量变化分析

从图 2-2 可看出,粮食作物产量有稳中增加趋势,玉米增产较明显,最高亩产 620 kg,变幅在 465~620 kg,而且是稳中有升高。水稻最高亩产 629 kg,变幅在 572~629 kg,呈现先下降后增加趋势。小麦最高亩产 409 kg,变幅在 322~409 kg,呈现先下降后增加趋势。化肥平均施用量呈现先增加后下降的趋势,转折点在 2014 年,最高亩施肥量 134 kg,变化幅度在 95~134 kg。以上数据说明,化肥平均施肥量降低,但粮食作物平均亩产并未降低。

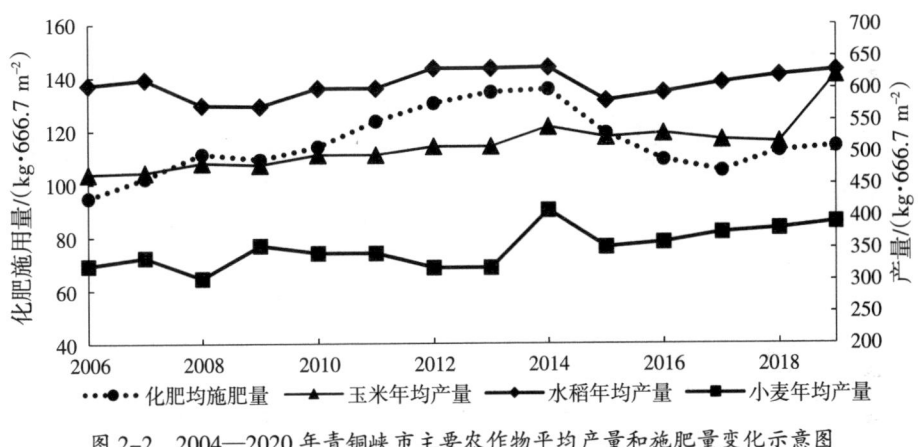

图 2-2　2004—2020 年青铜峡市主要农作物平均产量和施肥量变化示意图

(三) 青铜峡市长期定位监测点主要农作物化肥投入量和产量变化分析

根据青铜峡市 51 个耕地农田长期定位监测点玉米、水稻产量、化肥投入情况统计分析,阐述近 10 年来,青铜峡市主要农作物化肥投入量和产量变化分析,为青铜峡市耕地土壤主要养分变化原因提供参考。

1. 玉米水稻化肥投入量变化分析

从图 2-3 得知,青铜峡市玉米、水稻化肥亩投入量均有所降低,2019 年与 2010 年相比,玉米亩投入纯 N 减少了 34.4%,P_2O_5 亩投入减少了 11.6%,K_2O 亩投入减少了 5.4%;2019 年与 2010 年相比,水稻亩投入纯 N 减少了 21.0%,P_2O_5 减少了 10.3%,K_2O 减少了 4.5%。以上数据说明,随着 2016 年实施减施化肥行动以来,青铜峡市化肥投入逐年减少。

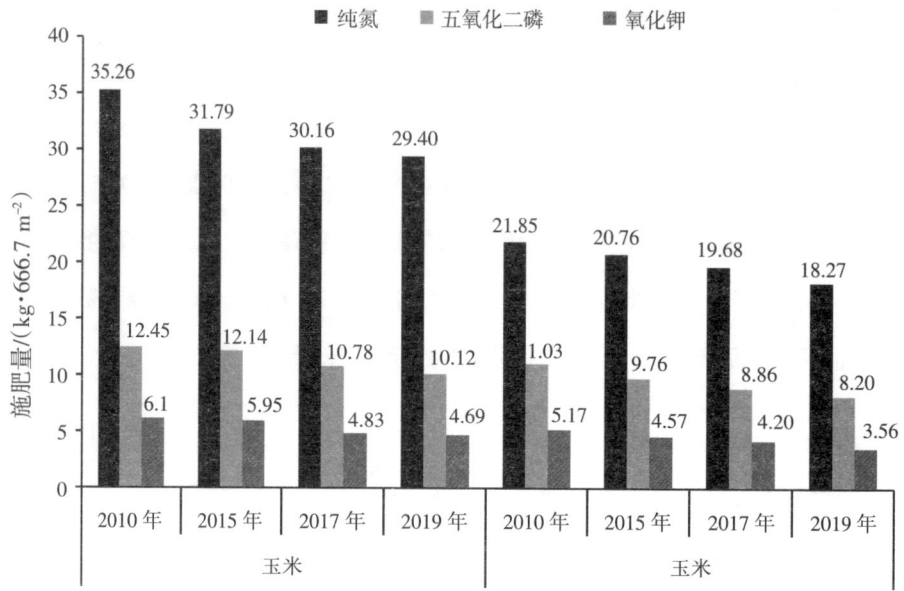

图 2-3　青铜峡市长期定位监测点玉米水稻化肥投入量变化

2. 玉米、水稻产量变化分析

从图 2-4 得知，青铜峡市玉米平均亩产量比较稳定，亩产量基本在 900 kg 左右，呈现稳步增长趋势，2019 年与 2010 年相比，玉米亩产量稍有增幅，增加了 1.49%。

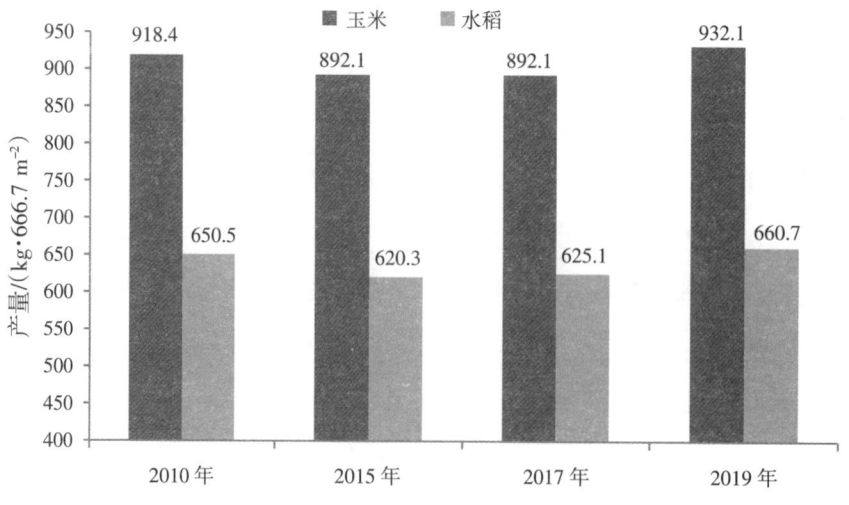

图 2-4　青铜峡市长期定位监测点玉米水稻产量变化

水稻平均亩产量比较稳定,亩产量基本在 650 kg 左右,2019 年与 2010 年相比,水稻产量稍有增幅,增加了 1.56%。以上数据说明,青铜峡市主要粮食作物 10 年来产量较稳定。结合图 1-1 数据表明,10 年来化肥投入量下降,但粮食作物产量并未表现减产,这也进一步表明青铜峡市耕地质量较好,土壤生产潜力较高。

第二节 青铜峡市农业经济发展概况

一、封建制发展制度

据记载,青铜峡市(原称宁朔县)1930—1940 年农业经济有过短暂的发展,但由于沉重的赋税剥削和小农经营方式的局限,其发展水平不高。1937 年,佃农占 18%,半自耕农占 14%,自耕农占 68%。特别是抗日战争结束后,马鸿逵追随蒋介石打内战,宁夏社会再度陷入混乱,宁朔县农业经济发展再度受阻,农业衰退尤为严重。新中国成立前夕,宁朔县农村已是一派破败惨相,农业经济体腐朽不堪。

二、土地改革制度

据 1950 年调查,青铜峡市(原称宁朔县)全县共有 1.08 万户,农业人口 5.6 万人,耕地 24.9 万亩。其中地主 208 户,共 2 139 人,占总人口数 3.8%,拥有土地面积占总耕地的 9.4%。富农、贫农分别占总人口的 4.3% 和 43%,占总耕地的比例分别为 7.7% 和 34.3%,人均占有耕地 4.44 亩。

1950 年 9 月 19 日,宁朔县作为宁夏土改的试点县,成立了土改工作委员会,深入村,组织发动群众,贯彻依靠贫雇农,团结中农,有步骤地消灭封建剥削,发展农业生产的土地改革的方针政策,全面开始了农村土地改革。

土改工作经历了 3 个阶段:第一阶段,访贫问苦、扎根串联,发现和培养骨干;层层发动,扩大队伍,组成以贫雇农为核心包括中农参加的农民协会;正确评定农村阶级成分。全县评定结果是雇农209户、7 810人,土地1.34万亩;贫农5 749户、2.55万人,土地8.04万亩;中农2 979户、1.93万人,土地8.8万亩;富农266户、2 549人,土地1.81万亩;地主208户、239人,土地2.20万亩;小土地出租者37户、201人,土地0.18万亩。第二阶段,对反动恶霸地主严加惩办,领导农民群众与地主展开面对面的斗争,打掉地主的威风;没收地主阶级的土地、耕畜、农具、粮食及多余房屋,分配给无地、少地的贫雇农。第三阶段,查账土地,评定等级,解决土地纠纷,动员布置生产,完成春耕任务。整个土改工作历时2年,到1952年4月,宁朔县土改工作全部结束。土改后,没收耕地面积1.1万亩,雇农有88%的人口、贫农有82%的人口、中农有35%的人口分得了土地。农村各阶级的土地占有情况发生了根本变化。占人口59.6%的贫雇农,土改前占总土地面积的38%,土改后增为47%;每人平均占有土地,土改前贫农是3.15亩,雇农是0.65亩,土改后分别为3.6亩和3亩。占人口3.8%的地主,土改前占总土地面积的9.4%,土改后降为2.5%,人均占有土地由土改前的10.29亩降为土改后的2.85亩。此外,农民还分得了房屋、耕畜、农具、粮食,总计从土改中得到经济利益的农民占总人口的66.8%,其中贫雇农占74%。经过土地改革,消灭了封建土地所有制,实现了农民的土地所有制。

三、农业合作化制度

(一)互助组

从1950年开始,宁朔县人民政府就号召农民开展农村合作互助运动。1951年,全县共有1 081个临时变工互助组,农忙时相邀互助,农闲时各干个的。农产品归自己所有,成员不固定,生产资料和劳动力在相互交换使用中因数量和质量不等而不能完全相抵的部分,以实物或现金补足。互助组实行工票制。经过短暂的发展,1951年年底,全县就有常年互助组237个,参加户数达到1 716户,使有畜无人和有人无畜相帮,克服困难,完成作业任务。至1952年8月,全县互助组数达628个,参加户数达2 275户,其中贫农1 339户、中农 1 048 户。互助组较单干农户在耕种、除草、施肥、灌水、修渠整坝、开垦荒地、打井池、新法灭虫方面具有较大优势,所以发展较快。至 1953 年,全县发展互助组 1 516 个,其中常年组 250 个。参加农户占总农户的 74%,1954 年 11 月,全县常年互助组增加到 2 100 个。

(二)初级社

1953 年 3 月 20 日,县委组织人员在互助组的基础上试办初级农业生产合作社,成立了第一个初级农业生产合作社(李俊乡张潮农业生产合作社),有 13 户农民参加。初级农业生产合作社是半社会主义性质的互助合作组织,入社社员土地私有,耕畜农具大部分也是私有的,但土地和主要生产资料交给合作社统一使用,实行有计划地经营生产,产品统一分配,公积金、公益金、管理费由合作社集中掌握,统一使用;分配给社员的收入,一部分按入社时生产资料数量和质量取得股份分红,一部分按社员投入的劳力多少取得报酬。

1953 年冬季后,县委、县人民政府根据全国第三次农村互助合作会议《关于发展农业生产合作社的决议》指示,迎接群众继续要求建设高潮的到来,县委抽调 22 名县、区乡干部,组成 5 个工作组,深入各社宣传决议精神,指导和帮助各社选举成立了由 7 人组成的社务委员会。1954 年,以初级社为主体的互助合作运动有了很大的发展,是年 6 月以后,又发展初级社 8 个,其中一类社 3 个:李俊张潮社、蒯家桥社、顾家庄社;二类社 2 个:四棵树社、陈家寨社;三类社 3 个:张家庄社、王家庄社、席家庙社。入社互助组 262 个,同时新发展入社农户 107 户,0.25 万亩耕地。是年 11 月,全县又有 8 100 个常年组要求转社,经过审批,第一批转初级农业生产合作社 49 个,第二批转社 19 个,组转社工作于 12 月 15 日前结束。

1955 年,县委传达学习毛泽东主席《关于农业合作化问题》的报告和中共中央七届六中全会《关于农业合作化问题的决议》。全县对农业的社会主义改造步伐大大加快。从 1953 年初到 1956 年年底,用不到 4 年的时间完成了农业合作化过程。到 1956 年年底,初级社发展到小社 124 个,大社 40 个,全县入社农户 1.46 万户，全县 98.3%的农户参加了高级农业合作社（没入社的仅 248 户），基本实现了初级形式的农业合作化。

（三）高级社

1956 年，农业合作社的主流由初级社开始转向高级社。高级社是一种社会主义性质的集体经济组织形式，生产资料归集体共同占有，统一安排生产经营活动，实行完全的按劳分配。据 1956 年 4 月 10 日统计，全县共有 31 个高级农业社。其中单一汉族社 16 个，入社户数 5 950 户；回汉民族联合社 15 个，入社户 9 185 户。全县入社农户 1.51 万户，占总户数 98.7%；入社人口 7.31 万人，占农业总人口的 98.6%；入社集体经营的耕地面积 32.25 万亩，全县入社劳动力共 3.09 万人。农业生产合作社比互助组每亩产量高 10%~20%。经过由低级到高级，由多变少，由小变大的逐步发展，农村在短时期内建立崭新的社会主义生产关系。1957 年，全县基本实现了以高级社为主的农业合作化，农业私有制的社会主义改造基本完成。

四、人民公社制度

1958 年 8 月 31 日，县委召开全委会议，学习毛泽东发表的"人民公社好"的谈话精神，研究建立人民公社方案，成立人民公社筹建工作团，自此，建立人民公社工作在全县全面展开。同时，以"快"为核心，以高指标为特征的"超英赶美"的"大跃进"运动相继开始。

1958 年 9 月中旬，县委将小坝、大坝、叶升、李俊、仁存、宁化、宋澄、瞿靖、邵刚和蒋顶 10 个乡、30 个农业合作社合并，建成跃进（今瞿靖）、红旗（今小坝）、星火（今李俊）3 个人民公社。其中大坝、小坝、叶升、仁存 4 个乡合并建成红旗人民公社；李俊、宋澄、邵刚、宁化 4 个乡合并建成星火人民公社（今永宁县管辖）；瞿靖、蒋顶 2 个乡合并吸收邵刚乡的五一社和小坝乡的富裕社建成跃进人民公社。这种"政社合一"的政治经济体制，严重挫伤了农民的生产积极性，极大地破坏了农村社会生产力，也是造成灾难性的"三年困难"的原因之一。此后,全县农村刮起了狂热的"共产风",取消自留地,将个人拥有的生产资料转化为公社所有;否定评工计分制,广泛推行供给制和工资制,平均分配口粮和其他实物;在社队之间平调;兴办个人不花钱的各种集体福利事业,吃饭进集体食堂。社员把人民公社比作"日出东山,越升越高,越照越明",人民公社社员高兴地唱道:"愁吃愁喝几千年,如今吃饭不要钱,公社赛过铁饭碗,幸福生活万万年。"同时"浮夸风"也越刮越大,为了巩固人民公社体制,县委讨论制定了《关于人民公社管理体制和若干问题的规定(草案)》,共9个问题51项条款。

1959年1月初,全县开展了整社运动。整社的效果不明显,"共产风"在继续蔓延。与此同时,农村因饥饿造成浮肿的人数也不断增加,人口大量外流。1960年11月,市工委贯彻中共中央《关于农村人民公社当前政策问题的紧急批示信》,提出人民公社实行"三级所有,队为基础"至少7年不变的政策,开始纠正人民公社体制上和农村政策上的某些失误,主要措施有以公社、生产大队和生产队为基本核算单位;清算基本清算单位与社员账目;分配上,国家税收不超过10%,社队积累为15%~18%,分配给社员的占50%~55%,分配给社员的工资实行"评工记分,以工定级,按级发工资",实行以人定量凭票吃饭制度;恢复自留地。这些措施在一定程度上减轻了"共产风"的危害,并纠正了一些过头的"一大二公"的做法,对生产的发展也起了一定的促进作用。仅2个月的时间,全市食堂减少了46%,吃食堂的人数减少了一半;家禽家畜数量迅速增加,羊平均3户1只;自留地的恢复,也有利于农民增加收入、改善生活,群众称之为"大喜事"。1961年3月,市工委学习贯彻中共中央《农村人民公社工作条例(草案)》精神,对全市社队规模进行调整,生产队由259个调整为381个,生产大队由30个调整为61个,人民公社由4个调整为8个,平均每社有2300户社员。

"文化大革命"期间,农业生产上继续贯彻以粮为纲、多种经营、全面安排的方针,采用"农业学大寨"这样的群众运动来维持人民公社体制的继续运转,致使农业经济长期徘徊不前。

五、农业生产责任制

1978年12月,中国共产党的十一届三中全会召开以后,县委、县人民政府在农村开始实行"五定"(定人员、产值、费用、报酬、奖惩)生产责任制。1979年,小坝公社曹湾生产大队第三生产队率先实行了"五定"生产责任制。该队是有名的穷队,群众多年分不到钱,实行"五定"生产责任制以后,社员大干一年,粮食增产5成,副业收入3万元,第一次还清了1.2万元贷款,社员第一次分到了现金,人均收入由1.5元提高到130元,人增口粮,户户增收。翌年,蒋顶公社玉南生产大队第六生产队养猪实行责任制、新民生产大队加工芦苇蓆实行生产责任制,这对全县产生了积极的影响,引起了县委、县政府的高度重视,由此拉开了全县家庭承包责任制的序幕。

1980年,县委讨论小段包工和联产计酬责任制的具体办法,在农村落实依靠个人的岗位责任制和按劳分配政策,全县的192个生产队划分成469个作业组、344个专业组,坚决克服平均主义。1981年初,县委、县人民政府根据当时农业生产责任制发展需要,制定了《统一经营联产到劳责任制若干问题的处理办法》,把多种形式的生产责任制建立和完善起来。4月,全县690个生产队中有674个队建立了不同形式的生产责任制,其中实行专业承包、联产计酬的生产队有328个,占全县生产队总数的47.54%;实行小段包工、定额计酬的生产队285个,占全县生产队总数的41.30%;实行分组作业的生产队38个,占全县生产队总数的5.5%;实行统一经营、联产到劳的生产队23个,占全县生产队总数的3.3%。10月,全国农村工作会议通过的《全国农村工作纪要》肯定了包产到户、包干到户属于社会主义集体经济生产责任制性质以后,"双包"责任制便在全县广泛发展,特别是包干到户责任制以其"交够国家的、留足集体的、剩下全是自己的"责任明确、简便易行利益直接的特点而成为以后农业生产责任制-家庭联产承包责任制的主要形式。

1982年冬至1983年春,在全县农村实行家庭联产承包责任制,政府同农民签订承包合同书。全县699个生产队中,有676个生产队实行了家庭联产承包责任制,占全县生产总数的96.7%;有10个生产队实行统一经营、联产到劳责任制,占全县生产队总数的1.4%;有6个生产队实行专业承包、联产计酬责任制,占全县生产队总数的0.8%;有7个生产队实行小段包工、定额计酬责任制,占生产队总数的1%;有1个生产队实行口粮田包干到户,商品粮联产到劳责任制。1983年8月15日,县委召开会议,接受群众建议,合并部分规模小的生产队,减少干部数,减轻农民负担,合并后生产队干部由2 000人减少至600人,减少70%,干部的工资补贴总额由36万元减少为15万元,减少58.3%。人均减负1.42元,户均7.47元,每亩159.75元。1984年3月,自治区作出《关于贯彻执行中共中央1984年1号文件的若干规定》,宣布土地承包期延长到15年以上,至此,全县所有的农户都实行了家庭联产承包责任制。以家庭联产承包为主的统分结合、双层经营的农业生产责任制的建立,是继土地改革之后的农民的第二次解放,充分调动了农民的生产积极性和创造性,农业生产连年增收,农民收入不断增加。

1986年以后,农业又出现了徘徊不前的状况,主要是政府减少了对农业的投入,生产资料涨价和家庭承包制的不完善引起的。为此市委、市人民政府学习贯彻全国、自治区农村工作会议精神,强化对农业基础地位的认识,开始围绕发展商品生产,改善统分结合的双层经营体制,进一步强化社会服务体系,不断增加对农业的投入。1990年,继续深化第二步改革,对农民进行稳定政策的教育,讲明党在农村的各项方针、政策长期不变,并建立了农业发展基金和农村劳动积累工作制度,完善了科技承包办法,当年签订科技承包合同320份,稳定了农民思想,调动了农民发展生产的积极性。在全市农村推进"两田互补制",完善土地承包制度,本着大稳定、小调整的原则,全市乡、村普遍实行动账不动地的"两田互补制",进一步明确了土地的管理使用和投入机制,完善了多层次、多形式的社会化服务体系和承包办法,使统分结合的双层经营体制更具活力。

六、农业市场经济制度

随着改革开放的不断深入,农业、农村经济进入了一个新的发展阶段。从1992年开始,建立社会主义市场经济写入国家宪法,这标志着传统的计划经济体制的结束,新的具有中国特色的市场经济体制的开始。在新的体制下,青铜峡市农业经济进入一个新的发展时期。以往农民传统的经营方式是只管生产,不管销售,产品单一,科技含量低。这种传统的生产经营方式显得缺乏活力,农村经济发展出现了一系列的问题:农业高产不高效,农民增产不增收的矛盾越来越突出,主要表现在产业结构层次低,搭配不合理,农产品供给由全面短缺转向相对过剩。随着农业生产向商品化、专业化和区域化方向转变,农业发展对资本和技术的依赖程度越来越强。农民生产难以决策,市场信息难以把握,农民增收困难,负担加重,农民返贫现象日益严重。

1994年,全市农村进行农业产业结构的战略性调整,粮食作物面积下调至50.81万亩,减少8.2%;经济作物的面积增加至9.70万亩,面积扩大了1.1倍;甜菜面积扩大至0.90万亩;日光温室面积扩大至1.15万亩;食用菌的生产扩大为4个乡320户,种植面积扩大为30 km^2,年产鲜菇300 t,收入超过100万元。市委、市人民政府按照"规模上扩展,结构上优化,质量上提高,运行上规范,管理上完善,效益上增加"的原则,坚持以市场为导向,以科技为支持,以增加农民收入为核心,以龙头企业为突破口,在农村内部实行专业化生产,一体化经营,社会化服务,企业化管理,形成贸工农一体化,产加销一条龙的生产经营方式和产业组织形式。2000年,全市已建成除广武乡和甘城子乡以外的11个吨粮田乡,压缩粮食作物面积4.9万亩,扩大名优特经济作物0.40万亩,经济作物面积扩大到11.60万亩,其中甘城子乡种植地膜花生0.40万亩,中滩乡补号村种植海蒜0.2万亩。"三棚"建设面积扩大至1.10万亩,新建日光温室1 786栋,移动式大棚1 409栋,小弓棚韭菜0.11万亩。新建蒋顶乡东升村、邵刚乡沙湖村等6个千亩蔬菜基地,20个蔬菜生产专业村,食用菌种植面积增加至100 km^2,年产鲜菇1 000 t以上。经过结构调整,粮食作物与经济作物的比例为7∶3,农业生产结构趋于合理,种植业规模扩大,种植业结构进一步优化。

在引导农民进行结构调整的同时,市委、市人民政府以小康目标总揽全局,以增加农民收入人为目标,大力推进农业产业化。1997年,全市农业生产突出抓了粮油和经济作物产业化生产,建成蒋顶、瞿靖、邵刚、峡口、叶升、小坝6个吨粮乡,76个吨粮村,各类规模的种植户1 835户,日光温室面积扩大4 200亩,推广22项重点农业先进技术,农业产业化经营快速发展。1997—2001年,围绕"两高一优"示范园区,建成了西夏贡米厂、法福来面粉有限公司及果蔬保鲜库在内的一些以农为主的龙头企业,建立了蔬菜及食用菌为主的六大基地(峡口镇赵渠村、蒋顶乡东升村、小坝乡张岗村、小坝镇小坝村蔬菜生产,中滩乡补号村海蒜生产,瞿靖镇友好村食用菌生产),形成了"市有区域、乡有特色、村有专业"的农业新格局,农业产业化初具规模。

在带领人民致富的同时,市委、市政府把切实减轻农民负担当作关系大局的大事来抓。对涉农收费做了严格的限制,"三提五统"必须严格坚持"定项限额、总量控制、专项管理、取之有度、用之合理"的原则。对"三提五统"必须由乡人民政府作预算,报市农民负担监督管理部门审核后,经乡人民代表大会审议通过,再报市农民负担监督管理部门备案后,方可有效。对农民反映强烈的乱集资和电费、水费及其他生产资料乱涨价等问题进行专项治理。对村提留、乡统筹、劳务提取、管理使用、涉农收费、集资项目进行专项审计。加强农村财务管理,进一步理顺村提留、乡统筹及"两工"的管理体制。坚持民主管理,财务公开,定期公布收支情况,增加财务工作透明度。实行农民负担监督管理卡制度,对巧立名目的乱收费、乱集资、乱摊派、罚款和挪用平调提留、统筹费用,强迫农民出资出劳的案件进行严肃查处。2000年,在全市农村实施"强村富民"工程,从机关抽调2 100名干部,组成104个工作组驻村入户,深入村、组、农户及农村中小学、水管站、电管站,检查落实减轻农民负担的情况。2001年,青铜峡市作为费税改革试点,率先在广大农村实行了费改税,农民负担逐年减轻。2002年,农业税再次下调,每亩均减税307.5元。

第三节　青铜峡耕地发展概况

耕地是一种特定的土地,是人类活动的产物,是人类开垦之后用于种植农作物,并经常耕耘的土地,是农业生产最基本的不可代替的生产资料。依据中华人民共和国质量监督检疫局和国家标准化管理委员会于 2007 年联合发布《土地利用现状分类》(GB/T 21010-2007)中耕地是指种植农作物的土地,包括熟地、新开发、复垦、整理地,休闲地(含轮歇地和轮作地);以种植农作物(含蔬菜)为主,间有零星果树、桑树或其他树木的土地。平均每年能保证收获一季的已垦滩地和海涂。

根据青铜峡市自然资源局 2018 年度土地利用变化情况分析报告,2018 年末青铜峡市土地总面积为 286.15 万亩,其中农用地面积为 17.85 万亩,占青铜峡市土地总面积的 60.00%;建设用地面积为 19.71 万亩,占 6.89%;未利用地面积为 94.5 万亩, 占 33.11%. 青铜峡市 2018 年度土地变更总量为 0.74 万亩。耕地变化情况 2018 年初青铜峡市耕地面积为 58.09 万亩,年末面积为 58.60 万亩,年内增加 0.55 万亩,年内减少 0.029 万亩,增减相抵,净增加 0.52 万亩。

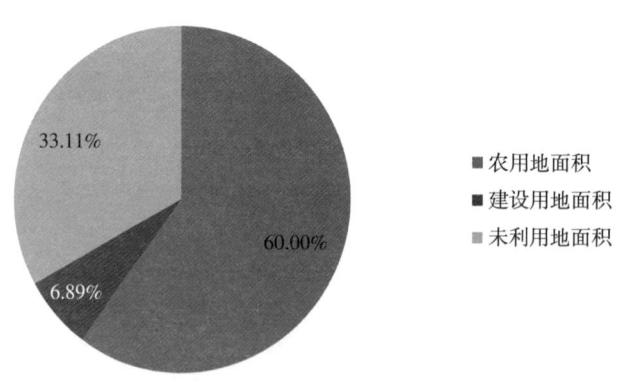

图 2-5　2018 年末青铜峡市土地利用结构图

青铜峡市第二次土地调查数据显示,辖区总面积286.15万亩,其中耕地58.6万亩,占辖区总面积的20.48%;园地10.2万亩,占辖区总面积的3.55%;林地5.1万亩,占辖区总面积的1.75%;草地151.7万亩,占辖区总面积的52.99%;城镇村及工矿用地16.8万亩,占辖区总面积的5.87%;交通运输用地5.9万亩,占辖区总面积的2.08%;水域及水利设施用地2.1万亩,占辖区总面积的7.49%;其他土地17.1万亩,占辖区总面积的5.97%。

青铜峡市耕地面积比第一次土地调查(1996年)耕地面积36.13万亩,增加了22.47万亩,但随着全市农村人口的不断变化,人均耕地从1996年的2.1亩增加到2018年的2.7亩,人均耕地增加了0.6亩。

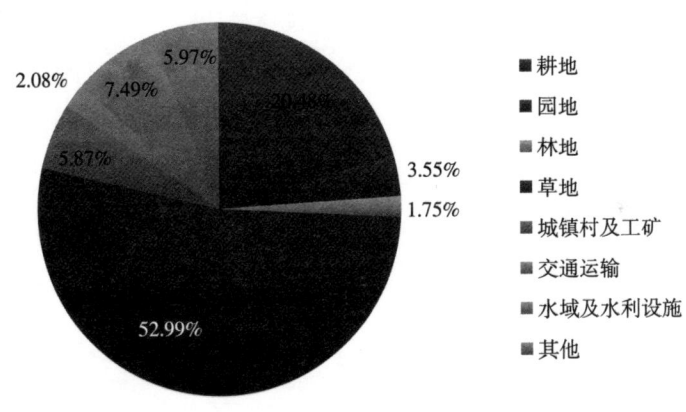

图 2-6　青铜峡市土地第二次调查结构图

一、青铜峡市耕地数量发展概况

据青铜峡市统计年鉴统计,青铜峡市耕地数量1949年为23.31万亩,2018年耕地面积为58.6万亩,69年净增耕地35.3万亩,年均增加0.51万亩。人均耕地由1949年的3.60亩降低到2018年的2.70亩。

1949—2018年,青铜峡全市耕地面积总的趋势表现为增加。由图2-3可知,从1949年全市耕地总面积为23.37亩逐年增加至1960年34.95亩,年平均增加0.99万亩。1961—1987年,青铜峡市耕地数量有所减少,全市耕地减少至1987年的2.96万亩,26年间全市耕地减少0.48万亩,年平均减少耕地0.23万亩。自1988年开始,全市耕地面积逐年增加,截至2018年,全市耕地基本稳定在5.86万亩。30年全市耕地增加了2.55万亩,平均年增耕地0.85万亩,与1949年相比耕地面积增加了2.5倍。

1949—2018年随着青铜峡市农业人口的不断增加,由1949年的5.83万人增加到2018年的21.16万人,净增15.33万人,69年间平均每年增加0.22万人。

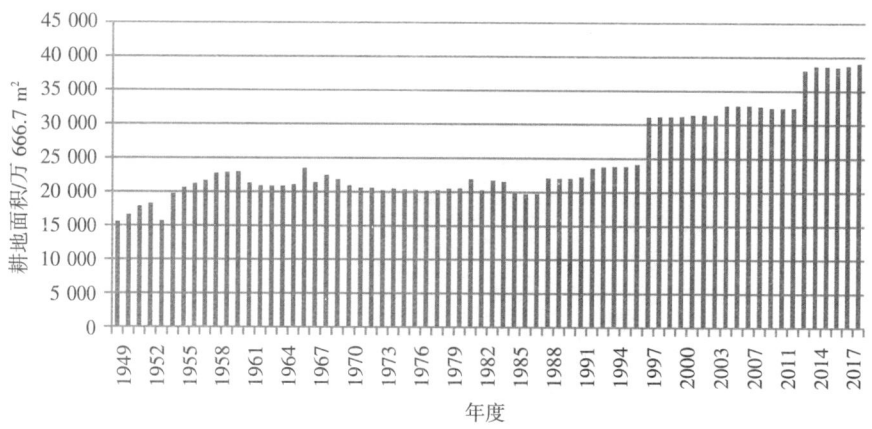

图2-7 1949—2018年青铜峡市耕地面积变化分布

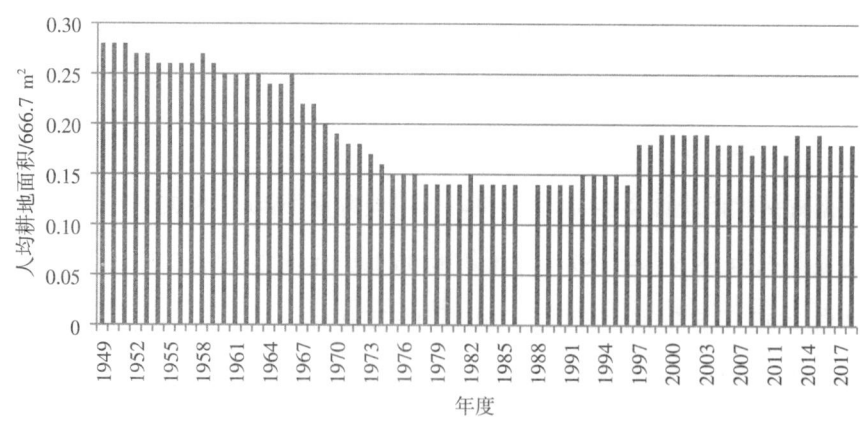

图2-8 1949—2018年青铜峡市人均耕地面积分布

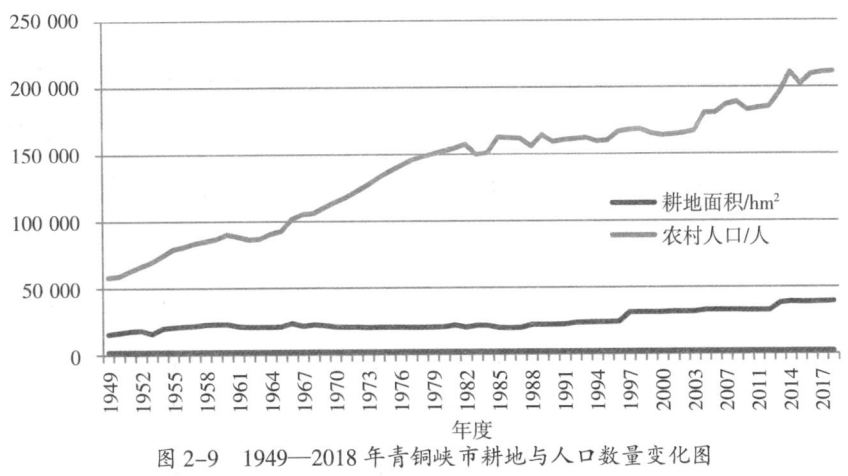

图 2-9　1949—2018 年青铜峡市耕地与人口数量变化图

由于人口的不断增加，人均耕地面积由 1949 年人均 3.60 亩减少到 2018 年人均 2.7 亩，低于新中国成立初期 0.90 亩，低于全区人均耕地（2014 年）0.3 亩。

青铜峡市自 80 年代初期开始耕地数量逐年增加，面积不断扩大，主要来自一是扬水灌溉工程的实施，特别是青铜峡市邵岗镇甘城子六级扬水工程的实施和峡口镇三星唐提水灌溉工程的建设；二是盐碱土改良利用；通过项目建设对西干渠以东唐徕渠以西的重度盐碱地进行改良；三是土地复垦项目的实施；四是耕地占补平衡项目的实施。部分年份耕地减少的主要原因是城镇化建设项目的实施。

二、青铜峡市耕地质量发展概况

我国行业标准《全国耕地地力调查与质量评价技术规程》中将耕地质量定义为耕地满足作物生长和清洁生产的程度，包括耕地地力和土壤环境质量 2 个方面。耕地地力是指耕地的基础能力，也就是由耕地土壤的地形、地貌条件、成土母质特征、农田基础设施及培肥水平、土壤理化性状等综合构成的耕地生产能力。耕地质量是耕地生产力的标度，其最直接的指标是耕地上作物产量的高低，而作物产量的高低又与前面提到的耕地的综合属性密切相关。通常一般认为耕地生产能力是指在一定的技术水平和用途条件下，耕地生产生物产品的能力。表示耕地生产能力的指标是单位面积土地所能生产的生物产品的量，通常用斤每亩(斤/亩)或公斤每公顷(公斤/公顷)表示。受收集资料所限，此处耕地质量的变化从耕地亩均产量和中低产田所占比例变化进行论述。

（一）耕地生产能力逐年提高

1949—2018 年，青铜峡市粮食作物单产由 79.83 kg/666.7 m² 增加到 494.33 kg/666.7 m²，69 年每亩净增 414.50 kg，平均年单产净增 90.11 kg（图 2-6），年均增幅 7.52%，间接反映出青铜峡市耕地生产能力趋于提高。

1949—2018 年，全市粮食作物单产水平起伏较大，单产从 1949 年的 79.83 kg/666.7 m² 增加到 1959 年的 135.59 kg/666.7 m²，而此阶段耕地面积逐年增加，粮食产量随之增加；1960—1962 年，耕地面积减少粮食单产又减少到 94.73 kg/666.7 m²，1963 年粮食单产又增加到的 144.37 kg/666.7 m²，从1964 年开始粮食单产不断增加，到 1970 年粮食单产在 180.80 kg/666.7 m² 至 171.14 kg/666.7 m² 之间波动，但增减幅度不大。从 1971 年开始逐年增加。根据青铜峡市统计年鉴汇总资料整理分析，从 1980 年开始，化肥的应用使粮食产量出现数量上的飞跃，从 1980 年平均单产 398.88 kg/666.7 m² 到 2012 年 554.19 kg/666.7 m²。32 年间增加了 155.31 kg/666.7 m²，平均每年增加

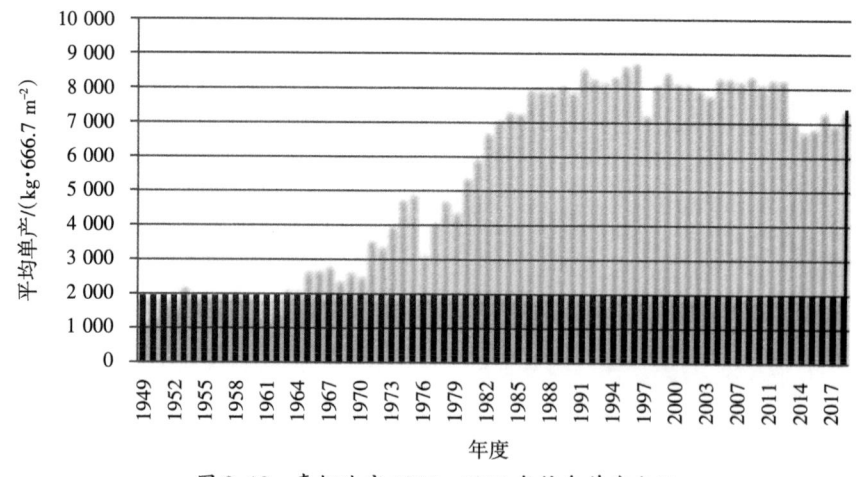

图 2-10　青铜峡市 1949—2018 年粮食单产变化

4.85 kg/666.7 m²，平均年增幅38.94%。从2013年开始粮食产量472.74 kg/666.7 m²开始下降至2018年的494.53 kg/666.7 m²，6年间平均单产为473.43 kg/666.7 m²，比2012年单产减少80.76 kg/666.7 m²。其主要原因是农业产业进行结构性调整，压缩粮食种植面积发展经济作物种植，以提高单位面积经济收入。

（二）中低产田所占比重的变化

中低产田是指土壤中存在一种或多种制约农业生产的障碍因素，导致单位面积产量相对低而不稳的耕地。中低产田划分比较常用的方法是以粮食平均单产为基础，上下浮动20%作为划分高产、中产、低产田的标准。上下限之间的耕地为中产田，高于上限的为高产田，低于下限的为低产田。不同时期因其粮食作物单产平均水平的不同，中低产田划分的标准也不同（表2-2）。农业生产中通常认为，高产田耕地质量高，低产田耕地质量差，中产田耕地质量介于二者之间。

青铜峡市自流灌区高产田占全市引黄灌区耕地总面积的比例趋于增加，根据第二次土壤普查（1985年），高、中、低产田占比分别为46.3%、35.3%、18.4%。到2010年（青铜峡市耕地地力评价报告），分别为47.25%、45.1%、7.7%。反映了青铜峡市自流灌区质量低的耕地面积不断减少。青铜峡市自流灌区高中低产田所占比例的变化充分说明了耕地质量呈提高趋势。

表2-2　宁夏自流灌区不同时期高中低产田产量划分标准

年份	高产田	中产田	低产田	备注
1990年	单种小麦亩产350 kg/666.7 m²以上，小麦间种玉米600 kg/666.7 m²以上	单种小麦亩产200~350 kg/666.7 m²，小麦间种玉米400~600 kg/666.7 m²	单种小麦亩产200 kg/666.7 m²以下，小麦间种玉米400 kg/666.7 m²以下	
2010年	单种玉米亩产800 kg/666.7 m²以上	单种玉米亩产400~800 kg/666.7 m²	单种玉米400 kg/666.7 m²以下	

第四节 青铜峡市耕地的形成与分布

青铜峡市位于各大干渠之首,水利设施发达,农业历史悠久。长期的灌溉、排水、耕作、施肥和轮作倒茬等人为措施,对耕地土壤的形成和性质有重要影响。据2018年国土资源厅《宁夏回族自治区土地利用变化情况分析报告》,截至2018年,青铜峡市耕地总面积为58.6万亩,其中灌溉用地49.07万亩,占83.73%;旱作耕地9.53万亩,占16.27%。

一、青铜峡市灌溉耕地的形成

青铜峡市位于青铜峡灌区的最上游,各大干渠从青铜峡水库引水,年总引水量达55^{10*8} m^3,其中配给本市的水量(包括渗漏)约为10.8^{10*8} m^3。各干渠在青铜峡市的总长度(包括跃进渠)为262.3 km。其中西干渠、东干渠和跃进渠为新中国成立后所建,其他干渠均是新中国成立前,甚至公元前所兴建。但新中国成立后都经过较大的改建和加固,渠上的建筑物也都是解放后修建的。

(一)灌溉渠系

青铜峡市全市灌溉面积58.6万亩。建设年代最早的干渠是唐徕渠,建于公元前102年,最长的干渠是西干渠,过境长度39.5 km,唐徕渠灌溉面积最大13.09万亩;支渠331条,总长度614.4 km,支渠数量最多的是大清渠,支渠多达78条;斗渠290条,总长度302.6 km。多年来全市坚持大搞农田水利基本建设,沟、渠、田、林、路配套,灌溉设施齐全,基本保证农作物适时、适量灌溉。

表2-3 青铜峡市主要干、支渠基本情况

项目名称	建设年代	过境长度/km	实灌面积/万亩	直开口支渠 条	直开口支渠 长度/km	下辖斗渠 条	下辖斗渠 长度/km
河西总干渠	公元前102	8	0.296	6	7.3	2	1
西干渠	1959年	39.5	6.76	23	48.45	37	39.7

续表

项目\名称	建设年代	过境长度/km	实灌面积/万亩	直开口支渠 条	直开口支渠 长度/km	下辖斗渠 条	下辖斗渠 长度/km
唐徕渠	公元前102	37.2	13.09	21	86.8	68	81.8
大清渠	清代	25	8.76	78	119.6	57	51.9
汉延渠	公元前211	29.4	8.86	48	95.8	47	50.4
惠农渠	1929年	35	1.33	7	17.4	4	8.9
泰民渠	清代	30	3.504	35	55.7	31	28.3
民生渠	1942年	31	1.001	20	28.04	7	4.44
河东总干渠	明代	5.1	0.142	2	4.7		
东干渠	明代	8.3	1.128	11	16.02	11	9.2
秦渠	公元前213	8.8	0.406	8	8.8	7	6.3
汉渠	1706年	10.1	1.165	22	34.4	3	2
马莲渠	1969年	16	1.375	12	16.35	4	2.7
跃进渠	1958年	35	1.17	25	60.1	8	13.9
七星渠	明代	13	0.779	13	14.98	4	2.1
合计		331.4	49.8	331	614.4	290	302.6

注：数据来源青铜峡市2009年水利工程普查表及2008年水利志。

(二)排水沟系

青铜峡市在发展灌溉的同时，修建了大量的排水设施，现有排水干沟10条：西大沟、中干沟、永庆沟、红旗沟、团结沟、反帝沟、胜利沟、南干沟、红卫沟、永涵沟，过境长度109.7 km，总流量79.5 m³/s，年排水量25.05^{10*5} m³，总排水面积54.7万亩。支沟61条，总长度174.1 km；斗沟106条，总长度115.9 km。在沟道清淤治理过程中坚持治管并举，工程措施与生物措施相结合，改善排水条件，降低地下水位，为农业丰收提供保障。

表 2-4　青铜峡市主要干、支沟基本情况

项目名称	建设年代	境内长度/km	流量/(m³·s⁻¹)	年排水/(10⁵m³)	排水面积/万亩	境内支沟 条	境内支沟 长度/km	境内斗沟 条	境内斗沟 长度/km
西大沟	1941年	5	7.9	24 572	1.3	9	23.6	25	24.1
中干沟	1964年	20.9	14.5	45 727	13.5	10	21.5	4	7.7
永庆沟	新中国成立前	13.5	4	12 614	5.71	3	11	10	14
红旗沟	1973年	11.1	5.5	17 345	4.5	5	9.98	4	6.1
团结沟	1972年	3.6	5	15 768	0.96	6	16.48	25	19.87
反帝沟	1971年	17.2	14.64	46 169	10	16	47.8	16	23.51
胜利沟	1974年	8	3	9 461	3.71	4	18	11	7.7
南干沟	1964年	16	16	50 458	5	5	20.3	2	4.1
红卫沟	1973年	3.55	4	12 614	3	2	3.6	3	2.8
永涵沟	新中国成立前	10.8	5	15 768	7	1	1.86	6	6
合计		109.7	79.5	250 496	54.7	61	174.1	106	115.9

注：数据来源青铜峡市 2009 年水利工程普查表及 2008 年水利志

(三)灌排状况

青铜峡市通过大搞农田基本建设，对原有的沟渠进行了改建和重建。沟、渠上的建筑物也基本上全部重新修建。目前灌水和排水都比较合理。在灌水方面，全市各镇农田都能自流灌溉，由于对渠道加强管理，基本上做到随灌随进，不误农时。水管部门给青铜峡市配水约 10.8^{10*8} m³，渠道渗漏量按 50%计算，灌入农田的水量仍有 5.4^{10*8} m³。根据第二次土壤普查摸底调查，灌区净农田面积约为 2.6 万亩，平均每亩可灌水 1 350 m³。根据有关部门测定，水稻全生育期每亩需水量约 1 000 m³ 左右，小麦 500 m³、玉米 500 m³、冬灌 200 m³。按青铜峡市水旱种植比例，包括冬灌在内每亩平均只需水 550 m³ 左右。但在实际生产中，受黄河水量减少的影响，青铜峡市年配水量也逐年减少，因此青铜峡市通过农

田治理项目等高标准农田建设,对各类灌溉渠道进行砌护防止渗漏。

在排水方面,由于地表径流条件好,且现有排水沟布局比较合理,排水条件在青铜峡灌区是最好的一个县。目前,除东、西干渠附近地段,因排水沟通过流沙带,存在淤塞严重,排水状况较差外,其他地区的排水问题基本上得到了解决。通过调查,青铜峡市已有85.2%的农田地下水埋深降至1.8 m以下,其中有48.9%的地下水埋深大于3 m。根据调查资料,当地下水埋深大于1.8 m时,一般对土壤盐化不再产生影响。青铜峡市一、二级农田的地下水埋深基本上大于1.8 m。但是尚有14.8%的农田(包括部分黄河滩地)地下水埋深小于1.8 m,排水存在一定问题。解决上述农田排水问题的途径,一是疏通支、斗、农沟,使之排水畅通;二是注意灌水技术,防止大水漫灌;三是对低洼地进行澄淤垫高。从排水干沟设计的排水能力来看,完全可以排尽多余的灌溉水和各级渠道的渗漏水,但实际上排水量很小(5、6、7、8四个月排水量约4.9^{10*8} m³),主要原因是干沟以下的沟系堵塞问题未能很好解决,致使引进农田多余的灌溉水不能及时排入干沟,这在低洼地段尤其严重。

(四)灌溉制度

青铜峡市农作物的灌溉形式基本上可分为3种类型:一是以春小麦、玉米等旱作物的灌溉;二是水稻的灌溉;三是冬灌。

1. 旱作(包括小麦、玉米等其他旱作物)灌溉

以春小麦为例。全生育期约需灌5~7次水。4月25日至5月5日灌头水,头水的灌水量较大,大约每亩需要80~100 m³,以后的灌水量比头水略小;2次灌水相隔时间10~12 t,全生育期共需水约450~500 m³/666.7 m²。

2. 水稻灌溉

水稻在整个生育期基本上处于淹灌状态,故自4月上旬至5月中旬整地灌水以后,一般每天都需要补水1次,漏水严重的稻田,早、晚都需要补水;但低洼地种稻灌水次数较少,一般稻田的灌溉定额平均为每亩1 000 m³。

3. 冬灌

冬灌在 10 月底至 11 月中旬进行，是一年中最后 1 次灌水。冬灌要求灌饱，尽量使土层中蓄满水分，冬灌的作用，一方面是为翌年春播作物储蓄水分，另一方面也有压盐、洗盐的作用。冬灌的灌水量约 200 m³/666.7 m²。

二、青铜峡市灌溉耕地的分布

青铜峡市耕地以灌溉方式分为自流灌溉、扬水灌溉和补水 3 种方式。

（一）自流灌溉耕地分布现状

自流灌溉是指借助于水的重力作用，通过引水、输水、配水等设施所进行的灌溉。自流灌溉的灌溉水源比灌溉田地高，灌溉水可以靠重力自流进入灌溉田地的灌水方法。全市自流灌溉耕地面积为 50.63 万亩，占全市灌溉耕地总面积的 86.39%，集中分布青铜峡灌区青铜峡市辖区内 8 镇 2 场的老灌区。

1. 河东平原黄灌区

本区位于黄河以东平原灌区，地势平坦，东高西洼，海拔高程 1 132~1 137 m。本区包括青铜峡镇、峡口镇和几个机关企业农场。主要土壤是灌淤土，土壤肥沃、灌溉历史悠久。作物以水稻和小麦为主，为稻旱轮作区。土地总面积 1 236.00 亩，耕地净面积 3.75 万亩，在册耕地面积 3.01 万亩，林、果面积 82.4 万亩，每人平均耕地 0.089 亩，人均粮食产量 507 kg，人均收入 118 元。灌溉渠系有秦、汉渠和东干渠。年均引水量 5.01 m³/s，年总进水量 0.667^{10*8} m³。排水干沟有挡浸沟、南干沟、红卫沟。红卫沟主要排泄山洪，挡浸沟淤塞已不起排水作用，地下水埋藏深度一般 3~10 m。

2. 河西平原黄灌区

本区东靠黄河，西至唐来渠，南起青铜峡、北至永宁交界，系黄河冲积平原，呈西南向东北走向，地势平坦，海拔高程 1 114~1 134 m。本区包括小坝镇、大坝镇、叶盛镇、瞿靖镇、良繁场、邵岗镇、树新林场等 7 个镇（场），灌溉历史悠久，耕作精细，土壤肥沃。土壤主要是灌淤土，本区作物以小麦和水稻为主，是

表2-5 青铜峡市耕地自流灌溉分布现状

单位:666.7 m²

指标	全市合计	连湖农场	小坝镇	大坝镇	叶盛镇	瞿靖镇	邵岗镇	峡口镇	陈袁滩镇	青铜峡镇	树新林场	其他
有效灌溉面积	506 250	28 920	51 555	106 950	53 805	105 735	64 245	36 735	38 430	15 990	2 115	1 770
当年实灌	506 250	28 920	47 910	42 450	53 805	49 815	58 740	36 735	38 430	8 655	2 115	1 770
旱涝保收面积	506 250	28 920	47 910	42 450	53 805	49 815	58 740	36 735	38 430	8 655	2 115	1 770
机电排灌面积	25 005	9 705	600	450	2 550	2 400	2 400	1 650	0	300	300	60

注:数据来源《青铜峡市统计年鉴》

稻旱轮作区。土地总面积52.93万亩,耕地净面积34.96万亩,在册耕地面积26.22万亩,果林面积1.76万亩。人均耕地3亩,人均粮食产量836.5 kg,人均收入155.7元。灌溉渠系有唐来、大清、汉延、惠农四大干渠。年均引水流量60.1 m³/s,年总进水量7,996$\times 10^8$ m³。排水沟有团结、红旗、大坝、中干、反帝、胜利、1-1、1-2、永庆、永涵等干沟,年排水量3.958$\times 10^8$ m³。地下水埋藏深度一般大于1.8 m。

3. 广武高阶地黄灌区

本区位于青铜峡水库以西,地面高程1 154~1 195 m,地形为洪积扇下部高阶地,土壤类型为灰钙土,质地为沙壤,土壤肥力低,地下水埋藏深度一般大于5 m,无盐化,耕种历史短,部分土地仍为荒地。本区主要以青铜峡镇原广武乡为主,区地质局农场、青铜峡黄河库区。土地总面积22.02万亩,耕地净面积0.72万亩,在册耕地面积0.61万亩,林地0.60万亩,每人平均耕地2.10亩,人均粮食产量343 kg,人均收入75元。本区灌溉以跃进渠为主,年均引水流量0.78 m³/s,年总进水量0.104$\times 10^8$ m³。排水直接入河,年排水量0.092$\times 10^8$ m³。本区灌溉水质好,自流灌溉方便,但处于干渠稍段,水资源较远,沙土渗水量大,尤感水量不足。

(二)扬水灌溉区

1. 牛首山干旱山地丘陵区

西临黄河青铜峡水库,北靠东干渠,东与吴忠相接。南到中宁交界,总面积54.22万亩。黄羊沟、五大台等扬水小区,目前从东干渠提水的有两座扬水站,总扬程分别为17 m、18 m,总装机5T/470W,灌溉面积0.26万亩。现计划东干渠以南1 km范围8.28万亩,五大台1.59万亩,峡口镇0.56万亩,黄羊沟3.40万亩,以东干渠为水源地。

2. 贺兰山干旱丘陵风沙区

本区东自西干渠,西与内蒙古相接,南与中宁相交,北与永宁为界,总积137.58万亩,耕地净面积0.52万亩,耕地在册面积0.66万亩。土壤类型主要为淡灰钙土及新积土，土壤质地为沙质土。地下水埋藏深度一般大于 8 m，无盐化。

(1)干城子扬水小区

总扬程 24 m，四级扬水，现已建成投入运行，装机 11T/2955W。土地总面积 7.98 万亩，目前已耕种灌溉 13.17 万亩。

树新林场扬水：装机 17T/1022W，现灌林地 0.89 万亩。地下水位埋深大于 3M，土壤无盐化。在西干渠以西扬水灌区，已造林十多年，林木生长缓慢，多成"小老头"树，土壤并无盐化。

立新扬水：装机 16T/888W，现灌溉面积 0.49 万亩。土壤为淡灰钙土，地表多无盐化，地下水位埋深大于 1.8 m。

(2)马场滩扬水小区

共有耕地 11.45 万亩，净耕地面积 7.44 万亩。该区地下水量极贫，水质差，系高矿化度水，不宜灌溉。现通过扬水工程，总扬程约 100 m。

(3)四眼井扬水小区

共有可耕地 12.23 万亩，净耕地面积 7.83 万亩。该区地下弱含水，且不均匀，水量较贫，水质较差，不宜井灌。现通过扬水工程灌溉，总扬水程 80 m。

(三)补水灌溉区

1. 毛桥补水站

位于"反帝"沟右岸，1992 年兴建，由市水利局设计安装混流泵 4 T，配套电机 225 kW，提水流量 1.67 m^3/s，投资 40.8 万元，从"反帝"沟提水，浇灌瞿靖镇毛桥村、友谊村、友好村、良繁场，灌溉面积 0.38 万亩。

2. 下桥补水站

位于西大沟，1993 年 4 月兴建，由市水利局安装混流泵 4 T，配套电机 225 kW，提水流量 1.77 m^3/s，投资 35.5 万元，从西大沟提水，浇灌邵刚乡下桥村、邵西村第六村民小组土地，灌溉面积 0.25 万亩。

3. 高桥扬水站

西干渠开挖后,由原大坝劳改农场兴建。安装水泵 3 T,配套电机 185 kW,扬水流量 0.3 m³/s,灌溉面积 0.17 万亩。由于泵站多年失修,机械磨损大,耗电量大,功率低,土渠窄小,农场迁移后,高桥村农民 1964 年由广武库区迁来,耕地面积增至 0.30 多万亩,灌溉困难。经自治区水利厅通知批复,在原泵站的基础上,重新修建,县水利局 1983 年勘测,1984 年 3 月设计完毕,翌年 4 月,竣工投入使用。一泵站设计流量 0.43 m³/s,从西干渠提水,扬程 5.32 m,灌溉面积 0.50 万亩。安装 12S/2-12A 卧式离心泵 2 T,12SN-28 型备用泵 1 T,配套电机 JO2-72-4 型 30 kW 电机 3 T,真空启动,180 kVA 和 10 kVA 变压器各 1 T。二泵站位于一泵站正西 1 000 m 处,1974 年兴建,1975 年投入使用。安装 3QS-19 水泵 1 T,配用电机 55 kW,扬程 19.4 m,流量 0.2 m³/s,灌溉面积 319.95 亩。从一泵站架设 10 kV 线路 1 050 m,安装 320 kVA 变压器 1 T,扬水渠道长 2 500 m,其中混凝土砌护 2 000 m,建筑物有进水池、出水池、农渠口 12 处。泵站建成后,土地由生产队集体耕种,1983 年,农村实行土地承包后,泵站未使用。

4. 草台子扬水站

一泵站位于峡口镇曹家大沟东侧,东干渠右岸,1975 年兴建。由秦汉渠管理处设计,安装水泵 3 T,扬程 38 m,提水流量 0.8 m³/s,设计灌溉面积 0.80 万亩,实灌 0.23 万亩。从青铜峡供电站架设 10 kV 线路,长 2.7 km,安装 380 kVA 变压器 1 T,扬水渠长 586 m。1977 年建成上水,工程投资约 50 万元。二泵站 1976 年在扬水西渠上兴建,该站安装 10in 泵 1 T,装配电机 28 kW,扬程 9 m,流量 0.12 m³/s,灌溉面积 280.50 亩。建筑物有进水池、出水池、跌水各 1 处,农渠口 3 处,渠道长 1 200 m,输电线路从一泵站接引,装 50 kVA 变压器 1 T。建站时,未建泵房,机泵露天,于 1985 年建土木结构泵房 24 m²。

5. 林皋补水站

位于汉延渠西,中干沟左岸,1997 兴建。由市水利局设计,安装混流泵 3 T,配套电机 120 kW,提水流量 0.91 m³/s,投资 57 万元,从中干沟提水,灌溉小坝乡林皋村和市良繁场 3 队土地,灌溉面积 0.15 万亩。

6. 蒋东补水站

位于红旗沟左岸,1995 年兴建。由市水利局设计,安装混流泵 3 T,配套电机 90 kW,提水流量 0.81 m³/s,投资 43 万元。从红旗沟提水,浇灌大坝乡蒋东村第一、第二、第三、第九村民小组土地,灌溉面积 0.14 万亩。

7. 新民补水站

位于中干沟右岸,1997 年 3 月兴建。由市水利局设计,安装混流泵 3 T,配套电机 90 kW,提水流量 0.81 m³/s,投资 53 万元。从中干沟提水,浇灌蒋顶乡新民村第一、第二、第三村民小组土地,灌溉面积 0.16 万亩。

第三章　青铜峡市耕地土壤类型特性

青铜峡市土地面积虽小,但其自然条件变化多样,人为耕种施肥历史悠久,直接影响着耕地土壤类型的形成特性。

第一节　耕地土壤分类及面积分布

土壤分类主要是将外部形态和内在性质相同或相近的土壤并入相应的分类单元,纳入一定的分类系统,以反映它们的肥力和利用价值,为合理利用土壤,改良和提高肥力提供依据。

一、青铜峡市耕地土壤分类

(一)青铜峡市耕地土壤分类制

宁夏耕地土壤分类和《中国土壤分类与代码》(GB/T 17296-2009)分类一致,采用土纲、亚纲、土类、土属、土种六级,以土类和土种为分类单元。

土纲:根据主要成土特征划分,如盐碱土纲,其主要成土特征是强烈的盐化和碱化;初育土,其主要成土特征是具有初步发育的特征,如土壤盐碱土纲划分为盐土亚纲和碱土亚纲;初育土纲划分为母质初育土和石质初育土亚纲。

土类:根据土壤特征土层及其在剖面中的排列划分,同一类相同的特征土层,特征土层在剖面中的排列顺序基本一致。如黑垆土具有耕作层、黑垆土层及母质层组成剖面;灰钙土具有耕作层、钙积层及母质层组成的剖面;灌淤土具有灌淤耕层、灌淤心土层及母质层组成剖面等。同一土类具有相同的特征土层、故其成土条件和成土作用也大体相似。

亚类:在同一土类之下,依据土壤特征土层的变异或次要特征土层的增减划分。如灌淤土在轮作种植水稻的影响下,表层出现绣纹锈斑(主要特征土层的变异)。则可划分出表绣灌淤土亚类;在地下水较高的地区,受地下水影响,底土出现绣纹锈斑(次要特征土层),又可划分出潮灌淤土亚类。

土属:是土壤分类的中级单元,是亚类的续分,也是土种共性的归纳,依据土壤物理和化学的重要特性划分。这些土壤理化性质,常反应些地域性因素对土壤的影响,或反应土壤的发育程度,如土壤机械、盐分组成等,常作为划分土属的依据。如典型灌淤土亚类,根据土壤机械组成不同,划分为灌淤沙土和灌淤壤土土属;盐化潮土亚类,根据土壤盐分组成不同,划分为氯化物潮土和硫酸盐潮土土属。

土种:是土壤分类的基层单元,处于一定的景观部位,是剖面形态特征在数量上基本一致的一组土壤实体。土种的建立以土层排列和土体构型或相似为基础。

(二)耕地土壤分类系统

按照《中国土壤分类与代码》(GB/T 17296-2009),根据全国第二次土壤普查结果和2010年青铜峡市耕地地力评价调查数据,青铜峡市耕地土壤分为土类、亚类、土属、土种。全市耕地土壤类型分别为灌淤土、灰钙土、潮土、新积土和风沙土5个土类、13个亚类、27个土属、80个土种(见表3-1、表3-2)。

二、青铜峡市耕地土壤类型分布及面积

(一)青铜峡市耕地土壤类型分布规律

青铜峡市耕地土壤类型受气候、成土母质、水文地质条件及灌溉耕种影响,呈现以下分布规律。

表 3-1 青铜峡市耕地土壤分类与代码系统表

中国土壤分类与代码												青铜峡市第二次土壤分类与代码				
土纲		亚纲		土类		亚类		土属		土种		省土类	省亚类	省土属	省土种	土壤代码
代码	名称	代码	名称	代码	名称	代码	名称	代码	名称	代码	名称					
E	干旱土	E2	干温暖干旱土	E21	灰钙土	E212	淡灰钙土	E21212	泥沙质淡灰钙土	E2121212	白脑沙土					
E	干旱土	E2	干温暖干旱土	E21	灰钙土	E212	淡灰钙土	E21212	泥沙质淡灰钙土	E2121213	白脑泥土	灰钙土	淡灰钙土	淡灰钙土	沙白脑土	2.42 三
E	干旱土	E2	干温暖干旱土	E21	灰钙土	E212	淡灰钙土	E21212	泥沙质淡灰钙土	E2121216	粘层白脑土	灰钙土	草甸灰钙土	草甸灰钙土	潮白脑土	2.62 三
E	干旱土	E2	干温暖干旱土	E21	灰钙土	E212	淡灰钙土	E21212	泥沙质淡灰钙土	E2121218	白脑黏土	灰钙土	淡灰钙土	淡灰钙土	沙质粘层白脑土	2.42 二 b2
E	干旱土	E2	干温暖干旱土	E21	灰钙土	E212	淡灰钙土	E21212	泥沙质淡灰钙土	E2121219	沙层白脑黏土	灰钙土	淡灰钙土	淡灰钙土	粘白脑土	2.42 六
E	干旱土	E2	干温暖干旱土	E21	灰钙土	E212	淡灰钙土	E21212	泥沙质淡灰钙土	E2121221	薄层白脑泥土	灰钙土	淡灰钙土	淡灰钙土	沙层壤白脑土	2.42 四 a2
E	干旱土	E2	干温暖干旱土	E21	灰钙土	E211	典型灰钙土	E21112	泥沙质淡灰钙土	E2121222	薄层白脑沙土	灰钙土	淡灰钙土	淡灰钙土	薄层壤白脑土	2.42 四 k1
E	干旱土	E2	干温暖干旱土	E21	灰钙土	E212	淡灰钙土	E21212	泥沙质淡灰钙土	E2121223	壤层白脑沙土	灰钙土	淡灰钙土	淡灰钙土	薄层沙白脑土	2.41 三 k2
E	干旱土	E2	干温暖干旱土	E21	灰钙土	E213	草甸灰钙土	E21311	泥沙质草甸灰钙土	E2131111	白锈土	灰钙土	淡灰钙土	淡灰钙土	壤层沙白脑土	2.42 三 m
E	干旱土	E2	干温暖干旱土	E21	灰钙土	E213	草甸灰钙土	E21311	泥沙质草甸灰钙土	E2131112	白脑沙锈土	灰钙土	草甸灰钙土	草甸灰钙土	潮白脑土	2.50 五

续表

中国土壤分类与代码											青铜峡市第二次土壤分类与代码				
土纲		亚纲		土类		亚类		土属		土种		省土类	省亚类	省土属	省土种	土壤代码
代码	名称	代码	名称	代码	名称	代码	名称	代码	名称	代码	名称					
E	干旱土	E2	干温暖干旱土	E21	灰钙土	E212	淡灰钙土	E21212	泥沙质淡灰钙土	E2131212	白脑沙土	灰钙土	草甸灰钙土	草甸灰钙土	潮白脑沙土	2.52 二
E	干旱土	E2	干温暖干旱土	E21	灰钙土	E214	盐化灰钙土	E21411	氯化物恢钙土	E2141114	白脑土	灰钙土	淡灰钙土	淡灰钙土	沙白脑土	2.42 二 ca1
G	初育土	G1	土质初育土	G13	新积土	G131	典型新积土	G13112	石灰性山洪土	G1311212	山洪沙土	灰钙土	淡灰钙土	淡灰钙土	薄层壤白脑土	2.42 四 k2
G	初育土	G1	土质初育土	G13	新积土	G131	典型新积土	G13112	石灰性山洪土	G1311216	洪淤薄沙土	新积土	典型新积土	石灰性山洪土	洪淤沙土	2.92 三
G	初育土	G1	土质初育土	G13	新积土	G131	典型新积土	G13112	石灰性山洪土	G1311227	盐化洪淤土	新积土	典型新积土	石灰性山洪土	洪淤薄沙土	2.92 三 k1
G	初育土	G1	土质初育土	G13	新积土	G132	冲积新积土	G13215	石灰性冲积沙土	G1321532	冲积沙壤土	新积土	典型新积土	石灰性山洪土	洪淤薄沙土	2.92 三 k1
G	初育土	G1	土质初育土	G15	风沙土	G152	草原风沙土	G15212	草原半固定风沙土	G1521215	浮沙土	新积土	冲积新积土	冲积沙土	冲积沙土	16.21 三
H	半水成土	H2	淡半水成土	H21	潮土	H211	典型潮土	H21111	潮沙土	H2111111	漏沙土	风沙土	典型风沙土	半固定风沙土	半固定浮沙土	17.42 二
H	半水成土	H2	淡半水成土	H21	潮土	H211	典型潮土	H21111	潮沙土	H2111118	壤层沙锈土	潮土	典型潮土	典型潮土	粘层沙锈土	10.11 三 b3
H	半水成土	H2	淡半水成土	H21	潮土	H211	典型潮土	H21112	潮壤土	H2111211	漏沙泥土	潮土	典型潮土	典型潮土	壤层沙锈土	10.11 二 m

续表

中国土壤分类与代码											青铜峡市第二次土壤分类与代码			
土纲		亚纲		土类		亚类		土属		土种		省土类	省亚类	省土属	省土种	土壤代码
代码	名称	代码	名称	代码	名称	代码	名称	代码	名称	代码	名称				
H	半水成土	H2	淡半水成土	H21	潮土	H211	典型潮土	H21112	潮壤土	H2111217	锈土	潮土	典型潮	典型潮土	漏沙锈土	10.11 五 a5
H	半水成土	H2	淡半水成土	H21	潮土	H214	湿潮土	H21411	湿潮沙土	H2141111	湿面沙土	潮土	典型潮	典型潮土	锈土	10.11 五
H	半水成土	H2	淡半水成土	H21	潮土	H214	湿潮土	H21412	湿潮壤土	H2141213	湿潮泥	潮土	湿潮	湿沙土	湿黏层面沙土	10.14 三 b2
H	半水成土	H2	淡半水成土	H21	潮土	H214	湿潮土	H21412	湿潮壤土	H2141214	湿漏沙层潮壤土	潮土	湿潮	湿沙土	湿漏沙土	10.13 三 k
H	半水成土	H2	淡半水成土	H21	潮土	H214	湿潮土	H21412	湿潮壤土	H2141215	湿潮层潮壤土	潮土	湿潮	湿壤土	湿漏沙薄层壤土	10.13 四 a2
H	半水成土	H2	淡半水成土	H21	潮土	H214	湿潮土	H21413	湿潮黏土	H2141311	湿黏土	潮土	湿潮	湿黏土	湿黏层壤土	10.14 四 b1
H	半水成土	H2	淡半水成土	H21	潮土	H215	盐化潮土	H21512	硫酸盐潮土	H2151218	塔桥盐锈土	盐土	草甸盐土	白盐土	沙层壤质白盐土	10.13 六 b2
H	半水成土	H2	淡半水成土	H21	潮土	H215	盐化潮土	H21512	硫酸盐潮土	H2151224	盐黏土	盐土	盐化	盐化	12.11 四 a2
H	半水成土	H2	淡半水成土	H21	潮土	H215	盐化潮土	H21512	硫酸盐潮土	H2151225	青土层盐锈土	潮土	盐化	盐化	盐粘锈土	10.12 七 a2
H	半水成土	H2	淡半水成土	H21	潮土	H215	盐化潮土	H21512	硫酸盐潮土	H2151226	盐沙锈土	潮土	湿潮	湿壤土	湿漏沙壤土	10.13 四 a2

第三章 青铜峡市耕地土壤类型特性

续表

中国土壤分类与代码											青铜峡市第二次土壤分类与代码				
土纲		亚纲		土类		亚类		土属		土种		省土类	省亚类	省土属	省土种	土壤代码
代码	名称	代码	名称	代码	名称	代码	名称	代码	名称	代码	名称					
H	半水成土	H2	淡半水成土	H21	潮土	H215	盐化潮土	H21512	硫酸盐潮土	H2151228	盐粘层沙锈土	盐土	沼泽盐土	沼泽盐土	缟泥盐土	12.21 三 b2m
H	半水成土	H2	淡半水成土	H21	潮土	H215	盐化潮土	H21512	硫酸盐潮土	H2151229	盐漏沙锈土	潮土	盐化潮土	盐化潮土	粘层盐沙	10.12 三 b2
H	半水成土	H2	淡半水成土	H21	潮土	H217	灌淤潮土	H21711	淤潮沙沙土	H2171112	淤沙锈土	潮土	灌淤潮土	灌淤潮土	沙层盐锈土	10.12 四 a2
H	半水成土	H2	淡半水成土	H21	潮土	H217	灌淤潮土	H21711	淤潮沙沙土	H2171115	淤壤层沙锈土	潮土	灌淤潮土	灌淤潮土	灌淤沙锈土	10.21 三 a2
H	半水成土	H2	淡半水成土	H21	潮土	H217	灌淤潮土	H21712	淤潮壤土	H2171212	厚淤潮泥土	潮土	灌淤潮土	灌淤潮土	灌淤壤层锈土	10.21 三 m
H	半水成土	H2	淡半水成土	H21	潮土	H217	灌淤潮土	H21712	淤潮壤土	H2171213	淤漏沙锈土	潮漏土	灌淤潮土	灌淤潮土	灌淤漏沙锈土	10.21 四 p
H	半水成土	H2	淡半水成土	H21	潮土	H217	灌淤潮土	H21714	表锈淤潮沙土	H2171411	表锈沙土	潮土	灌淤潮土	灌淤潮土	表锈漏沙锈土	10.21 三 a2
H	半水成土	H2	淡半水成土	H21	潮土	H217	灌淤潮土	H21714	表锈淤潮沙土	H2171413	表锈沙盖粘层土	新积土	典型新积土	石灰性山洪积	盐渍洪淤沙土	16.13
H	半水成土	H2	淡半水成土	H21	潮土	H217	灌淤潮土	H21715	表锈淤潮壤土	H2171511	表锈壤土	潮土	灌淤潮土	表锈淤潮土	粘层沙质表锈潮土	10.22 三 b2
H	半水成土	H2	淡半水成土	H21	潮土	H217	灌淤潮土	H21715	表锈淤潮壤土	H2171512	表锈淤漏壤土	灌淤土	潮灌灌淤土	厚层潮灌淤土	粘层沙老户土	11.22 五 b4

续表

中国土壤分类与代码												青铜峡市第二次土壤分类与代码				
土纲		亚纲		土类		亚类		土属		土种		省土类	省亚类	省土属	省土种	土壤代码
代码	名称	代码	名称	代码	名称	代码	名称	代码	名称	代码	名称					
H	半水成土	H2	淡半水成土	H21	潮土	H217	灌淤潮土	H21715	表锈淤潮壤土	H2171513	表锈粘层锈土	潮土	潮灌淤	厚层潮灌淤	粘层老户土	11.22 四 b1
H	半水成土	H2	淡半水成土	H21	潮土	H217	灌淤潮土	H21715	表锈淤潮壤土	H2171711	表锈土	潮土	灌淤潮	表锈潮灌淤	表锈粘层锈土	10.22 四 b1
H	半水成土	H2	淡半水成土	H21	潮土	H217	灌淤潮土	H21718	盐化淤潮土	H2171811	盐化淤潮沙土	潮土	灌淤潮	表锈潮灌淤	表锈壤锈土	10.22 四 ca2
H	半水成土	H2	淡半水成土	H21	潮土	H217	灌淤潮土	H21718	盐化淤潮土	H2171812	盐化淤潮壤土	潮土	灌淤潮	表锈潮灌淤	灌淤沙锈土	10.21 三 a2
H	半水成土	H2	淡半水成土	H21	潮土	H217	灌淤潮土	H21718	盐化淤潮土	H2171813	盐化淤潮黏土	潮土	灌淤潮	表锈潮灌淤	灌淤漏沙锈土	10.21 四 a2
H	半水成土	H2	淡半水成土	H21	潮土	H217	灌淤潮土	H21718	盐化淤潮土	H2171814	青土层盐化淤潮土	潮土	灌淤潮	表锈潮灌淤	表锈粘锈土	10.22 六
L	人为土	L2	灌耕土	L21	灌淤土	L211	典型灌淤土	L21111	灌淤沙土	L2111113	沙薄立土	灌淤土	典型灌淤土	表锈潮灌淤	表锈粘锈土	10.23 四 b1
L	人为土	L2	灌耕土	L21	灌淤土	L211	典型灌淤土	L21112	灌淤壤土	L2111216	厚黄淤土	灌淤土	典型灌淤土	薄层灌淤	沙薄立土	11.11 三 a2
L	人为土	L2	灌耕土	L21	灌淤土	L211	典型灌淤土	L21112	灌淤壤土	L2111223	薄立土	灌淤土	典型灌淤土	厚层灌淤	厚立土	11.12 四
L	人为土	L2	灌耕土	L21	灌淤土	L211	典型灌淤土	L21112	灌淤壤土	L2111224	沙层厚立土	灌淤土	典型灌淤土	厚层灌淤	沙厚立土	11.12 三 k

续表

中国土壤分类与代码											青铜峡市第二次土壤分类与代码				
土纲		亚纲		土类		亚类		土属		土种		省土类	省亚类	省土属	省土种	土壤代码
代码	名称	代码	名称	代码	名称	代码	名称	代码	名称	代码	名称					
L	人为土	L2	灌耕土	L21	灌淤土	L211	典型灌淤土	L21112	灌淤壤土	L2111225	沙层薄立土	灌淤土	典型灌淤土	厚层灌淤土	沙层厚立土	11.12 四 a2
L	人为土	L2	灌耕土	L21	灌淤土	L211	典型灌淤土	L21112	灌淤壤土	L2111226	粘层厚立土	灌淤土	典型灌淤土	薄层灌淤土	沙层薄立土	11.11 四 a3
L	人为土	L2	灌耕土	L21	灌淤土	L212	潮灌灌淤土	L21211	潮灌淤壤土	L2121114	高庄老户土	灌淤土	典型灌淤土	厚层灌淤土	粘层厚立土	11.12 四 b2
L	人为土	L2	灌耕土	L21	灌淤土	L212	潮灌灌淤土	L21211	潮灌淤壤土	L2121115	粘层新户土	灌淤土	潮灌灌淤土	厚层潮灌淤土	高庄老户土	11.22 四
L	人为土	L2	灌耕土	L21	灌淤土	L212	潮灌灌淤土	L21211	潮灌淤壤土	L2121117	新户土	灌淤土	潮灌灌淤土	薄层潮灌淤土	粘层新户土	11.21 四 b1a1
L	人为土	L2	灌耕土	L21	灌淤土	L212	潮灌灌淤土	L21211	潮灌淤壤土	L2121118	沙层新户土	灌淤土	潮灌灌淤土	薄层潮灌淤土	新户土	11.21 五
L	人为土	L2	灌耕土	L21	灌淤土	L212	潮灌灌淤土	L21211	潮灌淤壤土	L2121121	沙层老户土	灌淤土	潮灌灌淤土	厚层潮灌淤土	沙层新户土	11.21 五 a2
L	人为土	L2	灌耕土	L21	灌淤土	L212	潮灌灌淤土	L21212	潮灌淤沙土	L2121211	沙新户土	灌淤土	潮灌灌淤土	薄层潮灌淤土	沙层老户土	11.22 四 a2
L	人为土	L2	灌耕土	L21	灌淤土	L212	潮灌灌淤土	L21212	潮灌淤沙土	L2121212	粘层沙老户土	灌淤土	潮灌灌淤土	薄层潮灌淤土	沙新户土	11.21 三
L	人为土	L2	灌耕土	L21	灌淤土	L212	潮灌灌淤土	L21212	潮灌淤沙土	L2121215	粘层沙新户土	灌淤土	潮灌灌淤土	薄层潮灌淤土	粘层沙新户土	11.21 三 b4

续表

中国土壤分类与代码										青铜峡市第二次土壤分类与代码				
土纲		亚纲		土类		亚类		土属		土种				
代码	名称	代码	名称	代码	名称	代码	名称	代码	名称	代码	名称	省土类	省亚类	省土属	省土种	土壤代码
L	人为土	L2	灌耕土	L21	灌淤土	L213	表锈灌淤土	L21311	表锈灌淤壤土	L2131111	薄卧土	灌淤土	潮灌淤土	厚层潮灌淤土	粘层沙老户土	11.22 三 b2
L	人为土	L2	灌耕土	L21	灌淤土	L213	表锈灌淤土	L21311	表锈灌淤壤土	L2131112	厚卧土	灌淤土	表锈灌淤土	薄层表锈灌淤土	薄卧土	11.31 四
L	人为土	L2	灌耕土	L21	灌淤土	L213	表锈灌淤土	L21311	表锈灌淤壤土	L2131113	沙层薄卧土	风沙土	风沙土	固定风沙土	固定沙土	17.31 二
L	人为土	L2	灌耕土	L21	灌淤土	L213	表锈灌淤土	L21311	表锈灌淤壤土	L2131114	粘层薄卧土	湖土	灌淤潮土	灌淤潮土	灌淤粘层	10.21 四 b4
L	人为土	L2	灌耕土	L21	灌淤土	L213	表锈灌淤土	L21311	表锈灌淤壤土	L2131115	沙层厚卧土	盐土	草甸盐土	白盐土	粘层沙质白盐土	12.11 二 b2
L	人为土	L2	灌耕土	L21	灌淤土	L213	表锈灌淤土	L21311	表锈灌淤壤土	L2131116	粘层厚卧土	灌淤土	表锈灌淤土	厚层表锈灌淤土	沙层厚卧土	11.32 四 a2
L	人为土	L2	灌耕土	L21	灌淤土	L213	表锈灌淤土	L21311	表锈灌淤壤土	L2131117	湿卧土	灌淤土	典型灌淤土	厚层灌淤土	沙厚立土	11.12 三 m
L	人为土	L2	灌耕土	L21	灌淤土	L213	表锈灌淤土	L21312	表锈灌淤沙土	L2131211	沙薄卧土	灌淤土	表锈灌淤土	薄层表锈灌淤土	夹青粘层薄卧土	11.50 五 b2

续表

中国土壤分类与代码											青铜峡市第二次土壤分类与代码			
土纲		亚纲		土类		亚类		土属		土种				
代码	名称	代码	名称	代码	名称	代码	名称	代码	名称	代码	名称	省土类	省亚类	省土属	省土种	土壤代码
L	人为土	L2	灌耕土	L21	灌淤土	L213	表锈灌淤土	L21312	表锈灌淤沙土	L2131212	沙厚卧土	灌淤土	表锈灌淤	薄层表锈灌淤土	沙薄卧土	11.31 二 a2
L	人为土	L2	灌耕土	L21	灌淤土	L213	表锈灌淤土	L21312	表锈灌淤沙土	L2131213	粘层沙薄卧土	灌淤土	潮灌淤土	薄层潮灌淤土	壤层沙新户土	11.21 三 m
L	人为土	L2	灌耕土	L21	灌淤土	L213	表锈灌淤土	L21312	表锈灌淤沙土	L2131215	壤层沙厚卧土	灌淤土	表锈灌淤	薄层表锈灌淤土	粘层沙薄卧土	11.31 三 b1
L	人为土	L2	灌耕土	L21	灌淤土	L213	表锈灌淤土	L21312	表锈灌淤沙土	L2131218	壤层沙厚卧土	灌淤土	表锈灌淤	薄层表锈灌淤土	壤层沙卧土	11.31 三 m
L	人为土	L2	灌耕土	L21	灌淤土	L213	表锈灌淤土	L21313	表锈灌淤黏土	L2131311	胶黄薄卧土	灌淤土	表锈灌淤	厚层表锈灌淤土	壤层沙质厚卧土	11.32 三 m
L	人为土	L2	灌耕土	L21	灌淤土	L213	表锈灌淤土	L21313	表锈灌淤黏土	L2131312	胶黄厚卧土	灌淤土	表锈灌淤	薄层表锈灌淤土	胶黄薄卧土	11.31 六 b2
L	人为土	L2	灌耕土	L21	灌淤土	L213	表锈灌淤土	L21313	表锈灌淤黏土	L2131313	沙层胶黄薄卧土	灌淤土	表锈灌淤	厚层表锈灌淤土	胶黄厚卧土	11.32 六

续表

中国土壤分类与代码													青铜峡市第二次土壤分类与代码				
土纲		亚纲		土类		亚类		土属		土种		省土类	省亚类	省土属	省土种	土壤代码
代码	名称	代码	名称	代码	名称	代码	名称	代码	名称	代码	名称					
L	人为土	L2	灌耕土	L21	灌淤土	L213	表锈灌淤土	L21313	表锈灌淤黏土	L2131314	沙层胶黄厚卧土	灌淤土	表锈灌淤土	薄层表锈灌淤土	沙层胶黄薄卧土	11.31 六 a2
L	人为土	L2	灌耕土	L21	灌淤土	L214	盐化灌淤土	L21411	硫酸盐灌淤土	L2141111	盐化厚卧土	灌淤土	表锈灌淤土	厚层表锈灌淤土	沙层胶黄厚卧土	11.32 六 a1
L	人为土	L2	灌耕土	L21	灌淤土	L214	盐化灌淤土	L21411	硫酸盐灌淤土	L2141112	盐化老户土	灌淤土	表锈灌淤土	厚层表锈灌淤土	沙层厚卧土	11.32 四 a2
L	人为土	L2	灌耕土	L21	灌淤土	L214	盐化灌淤土	L21411	硫酸盐灌淤土	L2141114	盐化新户土	灌淤土	典型灌淤土	厚层灌淤土	粘层厚立土	11.12 五 b2
L	人为土	L2	灌耕土	L21	灌淤土	L214	盐化灌淤土	L21411	硫酸盐灌淤土	L2141115	盐化薄卧土	灌淤土	潮灌淤土	薄层潮灌淤土	沙层新户土	11.21 四 a2

表 3-2 青铜峡市耕地土壤分类与代码系统表

土纲	代号	亚纲	代号	土类	代号	亚类	代号	土属	代号	土种	代号	原青铜峡第二次土壤普查土壤代号
干旱土	E	干暖温干旱土	E2	灰钙土	E21	淡灰钙土	E212	泥砂质淡灰钙土	E21212	白脑沙土	E2121212	2.42 三;2.42 二 b2;2.42 二 m;2.42 二 ca1;
										白脑泥土	E2121213	2.42 六;2.42 四 a2;
										白脑砾土	E2121214	2.42 四 k1;2.42 二 k2;
						草甸灰钙土	E213	泥砂质草甸灰钙土	E21311	白脑铩土	E2131111	2.50 五;2.52 二;2.62 三;
						盐化灰钙土	E214	氯化物灰钙土	E21411	白脑土	E2141114	2.42 四 k2;
初育土	G	土质初育土	G1	新积土	G13	典型新积土	G131	石灰性山洪土	G13112	山洪砂土	G1311212	2.92 三;
										洪淤薄砂土	G1311216	2.92 三 k1;
										盐化洪淤土	G1311227	2.92 三 k1;
						冲积土	G132	石灰性冲积沙土	G13215	表泥淤砂土	G1321517	16.21 三;
				风沙土	G15	草原风沙土	G152	草原固定风沙土	G15211	盐池定沙土	G1521118	17.42 三;
半水成土	H	淡半水成土	H2	潮土	H21	典型潮土	H211	石灰性潮砂土	H21114	砂冲淤土	H2111414	10.11B3;10.11 二 m;10.14 三 b2;10.13 二 k;已耕垦的砂质沼泽土,腐泥土及泥炭土
								石灰性潮壤土	H21115	夹砂淤土	H2111522	10.11 五 a2;10.13 四 a2;已垦种的壤质沼泽土、腐泥土和泥炭土;
										潮壤黄土	H2111551	10.11 五;10.14 四 b1
								石灰性潮黏土	H21116	潮淤黏土	H2111626	10.13 六 b1;已垦种的黏质沼泽土、腐泥土及泥炭土

续表

土纲代号	亚纲代号	土类	代号	亚类	代号	土属	代号	土种	代号	原青铜峡第二次土壤普查土壤代号
半水成土 H	淡半水成土 H2	潮土	H21	盐化潮土	H215	硫酸盐潮土	H21512	轻咸潮黏土	H2151212	10.12 七 a2
								塔桥盐锈土	H2151218	12.11 四 a2;此为已垦种的原草壤质草甸盐土
								体泥盐砂土	H2151219	10.12 三 b2;已垦种的原沙质草甸盐土。12.21 三 b1;
								轻盐锈土	H2151223	10.13 四 a2;已垦种的原泥沙草甸盐土
				灌淤潮土	H217	淡潮沙土	H21711	淤末土	H2171111	10.21 三 a2
								夹壤沙土	H2171112	10.21 三 m
						淡潮壤土	H21712	淤潮泥土	H2171211	10.21 四 p
								淤潮漏沙土	H2171213	10.21 四 a2
						表锈淡潮沙土	H21714	表锈砂土	H2171411	10.21 三 a2;16.13
								表锈沙盖黏土	H2171413	10.22 四 b2
						表锈淡潮壤土	H21715	表锈土	H2171511	10.22 四 ca2
								表锈漏沙土	H2171512	10.21 四 a2
								表锈粘层壤土	H2171513	10.22 四 b1
						表锈淡潮黏土	H21716	表锈黏土	H2171611	10.22 六

续表

土纲	代号	亚纲	代号	土类	代号	亚类	代号	土属	代号	土种	代号	原青铜峡第二次土壤普查土壤代号
人为土	L	灌耕土	L2	灌淤土	L21	典型灌淤土	L211	灌淤沙土	L21111	沙质浓黄土	L2111111	11.12 三 k
										沙薄立土	L2111113	11.11 三 a2
								灌淤壤土	L21112	底砂厚淤土	L2111214	11.12 三 a2
										薄吃劲土	L2111215	11.11 三 a3
										厚黄淤土	L2111216	11.12 三
										夹粘厚立土	L2111223	11.12 三 b3
							潮灌淤土	L212	潮灌淤壤土	L21211	厚潮淤土	L2121112	11.22 三
										灌潮淤土	L2121113	11.21 五
										粘层新户土	L2121115	11.21 四 b1a1
										漏沙新户土	L2121117	11.21 五 a2
										漏沙老户土	L2121118	11.22 四 a2
										沙盖粘新户土	L2121119	11.21 三 b4;11.22 三 b2
										沙新户土	L2121121	11.21 三
										沙盖壤新户土	L2121125	11.21 三 m

续表

土纲代号	亚纲	代号	土类	代号	亚类	代号	土属	代号	土种	代号	原青铜峡第二次土壤普查土壤代号
L	人为土		灌耕土	L2	灌淤土		表锈灌淤壤土	L213	表锈灌淤壤土	L21311	薄卧土	L2131111	11.31 四
										粘层薄卧土	L2131114	11.50 五 b2
										沙层厚卧土	L2131115	11.32 四 a2
										沙薄卧土	L2131119	11.31 二 a2
										沙盖粘薄卧土	L2131121	11.31 三 b1
										沙盖壤薄卧土	L2131122	11.31 三 a2;11.31 六 a1;11.32 三 m
										胶黄薄卧土	L2131123	11.31 六 a2;11.32 六 m;11.31 六 a2
						盐化灌淤土	L214	盐化灌淤土	L21400	盐化厚卧土	L2140011	11.32 四 a2
										盐化新户土	L2140014	11.21 四 a2
										夹粘盐化卧土	L2140015	11.50 五 b2
										盐化厚立土	L2140019	11.12 五 b2

1. 灌溉耕种地域性

灌淤土的分布与灌淤耕种方式与历史有关，这种分布规律称为灌淤耕种地域性。在青铜峡灌区黄河一级阶地多稻旱轮作田，以表锈灌淤土为主。

2. 水文与水文地质特性

潮土及盐渍化土壤主要分布在地下水较高地区，这与集水的水文和水文地质条件有关，这种发布规律称为水文地质地域性。低洼地区，地面淹水和积水湖周围，地下水位较高，多分布着潮土及盐渍化土壤；离积水湖较远的高处，多分布着灌淤土或新积土。

老灌区周围的高阶地扬黄灌溉开发种植后，新灌区灌溉渗漏水，流向老灌区，致使毗邻扬黄新灌区的老灌区地下水位抬高，甚至地面积水，导致土壤次生沼泽和次生盐渍化，部分灌淤土演化为盐化灌淤土，这也是水文与水文地质地域性的一种特殊性。

3. 地质地域性

初育土壤主要受母质影响，分布主要与地质有关，有一定的区域性规律，称为土壤发布的地质地域性。例如新积土主要分布于冲积洪积作用明显的地区，如河流及沟道两侧，山麓洪积扇、间山盆地等。风沙土主要分布风蚀或风积地段，常与灰钙土交错分布。

(二)青铜峡市耕地土壤类型面积

截至 2018 年（依据青铜峡市 2018 年度土地利用变化情况分析报告），全市土地面积 286.14 万亩，土壤面积为 242.49 万亩，耕地面积 58.6 万亩。截至 2016 年，全市耕地面积 57.11 万亩，全市 5 个耕地土壤类型中，以灌淤土面积最大，灌淤土面积 34.24 万亩，占耕地总面积的 59.96%。灌淤土 4 个亚类中，表锈灌淤土面积最大，26.86 万亩，占全市灌淤土面积的 78.45%，占全市耕地总面积的 47.03%。以瞿靖镇分布面积最大，占全市表锈灌淤土面积的 23.60%，占全镇耕地面积的 56.46%。其次是大坝镇和邵岗镇，分别占本镇耕地面积的 50.92% 和 35.36%，占全市表锈灌淤土面积的 18.24% 和 16.12%。灰钙土次之，

表 3-3 青铜峡市耕地土壤类型面积统计（到亚类）

亚类名称	亚类编码	合计 亩	合计 %	陈袁滩镇 亩	陈袁滩镇 %	大坝镇 亩	大坝镇 %	瞿靖镇 亩	瞿靖镇 %	青铜峡镇 亩	青铜峡镇 %	邵岗镇 亩	邵岗镇 %	峡口镇 亩	峡口镇 %	小坝镇 亩	小坝镇 %	叶盛镇 亩	叶盛镇 %
淡灰钙土	E212	96 941	16.98			67	0.07	1 961	1.75	23 210	45.12	52 577	42.89	19 124	31.49				
草甸灰钙土	E213	438	0.08							365	0.71			73	0.12				
盐化灰钙土	E214	36 240	6.35			2 017	2.10	1 475	1.31	15 050	29.26	11 917	9.72	5 781	9.52				
灰钙土	E21	133 619	23.41			2 084	2.17	3 436	3.06	38 625	75.09	64 494	52.61	24 978	41.13				
典型新积土	G131	18 974	3.32	51	0.14	5 652	5.87	313	0.28	4 039	7.85	4 059	3.31	4 555	7.50	211	0.53	94	0.19
冲积土	G132	507	0.09	507	1.36														
新积土	G13	19 481	3.41	558	1.5	5 652	5.87	313	0.28	4 039	7.85	4 059	3.31	4 555	7.5	211	0.53	94	0.19
草原风沙土	G152	1 462	0.26			26	0.03	1 437	1.28										
风沙土	G15	1 462	0.26			26	0.03	1 437	1.28										
典型潮土	H211	8 359	1.47	1 375	3.68	2 582	2.63	1 391	1.24	591	1.15	1 473	1.20			144	0.35	858	1.71
盐化潮土	H215	22 366	3.92	786	2.10	5 415	5.63	12 530	11.15	586	1.14	2 484	2.03	244	0.40	129	0.32	192	0.38
灌淤潮土	H217	43 338	7.59	7 394	19.81	16 278	16.92	10 869	9.68	508	0.99	2 797	2.28	692	1.14	137	0.34	4 663	9.27
潮土	H21	74 063	12.98	9 555	25.59	24 221	25.18	24 790	22.07	1 685	3.28	6 754	5.51	936	1.54	410	1.01	5 713	11.36
典型灌淤土	L211	11 152	1.95	31	0.08	217	0.23	267	0.24	2 049	3.98			6 330	10.42	1 001	2.50	1 257	2.50
潮灌灌淤土	L212	10 414	1.82	968	2.59	650	0.68	2 805	2.50	472	0.92	261	0.21	2 078	3.42	1 392	3.47	1 789	3.55
表锈灌淤土	L213	268 602	47.04	19 424	52.04	48 996	50.92	63 357	56.40	3 619	7.04	43 347	35.36	19 607	32.29	34 911	87.05	35 342	70.24
盐化灌淤土	L214	52 265	9.15	6 790	18.19	14 381	14.94	15 928	14.18	952	1.85	3 670	2.99	2 245	3.70	2 178	5.43	6 121	12.17
灌淤土	L21	342 433	59.96	27 213	72.9	64 244	66.77	82 357	73.32	7 092	13.79	47 278	38.56	30 260	49.83	39 482	98.45	44 509	88.46
总计		571 059	100	37 324	100	96 225	100	112 335	100	51 442	100	122 586	100	60 728	100	40 102	100	50 316	100

表 3-4 青铜峡市各乡镇耕地土种面积统计

土种代码	土种名称	合计 亩	合计 %	陈袁滩镇 亩	陈袁滩镇 %	大坝镇 亩	大坝镇 %	瞿靖镇 亩	瞿靖镇 %	青铜峡镇 亩	青铜峡镇 %	邵岗镇 亩	邵岗镇 %	峡口镇 亩	峡口镇 %	小坝镇 亩	小坝镇 %	叶盛镇 亩	叶盛镇 %
E2121212	白脑沙土	39 400	6.90			47	0.05	1 363	1.21	6 274	12.20	31 192	25.44	524	0.86				
E2121213	白脑泥土	20 083	3.52			20	0.02	272	0.24	2 722	5.29	506	0.41	16 563	27.27				
E2121216	粘层白脑土	804	0.14							804	1.56								
E2121218	白脑黏土	1 566	0.27											1 566	2.58				
E2121219	沙层白脑黏土	1 766	0.31							1766	3.43								
E2121221	薄层白脑泥土	5 349	0.94							58	0.11	5 291	4.32						
E2121222	薄层白脑沙土	19 112	3.35					327	0.29	3196	6.21	15 588	12.72						
E2121223	壤层白脑沙土	1 473	0.26							1002	1.95			471	0.78				
E2131111	白脑锈土	73	0.01											73	0.12				
E2131112	白脑沙锈土	365	0.06							365	0.71								
E2141114	白脑土	36 240	6.35			2 017	2.10	1475	1.31	15 050	29.26	11 917	9.72	5781	9.52				
E2120011	细白脑土	7 388	1.29			2 088	2.17			7 388	14.36								
G1311212	山洪沙土	7 097	1.24	34	0.09			15	0.01	1 122	2.18	3 458	2.82	197	0.33	177	0.44	5	0.01
G1311216	洪淤薄沙土	3 919	0.69					213	0.19	1 859	3.61	483	0.39	1 364	2.25	34	0.09		
G1311227	盐化洪淤土	7 959	1.39	17	0.05	3 563	3.70	85	0.08	1 058	2.06	118	0.10	2 994	4.93			89	0.18

续表

土种代码	土种名称	合计 亩	合计 %	陈袁滩镇 亩	陈袁滩镇 %	大坝镇 亩	大坝镇 %	瞿靖镇 亩	瞿靖镇 %	青铜峡镇 亩	青铜峡镇 %	邵岗镇 亩	邵岗镇 %	峡口镇 亩	峡口镇 %	小坝镇 亩	小坝镇 %	叶盛镇 亩	叶盛镇 %
G1321532	冲积沙壤土	507	0.09	507	1.36														
G1521215	浮沙土	1 462	0.26			26	0.03	1 437	1.28										
H2111111	漏沙土	2 535	0.44	503	1.35	551	0.57	134	0.12	577	1.12	640	0.52			9	0.02	121	0.24
H2111118	壤层沙锈土	234	0.04			234	0.24												
H2111211	漏沙泥土	410	0.07					28	0.03			382	0.31						
H2111217	锈土	1 025	0.18	331	0.89	99	0.10	74	0.07	14	0.03	140	0.11			81	0.20	287	0.57
H2141111	湿面沙土	1 649	0.29	252	0.68	716	0.74	681	0.61										
H2141213	湿潮泥	1 187	0.21	71	0.19	390	0.41	391	0.35			26	0.02			39	0.10	270	0.54
H2141214	湿漏沙潮壤土	160	0.03	160	0.43														
H2141215	湿黏层潮壤土	141	0.02			108	0.11	7	0.01			26	0.02						
H2151311	湿黏土	1 018	0.18	57	0.15	430	0.45	76	0.07			260	0.21			15	0.04	180	0.36
H2151218	塔桥盐锈土	3 485	0.61	82	0.22	119	0.12	1 822	1.62	142	0.28	1 293	1.05	15	0.02	13	0.03		
H2151224	盐黏土	667	0.12	101	0.27			296	0.26		0.00	267	0.22					3	0.01
H2151225	青土层盐锈土	3 893	0.68	564	1.51	693	0.72	1 811	1.61			592	0.48			59	0.15	174	0.35
H2151226	盐沙锈土	12 766	2.24	39	0.11	4187	4.35	7 461	6.64	444	0.86	333	0.27	230	0.38	56	0.14	15	0.03

第三章　青铜峡市耕地土壤类型特性

续表

土种代码	土种名称	合计 亩	合计 %	陈袁滩镇 亩	陈袁滩镇 %	大坝镇 亩	大坝镇 %	瞿靖镇 亩	瞿靖镇 %	青铜峡镇 亩	青铜峡镇 %	邵岗镇 亩	邵岗镇 %	峡口镇 亩	峡口镇 %	小坝镇 亩	小坝镇 %	叶盛镇 亩	叶盛镇 %
H2151228	盐粘层沙锈土	993	0.17			188	0.20	805	0.72										
H2151229	盐漏沙锈土	563	0.10			228	0.24	336	0.30										
H2171112	淤沙锈土	2 224	0.39	344	0.92	55	0.06	1 541	1.37									185	0.37
H2171115	淤壤层沙锈土	308	0.05	192	0.51	106	0.11			71	0.14	11	0.01			16	0.04	10	0.02
H2171212	厚淤潮泥土	427	0.07			11	0.01			100	0.19							317	0.63
H2171213	淤漏沙锈土	511	0.09	20	0.05	375	0.39					116	0.09						
H2171411	表锈沙土	2 956	0.52	631	1.69	1 879	1.95					116	0.09	26	0.04			304	0.60
H2171413	表锈沙盖粘层土	922	0.16	443	1.19	446	0.46			33	0.07								
H2171511	表锈土	3 318	0.58	266	0.71	731	0.76	825	0.73	78	0.15	460	0.38	209	0.34			749	1.49
H2171512	表锈漏沙锈土	11 017	1.93	4 266	11.43	4 226	4.39	304	0.27			806	0.66			121	0.30	1 294	2.57
H2171513	表锈粘层土	1 356	0.24	70	0.19	854	0.89	9	0.01			262	0.21					161	0.32
H2171811	盐化淤潮沙土	9 598	1.68	727	1.95	1 960	2.04	6 249	5.56			493	0.40	148	0.24			21	0.04
H2171812	盐化淤潮壤土	9 260	1.62	359	0.96	4 847	5.04	1 715	1.53	225	0.44	531	0.43	309	0.51			1 272	2.53
H2171813	盐化淤潮黏土	514	0.09			430	0.45	84	0.07										

续表

土种代码	土种名称	合计 亩	合计 %	陈袁滩镇 亩	陈袁滩镇 %	大坝镇 亩	大坝镇 %	瞿靖镇 亩	瞿靖镇 %	青铜峡镇 亩	青铜峡镇 %	邵岗镇 亩	邵岗镇 %	峡口镇 亩	峡口镇 %	小坝镇 亩	小坝镇 %	叶盛镇 亩	叶盛镇 %
H2171814	青土层盐化淤潮土	927	0.16	75	0.20	360	0.37	143	0.13									348	0.69
L2111113	沙薄立土	320	0.06	31	0.08														
L2111216	厚黄淤土	6 110	1.07			102	0.11	126	0.11	1 542	3.00			289	0.48	223	0.56	1 034	2.06
L2111223	薄立土	1 141	0.20					63	0.06					3 083	5.08			223	0.44
L2111224	沙层厚立土	334	0.06			115	0.12	78	0.07	378	0.73			855	1.41	256	0.64		
L2111225	沙层薄立土	493	0.09							129	0.25								
L2111226	粘层厚立土	2 753	0.48							369	0.72			2 102	3.46	522	1.30		
L2121114	高庄老户土	5 423	0.95	485	1.30	8	0.01	1 745	1.55			89	0.07	1 047	1.72	349	0.87	1 332	2.65
L2121115	粘层新户土	425	0.07					173	0.15							165	0.41	88	0.17
L2121117	新户土	1 705	0.30	165	0.44			211	0.19	12	0.02	172	0.14	1 030	1.70			127	0.25
L2121118	沙层新户土	669	0.12	158	0.42			211	0.19							221	0.55	67	0.13
L2121121	沙层老户土	1 447	0.25	159	0.43	615	0.64									497	1.24	176	0.35
L2121211	沙新户土	301	0.05					301	0.27										
L2121212	粘层沙新户土	91	0.02							91	0.18								

续表

土种代码	土种名称	合计 亩	合计 %	陈袁滩镇 亩	陈袁滩镇 %	大坝镇 亩	大坝镇 %	瞿靖镇 亩	瞿靖镇 %	青铜峡镇 亩	青铜峡镇 %	邵岗镇 亩	邵岗镇 %	峡口镇 亩	峡口镇 %	小坝镇 亩	小坝镇 %	叶盛镇 亩	叶盛镇 %
L2121215	粘层沙老户土	352	0.06			27	0.03	164	0.15							160	0.40		
L2131111	薄卧土	30 866	5.41	391	1.05	2 087	2.17	6 949	6.19	1 445	2.81	8 948	7.30	117	0.19	4 770	11.89	6 159	###
L2131112	厚卧土	112 219	19.65	105	0.28	7 697	8.00	42 671	37.99	245	0.48	20 888	17.04	17 628	29.03	11 288	28.15	11 697	###
L2131113	沙层薄卧土	38 104	6.67	11 108	29.76	13 559	14.09	2 675	2.38	1 615	3.14	2 965	2.42	535	0.88	2 078	5.18	3 569	7.09
L2131114	粘层薄卧土	19 060	3.34	2 446	6.55	3 658	3.80	2 683	2.39			3 502	2.86	279	0.46	2 789	6.96	3 703	7.36
L2131115	沙层厚卧土	32 770	5.74	3 123	8.37	12 340	12.82	3 422	3.05			3 359	2.74	154	0.25	5 856	14.60	4 515	8.97
L2131116	粘层厚卧土	24 188	4.24	1 209	3.24	4171	4.33	3 954	3.52			2 557	2.09	894	1.47	6 408	15.98	4 994	9.93
L2131117	湿卧土	1 153	0.20					308	0.27	16	0.03	247	0.20			191	0.48	392	0.78
L2131211	沙薄卧土	1 939	0.34	358	0.96	394	0.41	332	0.30	287	0.56	413	0.34			120	0.30	35	0.07
L2131212	沙厚卧土	524	0.09			74	0.08					229	0.19			221	0.55		
L2131213	粘层沙薄卧土	667	0.12	280	0.75											173	0.43	215	0.43
L2131215	壤层沙薄卧土	2 759	0.48	403	1.08	2 170	2.26									123	0.31	64	0.13
L2131218	壤层沙厚卧土	1 796	0.31			969	1.01			11	0.02	215	0.18			600	1.50		
L2131311	胶黄薄卧土	473	0.08			283	0.29	168	0.15			22	0.02						
L2131312	胶黄厚卧土	613	0.11			411	0.43	197	0.18							5	0.01		

续表

土种代码	土种名称	合计 亩	合计 %	陈袁滩镇 亩	陈袁滩镇 %	大坝镇 亩	大坝镇 %	瞿靖镇 亩	瞿靖镇 %	青铜峡镇 亩	青铜峡镇 %	邵岗镇 亩	邵岗镇 %	峡口镇 亩	峡口镇 %	小坝镇 亩	小坝镇 %	叶盛镇 亩	叶盛镇 %
L2131313	沙层胶黄薄卧土	857	0.15			569	0.59									289	0.72		
L2131314	沙层胶黄厚卧土	615	0.11			615	0.64												
L2141111	盐化厚卧土	14 212	2.49	394	1.05	206	0.21	7 797	6.94	128	0.25	1 233	1.01	907	1.49	673	1.68	2 876	5.71
L2141112	盐化老户土	2 128	0.37	96	0.26	921	0.96			212	0.41			566	0.93	148	0.37	185	0.37
L2141114	盐化新户土	3 625	0.63	454	1.22	687	0.71	1 790	1.59	279	0.54			42	0.07	254	0.63	120	0.24
L2141115	盐化薄卧土	32 299	5.66	5 847	15.66	12 568	13.06	6 341	5.64	334	0.65	2 438	1.99	729	1.20	1 103	2.75	2 940	5.84
总计		571 059	100	37 324	100	96 225	100	112 335	100	51 442	100	122 586	100	60 728	100	40 102	100	50 316	100

灰钙土面积为13.36万亩,占耕地总面积的23.40%,主要分布于青铜峡镇、峡口镇、瞿靖镇、邵岗镇4个乡镇。灰钙土以淡灰钙土面积最大,占灰钙土总面积的14.38%,分布区域以邵岗镇面积最大,占全市总面积的7.37%。其次为青铜峡镇和峡口镇,分别占全市总面积的3.39%和3.27%。潮土面积为7.55万亩,占耕地总面积的12.97%。全市各乡镇均有分布,以瞿靖镇面积最大,大坝镇次之。潮土又以灌淤潮土面积最大,占潮土总面积的58.52%。新积土面积为1.95万亩,占耕地总面积的3.41%。全市各乡镇均有分布,以大坝镇分布面积最大、峡口镇次之,叶盛镇面积最小仅为94亩。风沙土面积为0.15万亩,占全市耕地总面积的0.26%,主要分布于瞿靖镇和大坝镇。

第二节 灌淤土和潮土主要特性

灌淤土和潮土是灌溉土壤的主要土壤类型,其土壤属性直接影响着灌溉土壤的综合生产能力。

一、灌淤土

灌淤土是青铜峡市最好的农用土壤类型。全市灌淤土土类面积34.2万亩,占青铜峡市耕地总面积的59.9%。其中以瞿靖镇面积最大8.2万亩,占全市灌淤土土类总面积的24%;其次为大坝镇、邵岗镇和叶盛镇,其面积占全市灌淤土土类总面积的18%~13%。

(一)灌淤土土类主要土壤特性

1. 特征土层

特征土层是鉴别土壤类型的主要诊断土层。灌淤土土类特征土层是灌淤熟化土层,主要特征是灌水落淤与人类耕种、施肥交叠作用下逐渐累积的土层。厚度>50 cm;全土层均匀,熟化特征明显;理化性质自上而下缓慢变化,质地多为壤土类或黏壤土类;物理性黏粒含量的变率<15%;碳酸钙含量的变

率<15%;土壤有机质含量≥6 g/kg;土壤有机质、全氮及全磷含量变率<15%。灌水落淤的层次因耕作而消失,呈屑粒状和碎块状结构,心底土多为块状结构,一般层次不明显,全剖面均有煤渣、碎砖瓦片等侵入体分布,孔隙较多,常见蚯蚓洞穴和蚯蚓粪便,全剖面通透性好。

2. 主要特性

灌淤土剖面自上而下分为灌淤耕作层、灌淤心土层、母质层,受其人为耕种施肥活动的作用影响不同,灌淤耕作层的土壤肥力状况高于灌淤心土层。灌淤耕作层厚度一般为20 cm左右,多为浅灰棕色,土壤质地以壤土类为主,土壤结构多为碎块状;具有较好的土壤结构和土壤孔隙度;灌淤心土层厚度30~100 cm,多为灰棕色,土壤结构多为块状,土壤质地多为壤土类和黏壤土类,具有较好的土壤结构和土壤孔隙度;母质层多为黄河冲积物或洪积冲积物,土壤颜色为浅灰棕或灰棕色,土壤质地有沙土类、壤土类、黏土类,土壤结构紧密。

灌淤熟化土层(灌淤耕作层和灌淤心土层)土壤化学组成相似,灌溉对土壤可溶性盐具有一定的淋洗作用,在深地下水位条件下,可溶性盐淋洗明显,灌淤土层全盐含量一般较低。而在地下水位高的条件下,可溶性盐虽经灌溉淋洗下移,但由于毛管作用,盐分又随毛管上升,移至地表,发生土壤次生盐渍化。

3. 灌淤土分类

灌淤土土类依据附加成土作用所形成的特征,划分为4个亚类、5个土属、37个土种,其中根据宁夏生产实际,新增灌淤土土种27个。4个亚类分别为典型灌淤土、潮灌淤土、表锈灌淤土和盐化灌淤土。青铜峡市灌淤土亚类中以典型灌淤土、表锈灌淤土、盐化灌淤土和潮灌淤土为主。

(1)典型灌淤土亚类主要特性

典型灌淤土的面积较小,1.12万亩,占青铜峡市耕地总面积的1.95%。主要分布在秦渠、汉渠和汉延渠等大干渠两侧的局部高地上,以及原广武乡卫109国道以东地区。后者的灌淤土层较薄,属于薄层普通灌淤土;秦渠等大干渠两侧的灌淤土层较厚,多为厚层普通灌淤土。

典型灌淤土地形部位高,地下水位深,常年旱作(或果园),土壤脱离地下水的作用,全剖面没有锈纹、锈斑,因地下水位深,土壤也无盐化现象。但在灌溉水的影响下,土壤有明显的淋溶作用。如原广武乡的薄层典型灌淤土是由淡灰钙土演变成的,原有的钙积层,已开始逐渐消失,而在底部则有粉末状石灰沿孔壁淀积,表明石灰正向下部移动。厚层典型灌淤土则可在心底土层的结构面上发现胶膜淀积,主要分布在青镇、峡口和小坝等乡镇,为常年旱作条件下形成的土壤。耕种时间长,灌淤土层厚度平均 100 cm,峡口镇较厚,可达 148 cm。灌淤土层的土质以轻壤土为主,表土层灰棕或浅灰棕色,平均含有机质 11.8 g/kg,碱解氮 64.3 mg/kg,有效磷 16.1 mg/kg。呈屑粒状和碎块状结构,心底土多为块状结构,一般层次不明显,全剖面均有煤渣,碎砖瓦片等侵入体分布,孔隙较多,常见蚯蚓洞穴和蚯蚓粪便,全剖面通透性好。大部分是高产田。

根据青铜峡市第二次土壤普查资料,表 3-5 典型灌淤土典型代表剖面⊙峡 53 采自原峡口公社任桥村五队,高产农田,小麦单产 375 kg/亩。地下水埋深 3.6 m,地表无盐化现象。剖面形态如下。

0~17 cm,耕作层,灰棕色,重壤土,粒状和碎块状结构,稍紧实,多孔隙和根系,稍润,有煤渣和砖块。

17~50 cm,浅灰棕色,重壤土,块状,紧实,多孔隙和根系,润,有煤渣和蚯蚓粪。

50~83 cm,浅灰棕色,中壤土,块状,稍紧实,多孔隙,根系较少,润,有煤渣和蚯蚓粪。

83~125 cm,灰棕色,中壤土,块状,稍紧实,孔隙和根系少,润,有煤渣和蚯蚓粪。

125~170 cm,浅棕带灰色,轻壤土,粒状和块状结构,稍紧实,少量孔隙,无根系分布,润,有煤渣和蚯蚓粪。

从上面剖面形态看出,灌淤熟化土层达 170 cm,全剖面均有蚯蚓活动。从

表 3-5 可看出,全剖面的石灰含量比较一致,没有明显的石灰淀积层次;而耕作层以下的养分含量均有明显下降。但全磷量却略高于耕作层;耕作层以下的有机质含量仍较高,反映了灌淤土层的熟化特点。

表 3-5　典型灌淤土典型剖面⊙峡53 化学性质

层次/cm	pH	全盐/(g·kg^{-1})	有机质/(g·kg^{-1})	速效养分/(mg·kg^{-1})			全量养分/(g·kg^{-1})			石灰(CaCO$_3$)/(g·kg^{-1})	石膏(CaSO$_4$·2H$_2$O)/(g·kg^{-1})
				碱解氮	有效磷	速效钾	全氮	全磷	全钾		
0~17	8.0	1.43	11.6	60.0	8.63	170.0	0.93	0.624	15.7	116	0.56
17~50	8.1	0.8	8.75	41.0	3.0	81.3	0.82	0.699	20.8	136	0.49
50~83	8.1	0.76	8.05							123	0.82
83~125	8.1	0.94								112	0.79
125~170	8.5	1.17								98	0.31

表 3-6　典型灌淤土典型剖面⊙峡53 机械组成

土层/cm	机械组成/% 粒径/mm								质地名称
	石块	砾石	粗砂	中砂	细砂	粗粉砂	中粉砂	细粉砂	黏粒	
	>10	10~3	3~1	1~0.25	0.25~0.05	0.05~0.01	0.01~0.005	0.005~0.001	<0.001	
0~17				9	45.8	10.7	12.7		21.8	重壤土
17~50				5.5	48.1	10.7	14.5		21.2	重壤土
50~83				8.5	46.8	8.7	15		21.0	中壤土偏重壤土
83~125				10.5	44.5	9.5	14		21.5	中壤土偏重壤土

(2)表绣灌淤土亚类主要特性

表绣灌淤土是在地下水位较高,稻旱轮作(或常年种稻)的条件下形成的;受种稻淹水和地下水双重影响,表绣灌淤土剖面地上部及下部均有绣纹锈斑;灌淤土土层厚度>50 cm;地表无盐化。

表绣灌淤土亚类划分为表绣灌淤壤土土属,表绣灌淤壤土土属又划分为

9个土种,均为新增土种,9个土种中厚卧土最具有代表性,厚卧土土种全剖面土壤质地均为壤质土,灌淤熟化程度高。

表绣灌淤土是青铜峡市引黄灌区面积最大的一类土壤,268 602亩,占全市耕地总面积的47.04%。各乡镇均有大面积分布,但在广武、立新、跃进渠和东干渠灌区,面积较小。表绣灌淤土是在稻旱轮作的条件下形成的土壤,受地下水和水稻种植期间淹水的影响,土壤处于氧化还原过程中,全剖面可见锈纹、锈斑。表土层以中壤土为主,约占60%,其次为轻壤土,但沙壤土和重壤土也有一定分布。灌淤土层平均60 cm以上,层次不明显,呈暗灰棕或棕灰色;表土层以下常见有鳞片状结构。表土层则以块状和粒状结构为主,锈纹和锈斑的情况常与孔隙状况有关,在多虫洞和大根孔的剖面和层次,一般锈斑不明显;孔隙少土壤致密的层次,则锈斑较多。在有漏沙层的剖面,一般没有明显的胶膜,土壤的熟化度也较低。土壤的养分含量与表土层的质地关系最为密切,但同剖面构型也有一定影响,如剖面中存在青土层,速效磷的含量一般偏低。

根据第二次土壤普查资料记载,表绣灌淤土调查点典型剖面⊙瞿281可作为表锈灌淤土的代表剖面,位于瞿靖镇蒯桥村六队,高产田,小麦亩产300 kg,水稻亩产550 kg;灌淤土层深厚(大于180 cm),地下水埋深大于3 m,土壤无盐化现象。

0~20 cm,耕作层,灰棕色,重壤土,粒状和块状结构,疏松多孔,稻根较多,润,有煤渣和砖块,根孔壁有锈斑。

20~50 cm,浅灰棕色,中壤土,粒状和块状结构,稍紧实,多细孔和蚯蚓粪,根系少,润。

50~85 cm,灰棕色,轻壤土,粒状和块状结构,稍紧实,少量大孔,润,有蚯蚓粪和锈斑。

85~120 cm,灰棕色,中壤土,块状,紧实,大孔和小孔均有,润,有蚯蚓粪和煤渣。

120~153 cm,灰棕色,中壤土,块状,紧实,少量大孔,润,有蚯蚓粪。

153~180 cm,灰棕色,壤土,块状,紧实,大孔隙多,润,有煤渣,蚯蚓粪,结构面上有胶膜。

该剖面表土层有锈纹锈斑,底土层则有胶膜。全剖面均为灌淤熟化土层。由表3-7可看出,表绣层有机质含量及速效钾较高,分别为13.2 g/kg和228.8 mg/kg;全剖面易溶盐含量均小于1.5 g/kg;土壤盐分组成表层硫酸钙和硫酸镁为主,表层以下以重碳酸镁为主(表3-8);土壤质地较均匀,均为壤质土。

表3-7 表锈灌淤土典型剖面⊙瞿281化学性质

层次/cm	pH	全盐/(g·kg⁻¹)	有机质/(g·kg⁻¹)	速效养分/(mg·kg⁻¹)			全量养分/(g·kg⁻¹)		石灰(CaCO₃)/(g·kg⁻¹)	阳离子代换量/(cmol·kg⁻¹)
				碱解氮	有效磷	速效钾	全氮	全磷		
0~20	8.4	0.81	13.2	75	11.7	228.8	0.067	0.065 5	115	8.06
20~50	8.2	0.38	8.25						132	
50~85	8.52	0.32							125	
85~120	8.7	0.34							125	
120~153	8.71	0.34							115	
153~180	8.62	0.38							127	

(3)盐化灌淤土亚类主要特性

盐化灌淤土主要是由潮灌淤土、表绣灌淤土、典型灌淤土产生了较强的次生盐渍化作用演变而来,故盐化灌淤土的主要特点是土壤盐化,地表有白色盐霜或盐结皮,全剖面有绣纹锈斑或无锈斑;盐化灌淤土多位于地形低洼,排水不良的地区。

盐化灌淤土面积较大,5.23万亩,占全市耕地总面积9.15%。以瞿靖镇面积最大,1.59万亩,占盐化灌淤土亚类面积30.5%;其次为大坝镇,1.44万亩,占盐化灌淤土亚类面积27.5%。青铜峡镇面积最小,仅0.1万亩。

盐化灌淤土剖面自上而下划分为灌淤耕作层、灌淤心土层、母质层。盐化

表3-8 表锈灌淤土典型剖面⊙瞿281的机械组成和阴阳离子

土层/cm	机械组成(%、粒径:mm)					质地名称	阴离子								阳离子					
	细砂 0.25~0.05	粗粉砂 0.05~0.01	中粉砂 0.01~0.005	细粉砂 0.005~0.001	黏粒 <0.001		CO_3 /(cmol·kg^{-1})	占阴离子总量/%	HCO_3 /(cmol·kg^{-1})	占阴离子总量/%	Cl^- /(cmol·kg^{-1})	占阴离子总量/%	SO_4^{-2} /(cmol·kg^{-1})	占阴离子总量/%	Ca^{2+} /(cmol·kg^{-1})	占阳离子总量/%	Mg^{2+} /(cmol·kg^{-1})	占阳离子总量/%	K^++Na^+ /(cmol·kg^{-1})	占阳离子总量/%
0~20	11	38	10.8	15.2	25	重壤土	0.039	4.37	0.485	27.95	0.352	20.29	0.898	51.76	0.648	37.4	0.689	39.71	0.398	22.94
20~50	11.8	51.2	8.9	10.6	17.5	中壤土	0.039	4.22	0.485	49.24	0.151	15.33	0.349	35.43	0.243	24.7	0.525	53.3	0.217	22
50~85	10.5	63.5	6.5	7.3	12.2	轻壤土			0.504	56.44	0.151	16.91	0.199	22.28	0.12	13.4	0.524	58.68	0.249	27.88
85~120	16.2	41.8	8.8	13.2	20	中壤土			0.485	52.49	0.201	21.75	0.199	21.54	0.203	22	0.486	52.6	0.235	25.43

过程强,春灌前易溶盐多以盐结皮状裸露地表,盐结皮(或浓盐霜)面积达三分之一以上。由于盐结皮处的土壤可溶盐含量很高,出苗率较低,缺苗处多为盐斑块,故盐化灌淤土的小麦产量均低,一般在 200 kg/亩以下。

盐化灌淤土亚类划分为盐化灌淤壤土土属、盐化灌淤壤土土属又划分为 9 个土种,均为新增土种,9 个土种中盐化厚卧土最具有代表性,盐化厚卧土土种土体全剖面土壤质地均为壤质土,灌淤熟化程度高,主要分布在蒋顶、中滩、小坝和叶盛等乡镇面积较大,占全市盐化灌淤土 8.36%。质地以轻壤土为主,中壤土次之。

根据第二次土壤普查调查以⊙小 270 为盐化卧土代表剖面,采自小坝镇红星村六队;稻旱轮作田,由于土壤盐渍化重,小麦亩产仅 200 kg 左右,水稻可产 400 kg。

0~20 cm,灰棕色,中壤土,粒状结构,疏松多孔,根系多,并有芦根,稍润,有煤渣。20~50 cm,浅灰棕色,轻壤土,块状,稍紧实,多孔隙和根系,润,有煤渣及少量锈斑。

50~75 cm,浅灰棕色,中壤土,块状,紧实,孔隙和根系少,润,有煤渣和少量锈斑。以上均为灌淤土层。

表 3-9 盐化灌淤土典型剖面⊙小 270 化学性质

层次/cm	pH	全盐/(g·kg^{-1})	有机质/(g·kg^{-1})	速效养分/(mg·kg^{-1})			全量养分/(g·kg^{-1})		CaCO$_3$/(g·kg^{-1})	阳离子代换量/(cmol·kg^{-1})
				碱解氮	有效磷	速效钾	全氮	全磷		
0~20	7.71	3.34	14.35	127	50	263	0.93	0.82	130	11.17
20~50	7.81	0.52	10.7						136	12.25
50~75	7.9	0.50							140	
75~105	7.9	0.50							136	
105~150	7.9	0.40							100	
150~160	7.9	0.42							115	
160~180	7.9	0.45							110	

75~105 cm,浅灰棕色,中壤土,块状,紧实,少量孔隙,润,有芦根,无侵入体。

105~150 cm,浅棕带灰色,沙壤土,块状,稍紧实,润,有芦根,无侵入体。

150~160 cm,浅棕带灰色,沙壤土,块状,稍紧实,润,有锈斑。

160~180 cm,浅棕带灰色,沙壤土,块状,稍紧实,润,有较多锈纹、锈斑。

由表3-9可以看出,盐化灌淤土表层全盐量含量为3.34 g/kg,属于中度盐渍化;耕作层有机质和速效钾含量较高,分别为14.35 g/kg和263 mg/kg;灌淤层碳酸钙含量均为130~140 g/kg。

(4)潮灌淤土亚类及土种特性

潮灌淤土是在地下水位较高,长期种植旱作物(不种水稻)的条件下形成的,故潮灌淤土剖面下部有绣纹锈斑(表层或剖面上部无绣纹锈斑);地表无盐化;潮灌淤土所处地形相对比较低平,排水较困难;潮灌淤土剖面自上而下划分为灌淤耕作层、灌淤心土层、母质层。

潮灌淤土面积小,10 414亩,占全市耕地总面积1.85%,是四个灌淤土亚类中面积最小的1个亚类。主要分布在全市小坝、叶盛、蒋顶、峡口和瞿靖等乡镇。

潮灌淤土亚类划分为潮灌淤壤土1个土属;潮灌淤壤土土属又划分为11个土种,新增土种7个土种。11个土种中厚潮灌淤土最具有代表性,全剖面土壤质地均为壤质土,灌淤熟化程度高。平均灌淤土层厚度为102 cm,峡口镇最厚,平均达142 cm。质地以轻壤土和中壤土为主,沙壤土的面积较少。从颜色和结构上容易划分层次,一般60 cm以上的土层,蚯蚓洞穴和蚯蚓粪多,以下则比较致密,孔隙少。个别在湖土基础上发育的厚层潮灌淤土,底土颜色较表土灰暗,仍残留潜育化特征,在根孔壁约有0.3 cm厚的土壤,呈暗灰带蓝色,核块状结构,胶膜一般不明显;发育在潮土上的厚层潮灌淤土,其底土的锈纹锈斑较多。

潮灌淤土耕作层平均含盐量为11.1 g/kg,有机质平均12.5 g/kg,碱解氮

74.3 mg/kg,有效磷 13.4 mg/kg。养分含量同普通灌淤土比较,有机质和碱解氮含量较高,而有效磷较低。这可能同土壤水分状况有关,在地下水位较高的条件下,有机质分解较慢,而磷的释放也较差。厚层潮灌淤土的地下水位,在春灌前多大于 1.8 m,但灌水以后地下水都普遍上升,一般在 1.5 m 左右即出现地下水。

潮灌淤土代表剖面⊙瞿 116 位于瞿靖镇雷桥村一队,地下水埋深大于 1.8 m,地表无盐化现象,灌淤土层深厚(大于 180 cm),是当地高产田,常年旱作,小麦亩产 300 kg。其剖面特征如下。

0~19 cm,耕作层,灰棕色,中壤土,粒状和块状结构,疏松,多细孔,少量根系,润,有锈纹、锈斑及煤渣等侵入体。

19~45 cm,浅灰棕色,中壤土,块状夹片状结构,稍紧实,多中孔,根很少,润,有锈纹、锈斑及煤渣等侵入体。

45~90 cm,颜色较上层浅,中壤土,块状结构,紧实,中孔和细孔较多,润,有锈纹、锈斑和煤渣。

90~120 cm,灰棕色,中壤土,块状,紧实,中孔和细孔较多,润,有锈纹、锈斑和煤渣等侵入体。

120~160 cm,基本性状同上,但有少量大孔,结构面上有胶膜。

表 3-10　厚层潮灌淤土代表剖面·瞿 116 化学性质

层次/cm	pH	全盐/(g·kg⁻¹)	有机质/(g·kg⁻¹)	速效养分/(mg·kg⁻¹)			全量养分/(g·kg⁻¹)			$CaCO_3$/(g·kg⁻¹)	$CaSO_4 \cdot 2H_2O$/(g·kg⁻¹)	代换量/(cmol·kg⁻¹)
				水解氮	有效磷	速效钾	全氮	全磷	全钾			
0~19	8.15	1.13	15.8	76.9	13.7	212.5	1.04	0.72	18.0	131	0.52	9.41
19~45	8.4	0.38								143	0.71	
45~90	8.55	0.21								139	1.16	
90~120	8.45	0.23								146	1.07	
120~160	8.55	0.23								146	1.23	
160~180	8.4	0.23										

160~180 cm,胶膜不明显,但锈纹、锈斑多。

该代表剖面全盐量小于 1.5 g/kg,属于无盐化;剖面下部有锈纹锈斑;灌淤土层深厚,达 180 cm;具备厚潮淤土土种典型特征。该代表剖面耕作层有机质及全氮、速效钾含量较高,分别为 15.8 g/kg、1.04 g/kg 和 212.5 mg/kg;具有较高的土壤肥力水平。

(二)青铜峡市灌淤土特点及改良利用

青铜峡市灌淤土熟化程度较高,土壤较肥沃,耕作层有机质平均为 14.9 g/kg,全氮量平均为 0.99 g/kg,碱解氮量平均为 76.54 mg/kg,有效磷量平均为 24.43 g/kg,速效钾量平均为 153.75 mg/kg;土壤质地适中,保肥保水能力较强,适宜种植多种作物,是旱涝保收的高产稳产的农业土壤,是极其宝贵的土壤资源。目前青铜峡市灌淤土大多种植设施蔬菜、设施瓜果、露地菜、脱水菜、麦套玉米等经济效益高的作物,多为间作套种或复种,复种指数较高,为 65%~80%。土地生产潜力较高,种植设施蔬菜平均亩产 7 000 kg,麦套玉米平均亩产 1 000 kg,菜用马铃薯平均亩产 3 500 kg。

青铜峡市大部分灌淤土虽有较好的土体结构和较好的生产能力,但土壤肥力水平与作物高产的要求还有一定的差距,盐化灌淤土还存在土壤次生盐渍化问题,因此要培肥土壤。防止土壤盐渍化,推广测土配方施肥技术,平衡协调土壤养分动态平衡,创造作物高产的土壤条件,发展扩大蔬菜种植面积及高效多茬的立体种植模式,提高土壤的产出率和经济效益。

二、潮土

潮土(原为浅色草甸土)是在河流冲积物的基础上形成的一类半水成土壤类型。潮土主要分布在黄河河滩地及一级阶地,是灌区的主要耕种土壤类型,其农业综合生产能力仅次于灌淤土。

潮土主要分布在青铜峡市引黄灌区,占灌区耕地总面积的 13.96%,在庙山湖泉水出露处,也有小面积分布。其特点是地下水位较高,地下水埋深多在

0.7~1.7 m,也有相当一部分潮土春季灌水前的地下水埋深大于 1.8 m,但灌水期间地下水位均有大幅度上升,一般埋深多在 1.5 m 左右;地下水水质好,矿化度小于 1 g/L。

青铜峡市潮土面积为 7.4 万亩,占全市耕地总面积的 13.0%。主要分布在陈袁滩镇、大坝镇、小坝镇、瞿靖镇、邵岗镇、叶盛镇、峡口镇、青镇全市 8 个镇,其中以瞿靖镇潮土面积最大为 2.5 万亩,占潮土总面积的 33.8%,其次是大坝镇,面积为 2.4 万亩,占潮土总面积的 32.4%,小坝镇面积最小 0.04 万亩,仅占潮土总面积的 0.5%。潮土亚类中以灌淤潮土面积最大为 4.3 万亩,占潮土土类总面积的 58.4%;其次为盐化潮土,2.2 万亩,占潮土总面积的 29.8%;典型潮土面积最小,0.8 万亩,占潮土总面积 10.8%。

(一)潮土土类主要土壤特性

1. 特征土层

特征土层是鉴别土壤类型的主要诊断土层。潮土土类特征土层是剖面中下部季节性为水分饱和,具有绣纹锈斑。

2. 主要特性

潮土剖面自上而下分为耕作层、绣土层和母质 3 个层段。受其人为耕种施肥活动的作用不同,潮土耕层的土壤肥力大多高于绣土层和母质层。耕作层厚度一般为 18 cm 左右,多为浅灰棕色,土壤质地以壤土类为主,土壤结构多为块状;绣土层,受地下水位季节性不断升降影响,土壤氧化还原作用频繁交替,形成明显的锈斑,厚度 30~100 cm,灰棕色,土壤结构多为块状,土壤质地多为壤土类或黏壤土类;母质层多为原沉积层的土层或洪积冲积物;土壤颜色为浅灰棕色或灰棕色,土壤质地有沙土类、壤土类、黏壤土类和黏土类,土壤结构紧密,且多含有砾石。

(二)潮土亚类主要特性

1. 潮土分类

潮土土类依据附加潮土作用所形成的特征,划分出 3 个亚类、10 个土属、

27个土种,其中根据宁夏生产实际,新增潮土土种11个。3个亚类分别为典型潮土、盐化潮土和灌淤潮土。典型潮土亚类中又根据其机械组成划分为石灰性潮沙土、石灰性潮壤土和石灰性潮黏土3个土属,盐化潮土亚类根据其机械组成划分为硫酸盐潮土1个土属,灌淤潮土根据其机械组成和土壤新生体划分为6个土属。

2. 典型潮土亚类及土种特性

典型潮土具有潮土土类的典型特征,地下水位较高,土壤形成受地下水位影响,剖面有绣纹锈斑,地表无盐化;主要分布在水库及湖泊洼地边缘。典型潮土剖面自上而下分为耕作层、绣土层和母质3个层段。耕作层厚度一般为18 cm左右,多为壤质土,根系多、有机质及氮磷含量较高;绣土层沉积层次明显,多数为砂黏土相间,结构为块状或片状、土壤结构面上有明显的绣纹锈斑、有机质及氮磷养分含量低,钾素含量高;母质多为洪积冲积物或原冲积沉淀物,土壤无明显发育、有机质及养分含量低。

典型潮土面积较小,0.84万亩,占全市灌区土壤面积的1.47%。典型潮土主要分布在大坝,邵岗等乡镇及唐徕渠两侧。春季地下水埋深大部分大于1.8 m,一部分在1.0~1.4 m。土壤有微盐化现象,表土含盐量小于1.5 g/kg,质地以沙土和沙壤土为主,土壤养分含量较低,表土层平均含有机质9.3 g/kg、碱解氮37.9 mg/kg、有效磷10 mg/kg。

典型潮土代表剖面⊙邵199采于邵岗镇五道渠村一队。地下水埋深150 cm,地表可见到微盐霜。

0~20 cm,浅灰棕色,中壤土,块状,稍紧实,孔隙和根系多,润,有明显锈纹,锈斑。

20~66 cm,灰棕较浅,砂壤土,块状,紧实,多孔隙,多芦根,润,有明显锈纹锈斑。

66~100 cm,棕带浅灰色,重壤土,块状,紧实,有少量大孔和中孔,芦根多,润,大量锈纹、锈斑。

100~135 cm,棕灰色,黏土,块状,紧实,少量中孔和芦根,润,大量锈纹、锈斑。

135~150 cm,蓝灰色带棕色,黏土,块状,紧实,孔隙很少,潮,有锈纹、锈斑。

从以上剖面形态看出,该剖面是在湖土的基础上演变成的,底土有埋藏青土层。从表3-11可看出,耕作层全盐量为1.3 g/kg;土壤肥力水平较低,氮磷钾养分含量较低。

表3-11 典型潮土典型剖面⊙邵199的化学性质

层次/cm	pH	全盐/(g·kg^{-1})	有机质/(g·kg^{-1})	速效养分/(mg·kg^{-1})			全量养分/(g·kg^{-1})		石灰CaCO$_3$/(g·kg^{-1})	石膏 CaSO$_4$·2H$_2$O/(g·kg^{-1})
				碱解氮	有效磷	速效钾	全氮	全磷		
0~20	8.72	1.3	8.75	24	6.5	165	0.55	0.63	152	1.27
20~66	8.7	0.28	—	—	—	—	—	—	112	0.81
66~100	8.35	0.48	—	—	—	—	—	—	156	0.56
100~135	8.3	0.44	—	—	—	—	—	—	148	0.71
135~150	8.25	0.56							162	0.19

4. 盐化潮土亚类及土种特性

(1)盐化潮土亚类主要特性

盐化潮土主要是由典型潮土和灌淤潮土产生了较强的盐化作用演变而来,故盐化潮土的主要特点是土壤盐化,地表有白色盐霜或盐结皮,土壤形成受地下水位影响种稻影响,剖面有锈纹锈斑;耕作层土壤质地多为壤质土、块状结构,土壤紧实,部分盐化潮土耕作层受种植水稻的影响,有绣纹锈斑,受耕作种植施肥影响,土壤有机质及养分含量高于绣土层和母质层;绣土层土壤结构面上有较多绣纹锈斑,土壤有机质及养分含量低,易溶盐含量较高;母质层多为河流冲积物、湖积物或洪积冲积物,有大量绣纹锈斑,土壤养分和易溶盐含量明显低于剖面上部。

盐化潮土面积较大,2.24万亩,占全市耕地面积的3.92%。以瞿靖镇盐化潮土面积最大,1.25 万亩,占盐化潮土亚类面积的 56%。其次为大坝镇 0.54 万亩,占盐化潮土总面积的 24.2%;小坝镇面积小,仅 0.013 万亩。

盐化潮土的地下水位较高,大部分土壤地下水埋深在 90~165 cm。表土层含盐量多在 2.5 g/kg 左右。表土层土壤质地以沙壤土和轻壤土为主,其次为中壤土。大部分中壤土和轻壤土的剖面中有漏沙土层。土壤养分含量较低,有机质平均含量 8.2 g/kg,碱解氮含量 34.9 mg/kg,有效磷含量 7 mg/kg,尤其原广武乡和原中滩乡速效磷的含量只有 2~3 mg/kg。

盐化潮土代表剖面⊙立 161 位于原立新乡高桥村一队,系苗圃地;重度盐渍化,地下水埋深 1.5 m。

0~18 cm,浅棕带灰色,沙壤土,块状,稍紧实、树根多,润,新生体不明显。

18~45 cm,浅棕色,沙壤土,紧实,根多,润。

45~65 cm,红棕色,黏土,块状,紧实,根系较多,润。

65~95 cm,浅棕色,沙土,块状,少量根系,潮。

95~150 cm,红棕色,黏土,紧实,无根系,湿。

该剖面土壤质地层次明显,多细孔,耕作层全盐量 4.3 g/kg,属于中度盐渍化;有机质含量为 6.9 g/kg,碱解氮含量 41 mg/kg,有效磷含量 4.8 mg/kg;土壤肥力水平低。

(2)盐化潮土亚类各土种特性

盐化潮土亚类分为 1 个土属、5 个土种。硫酸盐潮土土属主要土种是其盐分组成以硫酸盐为主,可划分为 5 个土种。其中体泥盐沙土、轻盐绣土因其剖面质地为沙质土或剖面内夹有沙土层,因此,盐渍化较易改良;相反,轻咸潮黏土和塔桥盐绣土因其剖面质地为黏质土或剖面内夹有黏土层,盐渍化改良难度大。

4. 灌淤潮土亚类及土种特性

(1)灌淤潮土亚类主要特征

灌淤潮土是潮土向灌淤土盐化的过渡土壤类型。灌淤潮土地表无盐化,成土过程受地下水位频繁升降的影响,剖面有绣纹锈斑;主要分布在黄河一级阶比较低处或河漫滩,受地下水位升降和灌溉耕种的双重成土作用影响,灌淤潮土剖面自上而下划分为灌淤耕层、绣土层和母质层。灌淤耕层厚 18 cm 左右,土壤质地多为壤质土,根系多,受耕种施肥影响,耕层土壤有机质及氮磷钾养分明显高于下土层;锈土层冲积层次明显,多数为砂黏相间,结构块状或片状,土壤结构面上有明显的绣纹锈斑,有机质及养分含量低;母质层多为河流冲积物或湖积物,无明显发育、有机质及养分含量较低。

灌淤潮土是潮土中面积最大的 1 个亚类,4.33 万亩,占全市耕地总面积 7.59%,占潮土土类总面积的 58.5%。以大坝镇面积最大,1.63 万亩,占灌淤潮土总面积的 37.6%,其次是瞿靖镇,面积为 1.09 万亩,占灌淤潮土总面积的 25.1%;小坝镇面积最小,0.014 万亩。

灌淤潮土开垦的时间比灌淤土短,灌淤土层只有 20 cm 左右;耕作层有机质含量较高,平均达 13 g/kg,碱解氮 52 mg/kg,有效磷 18.8 mg/kg。有效磷的含量较高,反映了农业生产上近年来在低洼稻田上重视施用磷肥的特点。

灌淤潮土代表剖面⊙中 33,位于原中滩乡沙坝湾村七队。常年稻田,水稻亩产 400 kg 左右。

0~14 cm,灰棕色,轻壤土,块状,稍紧实,孔隙较多,多稻根,润;有锈纹、锈斑。

14~27 cm,棕带灰夹蓝灰色斑块,轻壤土,块状,紧实,孔隙少,稻根较多,

表 3-12　灌淤潮土典型剖面⊙中 33 化学性质

层次/cm	pH	全盐/$(g·kg^{-1})$	有机质/$(g·kg^{-1})$	速效养分$(mg·kg^{-1})$			全量养分$(g·kg^{-1})$		石灰$CaCO_3$/$(g·kg^{-1})$	石硫$CaSO_4·2H_2O$/$(g·kg^{-1})$	代换量/$(cmol·kg^{-1})$
				水解氮	有效磷	速效钾	全氮	全磷			
0~14	8.07	1.09	13.7	34.7	15.5	75	0.7	0.7	120	0.23	7.84
14~27	8.65	0.37							113	0.29	
27~50	8.81	0.27							82		

润,有锈纹、锈斑。

27~50 cm,浅棕色,沙土,块状,紧实,润,有锈纹、锈斑。

50 cm 以下卵石层。

从表3-12可看出,该代表剖面灌淤土层为14 cm,全剖面有锈纹锈斑,土壤全盐量小于1.5 g/kg,剖面0~27 cm土壤质地为轻壤土。27~50 cm 为沙土,属于灌淤潮土亚类表锈淤潮壤土土属表锈漏沙土土种。该剖面灌淤耕层有机质含量较高,为13.7 g/kg;氮磷钾养分含量较低。

(2)灌淤潮土亚类各土种特性

灌淤潮土亚类划分为6个土属、18个土种,其中根据宁夏实际,新增土种11个。灌淤潮土亚类根据土壤机械组成和土壤新生体划分为淤潮沙土、淤潮壤土、淤潮黏土、表锈淤潮沙土、表锈淤潮壤土和表锈淤潮黏土6个土属。6个土属根据其剖面质地构型划分出18个土种,其中淤潮沙土土属划分为3个土种,淤潮壤土土属划分处4个土种,淤潮黏土属划分出2个土种,表锈淤潮沙土土属划分出3个土种,淤潮黏土属划分为3个土种。

(三)青铜峡市潮土特点及其分布

青铜峡市潮土耕作层有机质含量较低,平均为11.54 g/kg,全氮含量平均为0.75 g/kg,碱解氮含量平均为56.14 mg/kg,有效磷量平均为16.35 mg/kg,速效钾量平均为129.62 mg/kg,水溶性全盐量平均为0.82 g/kg;主要特征是地形低平,在地下水频繁升降的作用下,土壤处于氧化还原的交替过程中,在剖面中形成明显的锈纹锈斑。

青铜峡市潮土虽有明显的灌淤熟化土层,但是其地下水位高,必须加强农田基础设施建设,强化排水措施,降低地下水位,防止土壤盐渍化,同时精耕细作,增施有机肥,培肥地力,适当深耕深松,改善土壤物理性状,大力推广测土配方施肥技术,平衡土壤养分,提高土壤生产潜力。

第三节　灰钙土和风沙土主要特性

灰钙土是青铜峡市耕地土壤类型面积较大的 1 个土类。灰钙土土类的土壤属性对青铜峡市耕地综合生产能力高低有重要的影响。风沙土类受其本身属性所限,其耕地综合生产能力水平低。

一、灰钙土

灰钙土是在干旱生物气候条件下形成的地带性土壤。青铜峡市耕地灰钙土土类面积较大,13.4 万亩,占全市耕地总面积 23.4%。集中分布在邵岗镇、青铜峡镇、峡口镇、大坝镇和瞿靖镇等 5 个镇。其中以邵岗镇面积最大,6.5 万亩,占全市灰钙土土类总面积的 48.5%;其次为青铜峡镇和峡口镇,分别占灰钙土土类总面积的 29.1% 和 18.7%。

(一)灰钙土土类主要土壤特性

1. 特征土层

特征土层是鉴别土壤类型的主要诊断土层。灰钙土土类的特征土层是钙积层,土层紧实或坚实,夹有灰白色石灰斑块淀积,碳酸钙含量比耕作层或母质层土壤碳酸钙高出 20%。

2. 主要特性

灰钙土是在干旱气候条件下形成的地带性土壤,成土母质以洪积冲积物为主,少部分为坡积和残积母质。灰钙土剖面自上而下分为耕作层、钙积层和母质层 3 个层次。灰钙土耕作层厚度一般为 18 cm 左右,多为浅灰棕色,土壤质地以壤土或沙壤土为主,土壤结构多为块状;钙积层厚度为 20~30 cm,在剖面中出现部位浅者不足 20 cm、深者 80 cm,钙积层颜色浅,可见浅灰色石灰性斑块,紧实少孔;母质层多为第四纪洪积冲积物,土壤结构较紧实。

(二)灰钙土主要亚类及土种特性

1. 灰钙土分类

青铜峡市灰钙土划分出 3 个亚类、6 个土属、11 个土种。灰钙土土类分为淡灰钙土、草甸灰钙土和盐化灰钙土 3 个亚类。其中以淡灰钙土面积最大,9.7 万亩,占全市灰钙土土类总面积 72.4%;其次为盐化灰钙土亚类,3.6 万亩,占 26.9%;草甸灰钙土面积最小,仅 0.044 万亩。

2. 淡灰钙土亚类及土种特性

(1)淡灰钙土亚类主要特性

淡灰钙土在青铜峡市广泛分布于西干渠以西贺兰山东麓甘城子、广武及牛首山北麓峡口镇三省堂等区域。淡灰钙土由于雨量稀少,土壤的水分状况很差,淋溶作用较弱,仅易溶性盐分被淋洗出剖面,或在剖面下部略有增多。但剖面中的石灰(碳酸钙)含量很高,处于所谓钙化过程活跃的阶段。一般在剖面的中部,都有大量的石灰沉积层,碳酸钙含量达 100 g/kg 以上。呈灰白色,坚硬,称为钙积层。青铜峡市淡灰钙土由于受洪积作用的影响,钙积层中的石灰多以斑块状和土石粒胶结在一起,向垂直方向延伸较厚(局部可达 60 cm 以上),而在水平方向上很少呈明显的层状分布。

淡灰钙土剖面自上而下分为耕作层、钙积层和母质层 3 个层次。耕作层厚 15 cm 左右,土壤质地以沙壤土为主;钙积层在地面下 20~30 cm 处出现,厚度 30~50 cm,碳酸钙呈灰白色斑块状淀积,坚实或很紧实;母质层为第四纪洪积冲积物,大部分质地较粗。

(2)淡灰钙土亚类各土种特性

青铜峡市淡灰钙土亚类根据成土母质划分泥沙质淡灰钙土 1 个土属、3 个土种。其中白脑泥土土壤质地构型较好,以壤质土为主;白脑砂土土种土壤质地构型以砂质土为主;白脑砾土土体土体构型差,土壤质地以砾质沙质土为主,有效土层薄。

淡灰钙土主要分布在青铜峡市跃进渠和东干渠灌区的邵岗镇、青铜峡镇和峡口镇。淡灰钙土开垦的时间短,耕作层平均 16 cm。钙积层的部位较浅,按剖面统计,有 45%的钙积层出现在 30 cm 以上的土层内,但有效土层较厚。钙积层中的石灰呈斑块分布,对水分下渗和作物根生长有一定的影响。部分耕灌时间长的淡灰钙土,钙积层变得松软,石灰斑块有明显的溶解下淋迹象。表明钙积层在长期耕灌条件下,可被逐渐淋溶而消失。淡灰钙土的养分含量低,耕作层有机质含量平均为 7.9 g/kg,碱解氮 37.2 mg/kg,有效磷 9 mg/kg。全剖面呈碱性反应,pH 多在 8.0 以上,最高达 8.85。土壤含易溶性盐分低,耕作层平均含盐量 0.65 g/kg。

淡灰钙土的代表剖面⊙广 155 采自广武公社三趟终大队一队。剖面位于洪积冲积平原上,地面较平坦(平田),地下水位深(地下水埋深>4 m),土壤无盐化现象,常年旱作。其剖面形态如下:

0~17 cm,耕作层,灰棕色,轻壤土,粒状和块状,疏松多孔,多细根,有炭渣。

17~40 cm,浅灰棕色,轻壤土,块状、紧实、孔隙和根系多,砾石较多,不熟化。

40~77 cm,灰棕夹灰白色、钙积层;轻壤土,块状、紧实、细孔多、根少、大量石灰斑块淀积。

77~101 cm,浅棕色,沙壤土,块状、紧实、根系很少、较多石灰斑点。

101~150 cm,棕色粗沙,夹较多砾石,单粒状,没有根系分布。

150~180 cm,灰棕色,中壤土,块状结构,紧实,含较多砾石。

由表 3-13 可看出,该代表剖面土壤全盐量小于 1.5 g/kg;17~101 cm 土壤碳酸钙含量高达 160~248 g/kg,其含量均高于耕作层和母质层,钙积层厚达 84 cm;土壤质地构型以壤质土为主(表 3-14),该代表剖面属于淡灰钙土亚类泥砂质淡灰钙土土属白脑泥土土种。从土壤剖面硫酸钙含量也看出,钙积层硫酸钙含量均大于 1 g/kg。该代表剖面表层土壤盐分组成以硫酸钾和硫酸钠为主,表层以下土壤盐分组成重碳酸镁为主。该剖面耕作层有机质及氮磷养分含量均低于淡灰钙土亚类平均水平。

表 3-13 淡灰钙土典型剖面⊙广155 化学性质

层次/cm	pH	全盐/(g·kg⁻¹)	有机质/(g·kg⁻¹)	速效养分/(mg·kg⁻¹)			全量养分/(g·kg⁻¹)			$CaCO_3$/(g·kg⁻¹)	$CaSO_4·2H_2O$/(g·kg⁻¹)	阳离子代换量/(cmol·kg⁻¹)	阴离子														阳离子						
				水解氮	速效磷	速效钾	全氮	全磷	全钾				CO_3			HCO_3			Cl^-			SO_4			Ca^{2+}			Mg^{2+}			$K^+ + Na^+$		
													/(cmol·kg⁻¹)	占阴离子总量/%		/(cmol·kg⁻¹)	占阴离子总量/%		/(cmol·kg⁻¹)	占阴离子总量/%		/(cmol·kg⁻¹)	占阴离子总量/%		/(cmol·kg⁻¹)	占阳离子总量/%		/(cmol·kg⁻¹)	占阳离子总量/%		/(cmol·kg⁻¹)	占阳离子总量/%	
0~17	8.15	0.75	3.6	35.1	19	134	0.69	0.428	15.9	89	0.57	7.84	—	—		0.372	24.4		0.482	31.7		0.668	43.9		0.243	16		0.562	36.9		0.717	47.1
17~40	8.3	0.55	4.35	12	23	42.5	0.29	0.236	15.9	160	1.26	5.39	0.116	15.28		0.243	32.02		0.201	26.48		0.199	26.22		0.162	21.34		0.486	64.03		0.111	14.63
40~77	8.15	0.55	1.35	—	—	—	—	—	—	248	1.49	4.9	0.097	17.05		0.272	47.8		0.100 5	17.66		0.099 5	17.49		0.162	28.47		0.283 5	49.82		0.123 5	21.71
77~101	8.15	0.51	1.45	—	—	—	—	—	—	173	1.08	4.41	痕迹	—		0.194	50.39		0.141 5	36.75		0.049 5	12.86		0.121 5	31.56		0.243	63.12		0.020 5	5.32
101~150	8.1	0.2		—	—	—	—	—	—	130	0.32		痕迹	—		0.194	56.4		0.100 5	29.22		0.049 5	14.38		0.081	23.55		0.162	47.09		0.101	29.36
150~180	8.1	0.053		—	—	—	—	—	—	152	0.92		0.039	6.07		0.204	31.73		0.100 5	15.62		0.299 5	46.58		0.284	44.17		0.243	37.79		0.116	18.04

表 3-14 淡灰钙土典型剖面⊙广 155 的机械组成

层次/cm	机械组成/% 粒径/mm									质地名称
	石块	砾石	粗砂	中砂	细砂	粗粉砂	中粉砂	细粉砂	黏粒	
	>10	10~3	3~1	1~0.25	0.25~0.05	0.05~0.01	0.01~0.005	0.005~0.001	<0.001	
0~17	0.2	1	1.8	6.8	41.7	22.5	4.8	9.7	11.5	轻壤土
17~40	1.2	0.3	0.5	5.5	52.1	15.7	4.5	6.2	14	轻壤土
40~77	0.5	1.1	2.7	11.7	36.5	8	2.8	23	14.2	中壤土
77~101	0.5	1.2	3.8	22.5	42	11.5	0.8	7.7	10	砂壤土
101~150		0.6	10.8	49.2	29.9	2	0.5	1.3	5.2	紧砂土

3. 草甸灰钙土亚类及土种特性

(1) 草甸灰钙土亚类主要特性

草甸灰钙土土壤剖面具有钙积层特征外,还受地下水频繁升降影响,剖面下部有锈斑。草甸灰钙土亚类剖面自上而下分为耕作层、钙积层、锈土层和母质层 4 个层次。耕作层厚 20 cm 左右,耕作层多为浅灰色,土壤质地以沙壤土为主;钙积层在地面下 20 cm 处出现,厚度 30~50 cm,碳酸钙呈灰白色斑块状淀积,较紧实,土壤质地为黏壤土或黏土;锈土层受地下水升降氧化还原交替作用影响,有锈纹锈斑,土壤质地为黏壤土或黏土;母质层为第四纪洪积冲积物,质地较粗。

(2) 草甸灰钙土亚类各土种特性

草甸灰钙土亚类仅有泥沙质草甸灰钙土 1 个土属、白脑锈土 1 个土种。

草甸灰钙土在青铜峡市面积很小,0.044 万亩。分布在淡灰钙土区内,地形低平、地下水位较高的地段,一般位于洪积扇末端。土壤的形成既受干旱气候的影响,又受地下水位频繁升降的影响,故在剖面中可同时见到钙积层和锈纹、锈斑。草甸淡灰钙土由于地形较平,土层较厚。

4. 盐化灰钙土亚类及土种特性

(1)盐化灰钙土亚类主要特性

盐化灰钙土亚类大多属淡灰钙土灌溉开垦后,地下水位上升,发生次生盐渍化形成的1个亚类。少部分盐化灰钙土地下水位深,剖面中下部夹有积盐层,具有潜在盐渍化威胁。青铜峡市盐化灰钙土面积较大,3.62万亩,占灰钙土土类总面积27.1%。主要分布在青铜峡镇、邵岗镇、峡口镇、大坝镇和瞿靖5个镇,其中以青铜峡镇面积最大,1.51万亩,占盐化灰钙土亚类总面积41.5%;其次为邵岗镇,1.19万亩,占32.9%。

盐化灰钙土亚类剖面自上而下分为耕作层、钙积层、锈土层(或积盐层)和母质层。耕作层厚15 cm左右,其地表有白色盐霜和盐斑,多为浅灰棕色,土壤质地以沙壤土为主;钙积层在地面下20~60 cm处出现,厚度30~50 cm,碳酸钙呈灰白色斑块状淀积,紧实;锈土层受地下水升降氧化还原交替作用影响,有锈纹锈斑;母质层为第四纪洪积冲积物,质地较粗。

(2)盐化灰钙土亚类各土种特性

盐化灰钙土亚类仅有氯化物灰钙土1个土属,其土壤盐分组成以氯化物为主。氯化物灰钙土土属根据剖面构型划分为咸红黏土、咸红沙土、碱性土和白脑土4个土种。

盐化灰钙土代表剖面⊙广37采自原广武乡旋风槽村二队的耕地中,剖面形态如下:

0~19 cm,耕作层,灰棕色,沙壤土,块状,稍紧实,多孔隙和根系,润,有少量炭渣和石砾。

19~35 cm,浅灰棕色,沙土,块状,稍紧实,多孔隙,少量根系,润,含少量石砾。

35~57 cm,黄棕色,沙壤土,夹少量砾石,块状,稍紧实,多孔隙,少量根系,润,有少量石灰斑点。

57~76 cm,棕色,黏土,块状和核块状,紧实,孔隙较多,少量根系,有白色粉末淀积。

76~102 cm,棕色,黏土,块状和粒状,紧实,多孔隙,根系极少,润,有锈纹、锈斑,结构面上有胶膜。

102~120 cm,棕带灰白色,黏土,核块状,坚实,少量孔隙,无植物根,润,大量锈纹、锈斑和胶膜。

120 150 cm,浅棕色黏土,核块状,坚实,少量孔隙,润,有锈斑。

150 cm以下,因土层坚硬,没有开挖下去;地下水位在150 cm以下。

从表3-15可看出,19~76 cm钙积层碳酸钙含量较高,176~190 g/kg,明显高于表层及剖面下部;76~102 cm积盐层土壤全盐量高达4.97 g/kg。该代表剖面属于盐化灰钙土亚类氯化物灰钙土土属碱性土土种。该土种耕作层土壤养分含量较低,底部黏土层中的石膏含量很高,易溶性盐分含量也较高。在利用及开发时,一方面需要加大培肥力度提高地力;同时要有一定的排水设施,防止心底土中的盐分上移,引起土壤次生盐渍化。

表3-15 草甸淡灰钙土典型剖面⊙广37化学性质

层次/cm	pH	全盐/(g·kg^{-1})	有机质/(g·kg^{-1})	速效养分/(mg·kg^{-1})			全量养分/(g·kg^{-1})			CaCO$_3$/(g·kg^{-1})	CaSO$_4$·2H$_2$O/(g·kg^{-1})	阳离子代换量/(cmol·kg^{-1})
				碱解氮	有效磷	速效钾	全氮	全磷	全钾			
0~19	8.4	0.57	9.45	23	4.6	86.3	0.7	0.4	15.9	125	0.075	7.87
19~35	8.4	0.57	0.43	13	3	—				190	0.87	6.08
35~57	8.4	0.6	0.273	8.5	2.3					176	1.03	
57~76	8.35	0.66	—							180	1.45	
76~102	7.6	4.97								60	95.07	
102~120	7.8	1.54								35	0.4	
120~150	7.95	0.049	—						—	32	0.43	

(三)青铜峡市灰钙土特点及其分布

青铜峡市灰钙土土类特征:一是灰钙土土壤有机质含量低而碳酸钙在剖

面中明显淀积,形成钙积层。二是母质层位于钙积层之下,有机质含量低,剖面中含有多量的半风化岩石碎片,一般土层较厚。三是结构性较差,氮磷养分含量很低,有少量的碱化、盐化现象和耕种后造成的板结等,但它所处的地形较为平坦,土壤质地多为砂壤土;四是具有一定的土壤肥力水平,耕作层有机质含量平均为 10.58 g/kg,全氮含量平均为 0.69 g/kg,碱解氮含量平均为 51.46 mg/kg,有效磷含量平均为 16.37 g/kg,速效钾含量平均为 141.46 mg/kg,全盐量平均为 0.49 g/kg;

青铜峡市大部分灰钙土养分含量低,耕地所处地形部位较高,加之土壤沙化,灌溉比较困难,易漏水漏肥,多为常年旱作。经多年耕种具有一定的生产能力,但土壤肥力水平仍然较低,因此要培肥土壤,增施有机肥,选种耐盐耐旱的作物,坚持推广测土配方施肥技术,协调土壤养分供给,提高土壤生产力。盐化灰钙土土壤盐化,利用改良较困难。在排水畅通的条件下,排水洗盐,防治土壤盐渍化。

二、风沙土

风沙土分布于宁夏中部和北部地区,与灰钙土呈复区分布。气候干旱,植被稀疏,加以土壤质地和成土母质沙性,极易起沙,是形成风沙土的主要成因。

(一)风沙土土类主要土壤特性

1. 诊断特征

风沙土没有明显成土过程。表土具有 30 cm 或 >30 cm 的比较松散的沙土层,无结构或初具不稳定的块状结构。

2. 主要特性

耕种的风沙土剖面自上而下分为耕作层、初育土层及母质层。耕作层土壤质地多以壤质沙土;初育土层略有发育,土壤质地以壤质沙土为主,呈不稳定块状;母质层为风沙土或被风积沙覆盖的原洪积冲积母质。风沙土的主要特征是表土具有厚度大于 30 cm 的松散沙土层,地表起伏小。其耕地土壤有机质及养分含量低,漏水漏肥,产量水平低。

(二)青铜峡市风沙土特点及其分布

青铜峡市耕种风沙土多为原固定沙丘或半固定沙丘及固定浮沙土开垦耕种,垦种历史较短,耕作层由于人为灌溉耕作施肥影响,耕作层表土质地多为沙壤土,土壤有机质平均含量 3.05 g/kg,全氮平均为 0.12 g/kg,碱解氮平均为 13.35 mg/kg,有效磷平均为 2.60 g/kg,速效钾含量平均为 117.50 mg/kg,全盐量平均为 0.25 g/kg。

青铜峡市耕种风沙土 0.15 万亩,占全市耕地总面积的 0.26%;集中分布于瞿靖镇和大坝镇,其中以瞿靖镇风沙土面积最大为 0.14 万亩,占风沙土总面积的 98.3%,大坝镇面积小,仅为 26 亩。

青铜峡市耕种风沙土土壤肥力低,漏水漏肥,且风蚀沙化现象严重。改良利用风沙土应推广水肥一体化滴灌节水节肥技术,提高土壤水肥利用率;加强风沙林的建设,防治土壤沙化退化;推广种植绿肥和保护性耕作技术,提高土壤肥力水平。

第四节　新积土主要特性

新积土是在水力与重力迁移堆积或者人为扰动的物质上形成的;剖面中土层质地变化较大,没有明显的发育特征。主要分布在黄河新滩地和洪积扇下端经常有洪水淹漫的地区,其形成决定于沉积条件。在地形低洼,流速减缓的地区,极易形成新积土。青铜峡市在各乡镇均有分布,新积土具有较好的水土资源优势,农业综合生产能力较强。

一、新积土土类主要特性

1. 特征土层

新积土土类的特征为初育土层。土壤剖面无明显发育,其成土母质特征初步改变，如沉积层次基本消失，呈现一定结构和较明显的孔隙，可见少量的新生体。剖面中无钙积层、锈土层、黑垆土层、灌淤土层等特征土层。

2. 主要特性

新积土土类土壤剖面自上而下分为耕作层、初育土层及母质层。耕作层厚度 15~20 cm，土壤质地多为壤土或黏壤土；初育土土壤质地多为壤土或黏壤土，冲积层次不明显，土壤略有发育，土壤结构块状；母质层受其来源影响，有洪积和冲积的特点，含有砾石或冲积层次明显，土壤质地变化大，为沙土、壤土、黏壤土和黏土等。

二、新积土主要亚类及土种特性

1. 新积土分类

新积土土类划分为 2 个亚类、5 个土属、15 个土种。2 个亚类是典型新积土和冲积土 2 个亚类，其中以典型新积土面积最大。

2. 典型新积土土亚类及土种特性

典型新积土是在洪积冲积的坡麓堆积物形成的土壤或经人为扰动的土壤，其地形多为丘间滩地、坡麓、山前洪积扇、盆地、涧地、沟台地和沟掌地等。

（1）典型新积土亚类主要特性

典型新积土地下水位深，土壤形成不受地下水位影响；土壤成土母质主要为近代洪积扇冲积物，土壤剖面发育不明显，具有初育土层，无钙积层，锈土层等特征土层；自上而下分为耕作层、初育土层及母质层；耕作层厚约 15 cm，土壤质地以壤土和黏壤土为主，较疏松；初育土土壤质地多为壤土或黏壤土，部分初育土层有洪积冲积的砾石；母质层洪积冲积特征明显，有砾石或质地变化较大。

（2）典型新积土亚类各土种特性

典型新积土亚类划分为石灰性山洪土和堆垫土 2 个土属；石灰性山洪土土属划分为 10 个土种；堆垫土土属划分为厚堆垫土 1 个土种。

3. 冲积土亚类及土种特性

冲积土由河流冲积而成，多沿河道分布。冲积土成土母质因河水携带物质的不同和水流速度的变化，土壤剖面中各层次土壤颜色和质地变化较大。

(1)冲积土亚类主要特性

冲积土多为新近河流冲积物形成，虽地下水位较高，但尚未形成锈土层，随着耕种历史的推移，冲积土将逐渐演变为潮土。冲积土土壤剖面具有初育土层，但发育不明显，受河流冲积物母质影响，剖面土壤质地及颜色变化较大，剖面内夹有磨圆度较高的小砾石。冲积土剖面上而下分为耕作层、初育土层及母质层，耕作层厚约15~20 cm，土壤质地以沙壤土和壤土居多，较疏松；初育土土层土壤质地沙壤土或壤土为主；母质层冲积特征明显，土层有磨圆度较高的河卵石，土壤颜色和质地变化也较大。

(2)冲积土亚类各土种特性

冲积土亚类依据其土壤机械组成划分为石灰性冲积土、石灰性冲积壤土和石灰性冲积黏土3个土属、4个土种，其中石灰性冲积壤土依据盐渍化程度又分为淀淤黄土和盐化冲积壤土2个土种；石灰性冲积沙土土属划分为表泥淤沙土1个土种；石灰性冲积黏土属划分为淤滩土1个土种。

三、青铜峡市新积土特点及其分布

青铜峡市新积土大部分为没有剖面发育的黄河冲积物或山洪堆积物。主要分布在沿黄河的原中滩乡、青镇等乡镇和灌区外缘有强洪积过程的大坝和原立新乡的西干渠以西地区。大部分质地很粗，有98%为沙土或石砾。

青铜峡市新积土面积为1.95万亩，占全市耕地总面积的3.4%。分布在陈袁滩镇、大坝镇、小坝镇、瞿靖镇、邵岗镇、叶盛镇、峡口镇、青镇8个乡镇，其中大坝镇新积土面积最大为0.57万亩，占新积土土类总面积的28.3%，其次是峡口镇，0.46万亩，占23.6%，叶盛镇面积最小，仅94亩。新积土亚类中以典型新积土面积最大为1.9万亩，占新积土土类总面积的97.4%。

青铜峡市新积土所处地形较平坦,土层较厚;受人为灌溉耕种施肥活动影响,耕作层有机质及养分含量高于表下土层,耕作层有机质平均为 11.16 g/kg,全氮平均为 0.71 g/kg,碱解氮平均为 52.25 mg/kg,有效磷平均为 20.49 g/kg,速效钾量平均为 124.12 mg/kg,水溶性全盐量平均为 0.46 g/kg;大部分新积土耕作层土壤质地较粗,有 98%为沙土或石砾。

新积土的剖面形态,可以⊙青 28 为代表,该剖面位于青铜峡镇三公司农场黄河滩地中。小麦亩产 100~200 kg。

0~16 cm,灰棕色,沙壤土夹少量砾石,块状,疏松,多孔隙,根较多,稍润,无新生体。

16~33 cm,浅棕色,沙土夹少量砾石,润,无新生体。

33~50 cm,浅棕色,粗砂夹砾石,紧实,稍润。

50~65 cm,浅灰棕色沙壤土夹砾石,碎块状,紧实。

65~100 cm,浅棕色,粗砂夹砾石,紧实。

100 cm 以下,砾石层。

该代表剖面受人为灌溉耕种施肥影响,耕作层土壤有机质含量较高,为 13.9 g/kg;但氮磷养分含量较低,全氮含量 0.3 g/kg,全磷含量 0.41 g/kg,碱解氮含量 32 mg/kg,有效磷含量 7.4 mg/kg。全盐含量低,平均为 0.33 g/kg。

新积土在长期灌溉耕种施肥作用下,土壤肥力水平有所提高;但仍须重视培肥地力,提倡种植绿肥、增施有机肥,大力推广测土配方施肥技术;同时要精耕细作,提高土壤生产潜力。

第四章 青铜峡市耕地土壤主要养分现状及变化趋势

土壤养分是作物生长发育所必需的物质基础,其含量高低直接影响作物生长发育及产量品质。农业生产上通常以土壤耕层养分含量作为衡量土壤肥力高低的主要依据。

根据宁夏耕地土壤有机质及养分含量状况,参照第二次土壤普查时土壤有机质及主要养分分级标准,将土壤有机质、全氮、碱解氮、有效磷、速效钾、有效铁、有效锰、有效锌、有效铜、有效硼和有效钼11个指标分为不同级别(见表4-1)。

表4-1 宁夏耕地土壤(0~20 cm)有机质及主要养分含量分级表

项目	分级标准								
	一级	二级	三级	四级	五级	六级	七级	八级	九级
有机质/(g·kg^{-1})	>30	25~30	20~25	15~20	10~15	5~10	<5		
全氮/(g·kg^{-1})	>2.5	2.0~2.5	1.5~2.0	1.0~1.5	0.5~1.0	<5			
碱解氮/(mg·kg^{-1})	>250	200~250	150~200	100~150	50~100	<50			
有效磷/(mg·kg^{-1})	>80	60~80	50~60	40~50	30~40	20~30	10~20	5~10	<5
速效钾/(mg·kg^{-1})	>500	400~500	300~400	250~300	200~250	150~200	100~150	<100	<5
有效锌/(mg·kg^{-1})	>2.0	1.5~2.0	1.0~1.5	0.75~1.0	0.5~0.75	0.25~0.5	<0.25		
有效铜/(mg·kg^{-1})	>3.0	2.5~3.0	2.0~2.5	1.5~2.0	1.0~1.5	0.5~1.0	<0.5		
有效铁/(mg·kg^{-1})	>15	12.5~15	10~12.5	7.5~10	5~7.5	2.5~5	<2.5		

续表

项目	分级标准								
	一级	二级	三级	四级	五级	六级	七级	八级	九级
有效锰/(mg·kg^{-1})	>15	12.5~15	10~12.5	7.5~10	5~7.5	2.5~5	<2.5		
有效硼/(mg·kg^{-1})	>3.0	2.0~3.0	1.5~2.0	1.0~1.5	0.5~1.0	0.25~0.5	<0.25		
有效钼/(mg·kg^{-1})	>0.5	0.4~0.5	0.3~0.4	0.2~0.3	0.15~0.2	0.10~0.15	<0.1		

本章节根据青铜峡市耕地土壤养分现状（截至2019年土壤养分结果），按照2010年全国耕地土壤养分分级标准，以青铜峡市耕地长期定位监测点2005—2010年、2011—2015年和2016—2019年15年间土壤养分变化，系统分析总结十五年来土壤养分变化趋势；根据粮食作物产量和水肥投入变化，阐述影响土壤养分变化的主要因素。

第一节 耕地土壤有机质

土壤有机质是指存在于土壤中所有含碳的有机化合物，它主要包括土壤中各种动物、植物残体、微生物体及其合成的各种有机化合物，其中经过微生物作用形成的腐殖质，主要为腐殖酸及其盐类物质，是土壤有机质的主体。土壤有机质基本成分是纤维素、木质素、淀粉、糖类、油脂和蛋白质等；主要元素组成有碳、氧、氢，其次还有硫、磷、铁、镁等。

一、耕地土壤有机质含量及分布特征趋势

土壤有机质是衡量耕地肥力的重要指标之一。它是土壤的重要组成部分。它不仅是植物营养的重要来源，也是微生物生活和活动的能源。土壤有机质与土壤发生演变、肥力水平和诸多属性密切相关，而且对土壤结构的形成、熟化、改善土壤物理性质，调节水、肥、气、热状况也起着重要作用，是评价耕地地力的重要指标。

（一）青铜峡市历年耕地土壤有机质含量特征

由表4-2分析,2019年青铜峡市耕层土壤有机质平均含量为14.94 g/kg与第二次土壤普查相比净增2.64 g/kg,增幅21.46%,年均增幅0.63%;与2010年相比净增1.13 g/kg,增幅8.18%,年均增幅0.91%;与2015年相比净增0.09 g/kg,增幅6.06%,年均增幅0.08%。由此说明自第二次土壤普查以来青铜峡市耕地土壤有机质含量趋于增加。特别进入本世纪以来,生产技术的不断创新,耕地质量建设环境的不断改善,以高标准农田建设为基础,以有机肥替代化肥为手段,以提升耕地质量与化肥减量增效为抓手,实现农业农村绿质高效发展,促进了耕地土壤有机质含量的提高。

表4-2　青铜峡市历年耕地土壤(0~20 cm)有机质含量统计表

年份	样本数/个	平均值/$(g \cdot kg^{-1})$	最大值/$(g \cdot kg^{-1})$	最小值/$(g \cdot kg^{-1})$	标准差	变异系数
1985年(第二次土壤普查)	2 411	12.3	—	—	0.31	25.1
2010年(耕地地力评价)	2 944	13.81	36.2	1	4.81	34.88
2015年(测土配方施肥)	3 940	14.85	24.77	3.7	2.57	17.32
2019年(耕地质量提升)	250	14.94	54.51	4.37	4.6	32.34

青铜峡市历年耕地土壤有机质含量标准差和变异系数均说明,全市耕地土壤有机质平均含量处于5级水平,但差异不是太大,反映出全市不同农田区域土壤有机质含量差异较小。

（二）不同乡镇土壤有机质含量及分布

按照表4-1划分标准青铜峡市耕地土壤0~20 cm土壤有机质平均含量属于五级标准。从表4-3可看出,全市各乡镇土壤有机质平均含量最高的是叶盛镇,其次是瞿靖镇。高于全市平均水平的乡镇分别为叶盛镇、瞿靖镇、小坝镇、峡口镇,分别高0.97 g/kg、0.96 g/kg、0.91 g/kg、0.73 g/kg。土壤有机质平均含量较低的分别是大坝镇、青铜峡镇,邵岗镇;陈袁滩镇最低,分别比全市平均值低1.11 g/kg、1.21 g/kg。土壤有机质变异较小的乡镇是峡口镇和陈袁滩镇,青铜峡镇和大坝镇变异较大。

表 4-3　青铜峡市各乡镇耕地土壤(0~20 cm)有机质含量统计表

区域	样本数/个	最大值/(g·kg⁻¹)	最小值/(g·kg⁻¹)	平均值/(g·kg⁻¹)	标准差/(g·kg⁻¹)	变异系数/%
大坝镇	84	26.84	4.37	14.62	4.71	34.65
叶盛镇	48	22.86	7.64	15.91	4.96	32.64
小坝镇	30	22.2	7.64	15.85	4.31	28.67
峡口镇	3	54.51	14.79	15.67	0.68	4.35
邵岗镇	12	17.58	7.2	13.83	4.06	33.5
瞿靖镇	33	22.62	7.64	15.9	4.32	28.2
陈袁滩镇	18	17.75	7.31	13.73	3.05	24.31
青铜峡镇	22	21.06	4.95	13.99	5.05	42.12
青铜峡市	250	54.51	4.37	14.94	4.6	32.34

以上数据说明,青铜峡市各乡镇耕地土壤有机质平均含量有较大差异,变幅较大,耕地土壤有机质水平处于中等偏低水平。这也说明青铜峡市各乡镇农田土壤培肥措施有很大差异,还需加强土壤增施有机肥和秸秆还田措施,提升土壤有机质水平。

(三)各乡镇耕地土壤有机质含量分级分布

根据2016年全市耕地土壤分析测试结果,通过3S插值统计分析,按照全国耕地土壤有机质含量分级标准,青铜峡市耕层土壤有机质含量分为五级。全市及各镇分级面积见表4-4。全市耕地有机质含量>10 g/kg 的面积(属于中等及其以上水平)为54.01万亩,占全市耕地总面积的94.65%。其中10~15 g/kg 的面积占41.22%,15~20 g/kg 的面积占50.12%。>20 g/kg 以上的面积(达到丰富水平)为1.85万亩,占全市总耕地面积的3.24%;其中面积较大的镇依次是大坝镇、峡口镇。以大坝镇面积最大为0.89万亩,占全市该级别面积的47.97%,主要分布在蒋东村、蒋南村、陈俊村、刘庙村和立新村等耕种历史悠久的部分生产队。<10 g/kg（属于缺乏水平）的面积为 3.1 万亩，占全市耕地总面积的 5.24%；其中<6 g/kg 的占 0.49%，面积最大的乡镇是青铜峡镇，所占面积为 0.28 万亩，占全市耕地总面积的 0.48%，占本镇耕地总面积的 5.47%，主要分布在新开垦的移民村的部分耕地。

青铜峡市各镇有机质含量分级面积均以 10~15 g/kg 和 15~20 g/kg 为主，>10 g/kg 的面积的占本镇耕地总面积 90% 以上的有 4 个镇，依次是小坝镇

表 4-4　青铜峡市各乡镇耕层有机质含量分级面积统计

单位：g/kg

有机质含量		≥20	15~20	10~15	6~10	<6	总计
合计	亩	18 481	286 233	235 391	28 131	2 824	571 059
	%	3.24	50.12	41.22	4.93	0.49	100
陈袁滩镇	亩		10 849	26 471	4		37 324
	%		29.07	70.92	0.01		100
大坝镇	亩	8 866	59 527	27 832			96 225
	%	9.21	61.86	28.92			100
瞿靖镇	亩	7	81 232	31 081	12	3	112 335
	%	0.01	72.31	27.67	0.01	0.003	100
青铜峡镇	亩	1 451	5 801	31 033	10 342	2 816	51 442
	%	2.82	11.28	60.33	20.1	5.47	100
邵岗镇	亩	1 572	51 197	52 039	17 773	4	122 586
	%	1.28	41.76	42.45	14.5	0.004	100
峡口镇	亩	6 580	24 542	29 607			60 728
	%	10.83	40.41	48.75			100
小坝镇	亩		24 675	15 427			40 102
	%		61.53	38.47			100
叶盛镇	亩	6	28 410	21 901			50 316
	%	0.01	56.46	43.53			100

(100%)、叶盛镇和陈袁滩镇相同（99.99%）、瞿靖镇（99.98%）、大坝镇（90.79%）。有机质含量总体水平低于90%以下的乡镇依次是峡口镇（89.17%）、邵岗镇（84.22%）和青铜峡镇（71.60%），偏低的主要原因是新垦耕地面积较大。

（四）耕地主要土壤类型有机质含量及分布特征

青铜峡市耕地各土壤类型耕层有机质含量特征值见表4-5。潮土有机质含量最高，为16.83 g/kg，比全市平均值高1.89 g/kg；其他4种土壤类型均低于全市平均值，新积土有机质含量最低为12.76 g/kg，比全市平均值低2.18 g/kg。5个土壤类型有机质含量依次排序为潮土>灌淤土>灰钙土>风沙土>新积土。

表4-5 青铜峡市主要土壤类型耕地土壤(0~20 cm)有机质含量统计表

土类	样本数/个	最大值/(g·kg^{-1})	最小值/(g·kg^{-1})	平均值/(g·kg^{-1})	标准差	变异系数/%
潮土	60	26.84	4.37	16.83	5.01	37.72
风沙土	3	14.11	12.14	13.57	0.93	6.9
新积土	4	13.3	7.62	12.76	2.15	28.26
灌淤土	164	54.51	5.67	16.69	4.4	29.78
灰钙土	23	17.58	7.2	14.83	4.06	33.5
合计	250	54.51	4.37	14.94	4.6	32.34

灌淤土是我市耕地面积中居第一位的土壤类型，占全市耕地总面积的59.27%。灌淤土耕层有机质含量在10~15 g/kg和15~20 g/kg 2个级别的面积32.54万亩，占全市灌淤土总面积的96.13%，占全市耕地总面积的56.97%；>20 g/kg的面积1.28万亩占全市灌淤土总面积的3.78%（表4-6）。灌淤土有机质含量属中等水平。

灰钙土是青铜峡市耕地面积中居第二位的土壤类型。占全市耕地总面积的23.39%；灰钙土耕层有机质含量10~15 g/kg的面积最大，占灰钙土类总面积的58.59%；15~20 g/kg的面积占19.14%；<10 g/kg的面积占14.92%，其中<6 g/kg的面积占灰钙土总面积的2.35%。灰钙土有机质含量属缺乏，属于

表 4-6 青铜峡市耕地主要土壤类型有机质含量分级面积统计

单位:666.7 m²

土类	土壤代码	土壤类型（亚类）	合计	≥20	15~20	10~15	6~10	<6
		合计	571 059	25 780	299 226	221 096	21 714	3 243
灰钙土 E21	E212	淡灰钙土	99 332	26	2 783	73 144	17 352	3 240
	E213	草甸灰钙土	491		71	420		
	E214	盐化灰钙土	38 187	7 334	23 557	7 291	4	
	E21	灰钙土	133 619	7 361	26 412	80 855	17 355	3 240
新积土 G13	G131	典型新积土	16 679	3 212	5 126	10 749	272	
	G132	冲积土	431		69	362		
	G13	新积土	17 110	3 212	5 195	11 111	272	
风沙土 G15	G152	草原风沙土	1 440	25		1 415		
	G15	风沙土	1 440	25		1 415		
潮土 H21	H211	典型潮土	8 332	278	3 963	3 533	558	
	H215	盐化潮土	22 130	302	11 624	9 825	376	3
	H217	灌淤潮土	42 777	1 808	23 440	17 529		
	H21	潮土	73 240	2 388	39 027	30 888	934	3
灌淤土 L21	L211	典型灌淤土	11 324	1 659	2 992	6 673		
	L212	潮灌淤土	10 337	204	6 107	4 026		
	L213	表锈灌淤土	265 203	10 785	187 835	66 245	337	
	L214	盐化灌淤土	51 644	146	31 647	19 825	27	
	L21	灌淤土	338 508	12 794	228 581	96 769	364	

中下等水平。

潮土是青铜峡市耕地面积中居第三位的土壤类型，占全市耕地总面积的12.83%。潮土耕层有机质含量 15~20 g/kg 的面积最大,占潮土总面积的53.29%；10~15 g/kg 的面积次之占 42.17%；含量<10 g/kg 的面积仅占 1.28%。潮土有机质含量总体属于中等水平。

新积土是青铜峡市耕地面积中居第四位的土壤类型，占全市耕地总面积的3.01%。新积土耕层有机质含量在10~15 g/kg面积最大，占新积土总面积的64.86%；15~20 g/kg的面积次之，占30.36%；<10 g/kg的面积少，仅占1.59%。新积土有机质含量总体水平属中等，部分地区属于中下等水平。

风沙土面积很小，且98.26%的面积有机质含量分布在10~15 g/kg。风沙土有机质含量属于中下等水平。

二、影响耕地土壤有机质含量的主要因素

（一）灌溉耕种施肥与耕地土壤有机质含量

人类灌溉、耕种、施肥等活动对耕地土壤有机质含量有着重要的影响。青铜峡市自流灌区的灌淤土类，是青铜峡市主要的耕种土壤类型，种植投入大，根据2016年青铜峡市耕地土壤养分统计分析，其耕层土壤有机质含量较高，平均为15.60 g/kg；71.3%灌淤土耕层有机质含量大于15 g/kg。灰钙土是青铜峡市丘陵地带旱作农业的主要土壤类型，受人为灌溉耕种施肥活动强度影响远低于灌淤土类，其土类耕层2016年有机质平均含量11.58 g/kg，比灌淤土类低4.02 g/kg；灰钙土耕层有机质含量大于15 g/kg仅占该土类总面积的25.3%。潮土在全市自流灌区作为仅次于灌淤土类的耕种土壤类型，其该土类中灌淤潮土和典型潮土2个亚类，也因其灌溉耕种施肥活动强度不同，其耕层有机质平均含量有一定差别；灌淤潮土有机质平均含量15.4 g/kg，比典型潮土有机质平均含量14.5 g/kg高0.9 g/kg。这些充分反映了耕地土壤有机质含量随着灌溉耕种施肥人为活动的强度的加大而增加。

（二）成土母质与耕地土壤有机质含量

成土母质类型也是影响耕地土壤有机质含量的重要因素之一。青铜峡市引黄灌区灌淤土因其成土母质灌溉淤积物含有较高的有机质，因此灌淤土类耕层有机质含量也较高，平均为16.69g/kg；而由风积母质形成的风沙土，其有机质含量仅为13.6g/kg。从以上分析可看出，成土母质的性质直接影响着其形

表 4-7 青铜峡市耕地土壤类型有机质含量特征值统计

土类	亚类	样本数/个	平均值/(g·kg⁻¹)	最大值/(g·kg⁻¹)	最小值/(g·kg⁻¹)	标准差	变异系数/%
灌淤土	表锈灌淤土	3 269	15.9	23.1	8.6	2.0	12.5
	典型灌淤土	175	15.6	22.5	175	3.2	20.8
	潮灌淤土	153	15.4	20.8	10.4	2.0	13.1
	盐化灌淤土	1 133	15.3	22.9	8.7	1.6	10.5
潮土	典型潮土	177	14.5	21.4	7.9	2.9	20.6
	灌淤潮土	669	15.4	24.8	10.5	1.8	11.4
	盐化潮土	398	14.9	24.6	4.1	1.9	12.5
灰钙土	淡灰钙土	947	11.5	20.4	5.1	1.8	15.9
	草甸灰钙土	11	10.4	12.3	8.9	1.5	14.1
	盐化灰钙土	600	12.6	19.5	3.7	2.4	19.3
新积土	典型新积土	329	15.1	23.0	6.5	3.6	23.8
	冲积土	9	14.9	16.1	14.4	0.6	4.3
风沙土	草原风沙土	10	13.57	11.6	15.5	4.7	30.1

成的土壤类型的特性。

(三)土壤质地与耕地土壤有机质含量

由表 4-8 可看出,随着土壤质地由沙变黏,耕地土壤有机质含量也随着增

表 4-8 耕地耕层不同土壤质地有机质含量

土壤质地	样点数/个	平均值/(g·kg⁻¹)	标准差/(g·kg⁻¹)	变异系数/%	极大值/(g·kg⁻¹)	极小值/(g·kg⁻¹)
沙土	3 251	9.38	4.4	46.9	32.5	3
沙壤土	5 523	10.16	4.73	46.57	35.87	2.95
壤土	41 684	14.22	5.53	38.93	40.7	3
黏壤土	492	16.05	5.1	31.81	34.4	3
黏土	73	16.48	4.04	24.54	27.4	6.7

加,耕层质地为沙土,有机质平均含量最低,仅为 9.38 g/kg;耕层质地为黏土,有机质含量最高,平均为 16.48 g/kg。土壤有机质含量由低向高,依次为沙土<沙壤土<黏壤土<黏土,黏土有机质含量最高的特性。可见,土壤质地对土壤有机质含量的高低有着重要的影响。

三、土壤有机质分布及调控

(一)全市耕地土壤有机质含量分布特点

根据《青铜峡市耕地土壤有机质含量分级图》所示,全市耕地土壤有机质含量集中分布在 10~20 g/kg,面积占全市耕地的 91.34%。其中 15~20 g/kg,面积为 28.62 万亩,占全市总耕地面积的 50.12%;集中分布在瞿靖、邵岗和大坝 3 个镇。其次是 10~15 g/kg,面积 23.54 万亩,占全市总耕地面积的 41.22%;主要分布在邵岗、瞿靖及青铜峡 3 个镇。有机质含量为 6~10 g/kg,2.81 万亩,占全市耕地总面积 4.9%,集中分布在邵岗镇和青铜峡镇;有机质含量小于 6 g/kg 的面积小,0.28 万亩;集中分布在青铜峡镇。

(二)耕地土壤有机质调控

为了保持或增加土壤有机物的含量,必须不断地向土壤中施入有机物。有机物的分解速度取决于气候因素和物质的含量(碳氮比)。主要通过以下途径增加土壤有机质含量。

1. 秸秆还田

秸秆直接还田是增加土壤有机质含量的有效途径。秸秆还田的同时应适当补充施用速效性肥料(如氮肥),调节 C/N 比,避免微生物分解秸秆过程中与幼苗争夺养分影响幼苗生长,以提高土壤有机质积累。

2. 增施堆肥和有机肥

增施腐熟的有机堆肥和有机肥是提高土壤有机质含量最直接有效的方法。堆肥和有机肥含有大量的有机物质,可以有效地增加土壤有机质含量,改善土壤理化性状,促进土壤团粒结构形成,增加土壤微生物活性,提高土壤生产潜力。

3. 种植绿肥作物或覆盖作物

同一块地上种植的绿肥作物的叶子和根都可以增加土壤的生物量；而生长在其他地块上的植物只有叶子可以提供生物量；植物材料越幼嫩，分解也越快，因而营养物质的释放也就越快，但对土壤有机质的增加不会有很大贡献。

4. 合理的作物轮作

进行作物轮作可以增加土壤有机质的含量，尤其是那些多年生的作物和根系发达的作物，可以增加土壤的通气性，增强土壤生物的活性，改善土壤理化性状。

第二节 耕地土壤氮素营养

氮是作物生长发育所必需的营养元素之一，也是农业生产影响作物产量的主要养分限制因子。据有关试验研究，小麦吸收的氮素75%来源于土壤，玉米也有50%~63%氮素来源于土壤。土壤中的全氮含量代表着土壤氮素的总贮量和供氮能力。因此，土壤全氮是土壤肥力的主要指标之一。

土壤中的氮元素可分为有机氮和无机氮，两者之和成为全氮。土壤中的氮素绝大部分以有机态氮存在，占全氮的95%~99%。无机氮主要是铵态氮、硝态氮和亚硝态氮，他们容易被作物吸收利用。我国北方土壤多以碱解氮表示土壤中易被作物吸收的氮素。

一、青铜峡市耕地土壤全氮含量及分布特征

(一)全市耕地土壤全氮含量及分布特征

从表4-9分析，青铜峡市历年耕地土壤0~20 cm耕层土壤全氮含量平均值2019年为0.99 g/kg，比第二次土壤普查增加0.20 g/kg，增幅28.57%，年均增幅0.84 g/kg；比2010年增加0.07 g/kg，增幅7.6%，年均增幅0.85%；比2015

年增加0.10%,增幅13.79%,年均增幅3.45%。2019年青铜峡市耕地土壤全氮平均含量为5级水平,属于中下等水平。2019年样本数比历年偏少,从标准差分析各样点具有一定的代表性,但数据的差异性较大。

表4-9 青铜峡市历年耕地土壤(0~20 cm)全氮含量统计表

年份	样本数/个	平均值/($g·kg^{-1}$)	最大值/($g·kg^{-1}$)	最小值/($g·kg^{-1}$)	标准差	变异系数/%
1985年(第二次土壤普查)	106	0.77			0.35	47.9
2010年(耕地地力评价)	2 921	0.92	2.5	0.1	0.3	32.33
2015年(测土配方施肥)	3 940	0.87	1.49	0.16	0.14	16.48
2019年(耕地质量提升)	256	0.97	2.53	0.24	0.23	23.23

(二)各乡镇耕地土壤全氮含量及分布

从表4-10可看出,全市各乡镇土壤全氮平均含量最高的是峡口镇,其次是小坝镇、邵岗镇、青铜峡镇,均高于全市平均水平,分别高0.29 g/kg、0.09 g/kg、0.08 g/kg、0.02 g/kg。低于全市平均含量的乡镇依次是大坝镇、叶盛镇、瞿靖镇、陈袁滩镇,分别低0.01 g/kg、0.16 g/kg、0.17 g/kg、0.18 g/kg。陈袁滩镇耕地土壤

表4-10 青铜峡市各乡镇耕地土壤(0~20 cm)全氮含量统计表

区域	样本数/个	平均值/($g·kg^{-1}$)	最大值/($g·kg^{-1}$)	最小值/($g·kg^{-1}$)	标准差/($g·kg^{-1}$)	变异系数/%
大坝镇	84	0.96	1.74	0.54	0.33	34.38
叶盛镇	48	0.81	1.07	0.65	0.15	18.35
小坝镇	32	1.06	3.4	0.5	0.73	68.88
青铜峡镇	23	0.99	1.72	0.58	0.35	35.72
峡口镇	3	1.26	1.56	0.95	0.17	13.27
邵岗镇	12	1.05	1.27	0.58	0.22	19.8
瞿靖镇	33	0.8	1.72	0.59	0.3	37.71
陈袁滩镇	21	0.79	0.87	0.72	0.05	2.9
青铜峡市	256	0.97	3.4	0.5	0.43	43.01

全氮含量变异小,变异系数仅为2.9%;小坝镇耕地土壤全氮含量水平变异大,变异系数高达68.9%。

根据2016年全市耕地土壤分析测试结果,通过3S插值统计分析,按照全国耕地土壤全氮含量分级标准,青铜峡市耕地耕层土壤全氮含量分为6级,全市及各镇分级面积见表4-11。全市耕地土壤耕层全氮含量>1.00 g/kg以上的面积为10.46万亩,属于丰富水平,占全市耕地总面积的18.40%;面积较大的

表4-11 青铜峡市各镇全氮含量分级面积统计表

单位:g/kg

全氮含量		≥1.25	1.00~1.25	0.75~1.00	0.50~0.75	0.25~0.50	<0.25	总计
合计	亩	455	104 648	348 692	106 124	11 137	3	571 059
	%	0.08	18.33	61.06	18.58	1.95	0.001	100
陈袁滩镇	亩		616	35 101	1 607			37 324
	%		1.65	94.04	4.30			100
大坝镇	亩	374	20 181	68 700	6 970			96 225
	%	0.39	20.97	71.40	7.24			100
瞿靖镇	亩	21	19 943	85 034	7 330	4	3	112 335
	%	0.02	17.75	75.70	6.53	0.003	0.003	100
青铜峡镇	亩		5 792	10 897	23 628	11 125		51 442
	%		11.26	21.18	45.93	21.63		100
绍岗镇	亩		19 547	41 625	61 405	8		122 586
	%		15.95	33.96	50.09	0.01		100
峡口镇	亩	54	22 382	38 292				60 728
	%	0.09	36.86	63.05				100
小坝镇	亩		12 243	26 798	1 061			40 102
	%		30.53	66.83	2.65			100
叶盛镇	亩	6	3 942	42 544	4 124			50 316
	%	0.01	7.84	83.96	8.20			100

镇依次为大坝镇、瞿靖镇、峡口镇、邵岗镇、小坝镇,其中以大坝镇所占面积最大(2.02万亩),占全市该级别面积的19.31%,主要分布在大坝镇109国道以西小大县道以南唐徕渠以东老灌区;陈袁滩镇面积最小仅为0.061万亩。全氮含量为0.5~1.0 g/kg的面积最大(45.48万亩),占全市总耕地面积的79.64%;其中0.75~1.0 g/kg的面积占61.06%,含量属于中等偏上水平;<0.5 g/kg属于缺乏水平的面积为1.11万亩,占全市耕地总面积的1.94%,其中面积最大的乡镇是青铜峡镇,所占面积为1.11万亩,占全市耕地总面积的1.94%占本镇耕地总面积的21.59%,主要分布在广武生态移民新垦耕地。

全市各镇全氮含量>0.75 g/kg的面积的占本镇耕地总面积90%以上的有6个镇,依次是峡口镇(100%)、小坝镇(97.35%)、陈袁滩镇(95.70%)、瞿靖镇(93.47%)、大坝镇(92.76%)、叶盛镇(91.80%)。全氮含量总体水平偏低的是青铜峡镇和邵岗镇,偏低的主要原因是与生态移民新垦耕地面积较大有关。

(三)耕地主要土壤类型全氮含量及分布特征

青铜峡市5个耕地土壤类型中灌淤土全氮平均含量较高,其次是潮土;潮土和风沙土全氮平均含量较低,均低于青铜峡耕地全氮的平均水平。

根据表4-12全市耕地土壤类型耕层全氮含量特征值分析,灌淤土全氮含量最高,为1.76 g/kg,比全市平均值高0.79 g/kg;其他4个土壤类型均低于全

表4-12 青铜峡市耕地土壤类型(0~20 cm)全氮含量统计表

土类	样本数/个	平均值/($g·kg^{-1}$)	最大值/($g·kg^{-1}$)	最小值/($g·kg^{-1}$)	标准差/($g·kg^{-1}$)	变异系数/%
灌淤土	161	1.76	3.4	0.54	0.48	23.2
潮土	60	0.92	1.78	0.5	0.25	30.81
灰钙土	24	0.69	1.79	0.57	0.39	36.54
新积土	8	0.83	1.32	0.6	0.26	13.45
风沙土	3	0.63	0.65	0.55	0.03	4.92
合计	256	0.97	3.4	0.5	0.28	28.87

市平均值；风沙土全氮含量最低，为 0.63 g/kg，比全市平均值低 0.34 g/kg，五个土壤类型耕层全氮含量依次排序为灌淤土>潮土>新积土>灰钙土>风沙土，与土壤有机质含量排序完全一致。

灌淤土是青铜峡市耕地面积中居第一位的土壤类型。耕层土壤全氮含量 0.75~1.00 g/kg 的面积最大，占该级别面积的 69.05%，占全市灌淤土总面积的 96.45%，占全市耕地总面积的 57.17%。其次是 1.00~1.25 g/kg 占该级别的 84.62%。灌淤土 4 个亚类中表锈灌淤土在 0.75~1.25 g/kg 这个级别所占面积最大，占该土类面积 75.77%。灌淤土全氮含量达到中等偏上水平，属丰富较丰富。

灰钙土是青铜峡市耕地面积中居第二位的土壤类型。全氮含量在 0.50~0.75 g/kg 面积最大，占该级别 74.35%，占全市耕地灰钙土总面积的 58.41%；其次是 0.75~1.00 g/kg 的面积占该级别面积的 12.11%，占灰钙土总面积的 30.29%。灰钙土 3 个亚类中淡灰钙土在 0.5~1.00 g/kg 这个级别所占面积最大，

表 4-13　青铜峡市耕地各土壤类型全氮分级面积统计

单位：亩、g/kg

土类及代码	土壤类型代号	土壤类型（亚类）	合计	≥1.25	1.00~1.25	0.75~1.00	0.50~0.75	0.25~0.50	<0.25
总计			571 059	448	104 047	345 303	108 448	12 809	3
灰钙土 E21	E212	淡灰钙土	99 332		1 997	26 976	64 403	5 955	
	E213	草甸灰钙土	491			71	58	362	
	E214	盐化灰钙土	38 187		1 554	14 774	16 186	5 673	
	E21	灰钙土	138 010		3 551	41 821	80 647	11 990	
新积土 G13	G131	典型新积土	19 359		4 518	7 848	6 721	272	
	G132	冲积土	500			500			
	G13	新积土	19 859		4 518	8 348	6 721	272	
风沙土 G15	G152	草原风沙土	1 440		25	144	1 271	544	
	G15	风沙土	1 440		25	144	1 271	544	

续表

土类及代码	土壤类型代号	土壤类型（亚类）	合计	≥1.25	1.00~1.25	0.75~1.00	0.50~0.75	0.25~0.50	<0.25
潮土 H21	H211	典型潮土	8 332		660	6 640	597	435	
	H215	盐化潮土	22 130	203	742	17 350	3 765	67	3
	H217	灌淤潮土	42 777	159	6 509	32 561	3 549	502	
	H21	潮土	73 240	362	7 911	56 551	7 911		3
灌淤土 L21	L211	典型灌淤土	11 324	50	3 826	7 064	384		
	L212	潮灌淤土	10 337	6	1 614	8 501	215		
	L213	表锈灌淤土	265 203	19	77 551	178 937	8 678	19	
	L214	盐化灌淤土	51 644	12	5 049	43 936	2 621	27	
	L21	灌淤土	338 508	86	88 040	238 438	11 899	45	

占该类别面积74.6%。灰钙土全氮含量属中等偏下水平，较缺乏。

潮土是青铜峡市耕地面积中居第三位的土壤类型。全氮含量0.75~1.00 g/kg的面积最大，占潮土总面积的77.32%，占该级别面积的16.39%；其次是1.00~1.25 g/kg和0.50~0.75 g/kg 2个级别面积相同，所占该级别面积分别为7.6%和7.29%，潮土全氮含量总体属于中等水平。

新积土是青铜峡市耕地面积中居第四位的土壤类型。全氮含量在0.75~1.00 g/kg面积最大，占新积土总面积的41.71%；0.50~0.75 g/kg的面积次之占33.67%；新积土全氮含量总体水平属中等偏下。

风沙土面积很小，且92.86%的面积全氮含量分布在0.50~0.75 g/kg。风沙土全氮含量属于缺乏水平。

二、耕地土壤碱解氮含量分布特征

（一）青铜峡市耕地土壤碱解氮含量特征及变化趋势

从表4-14可看出，青铜峡市耕地土壤碱解氮平均含量为81.90 mg/kg，与第二次土壤普查相比净增 20.8 mg/kg,相对增幅 34.04%,年均增加 0.87 mg/kg;与 2010 年相比净增 11.88 mg/kg,相对增幅 16.97%年均增加,年均增加 1.89 mg/kg;与 2015 年相比减少 8.00 mg/kg,相对减少 8.85%,年均减少 2.21%。可见,全市耕地土壤碱解氮含量 1985—2015 年呈增加趋势,2015—2019 年呈降低趋势。

表 4-14　青铜峡市历年耕地土壤(0~20 cm)碱解氮含量统计表

年份	样本数/个	平均值/(mg·kg⁻¹)	最大值/(mg·kg⁻¹)	最小值/(mg·kg⁻¹)	标准差/(mg·kg⁻¹)	变异系数/%
1985 年(第二次土壤普查)	2 409	61.1	—	—	38.95	63.76
2010 年(耕地地力评价)	2 916	70.02	258.00	5.00	28.88	41.24
2015 年(测土配方施肥)	3 940	89.85	140.00	17.30	13.41	14.92
2019 年(耕地质量提升)	240	81.90	205.02	24.00	39.92	48.74

(二)不同乡镇土壤碱解氮含量及分布特征

从表 4-15 可看出,全市各乡镇土壤碱解氮平均含量最高的是叶盛镇,其次是小坝镇和瞿靖镇,均高于全市平均水平,分别高 26.62 mg/kg、10.57 mg/kg、7.49 mg/kg。耕地土壤碱解氮含量低于全市平均含量的乡镇依次是峡口镇、大坝镇、陈袁滩镇、青铜峡镇和邵岗镇,分别低 13.6 mg/kg、13.91 mg/kg、16.79 mg/kg、17.17 mg/kg、24.97 mg/kg。土壤碱解氮变异较小的乡镇是峡口镇,变异系数仅为 2.04%;瞿靖镇耕地土壤碱解氮含量变异较大,变异系数为 50.3%。全市耕地土壤碱解氮平均含量变幅较大,空间分布差异较大。从各镇耕地土壤碱解氮平均含量水平看,各镇耕地土壤碱解氮水平均处于中等偏低水平。

根据 2016 年全市耕地土壤碱解氮分析测试结果,通过 3S 插值统计分析,按照全国耕地土壤碱解氮含量分级标准,青铜峡市耕地土壤碱解氮含量分为六个级别。全市及各镇耕地土壤碱解氮含量分级面积见表 4-16。全市耕地碱解氮含量>70 mg/kg 以上的面积为 47.22 万亩,属于丰富水平,占全市耕地总面积的 82.69%;面积较大的镇依次为瞿靖镇、大坝镇、峡口镇、邵岗镇、叶盛

表 4-15　青铜峡市各镇耕地(0~20 cm)碱解氮含量统计表

区域	样本数/个	平均值/(mg·kg⁻¹)	最大值/(mg·kg⁻¹)	最小值/(mg·kg⁻¹)	标准差/(mg·kg⁻¹)	变异系数/%
大坝镇	84	67.99	188.11	24	21.3	31.33
叶盛镇	48	108.52	205.02	58.1	53.46	49.26
小坝镇	32	92.47	205.02	45.8	40.92	44.25
峡口镇	3	68.27	69.49	66.32	1.39	2.04
邵岗镇	12	56.93	75.6	33.4	16.88	29.66
瞿靖镇	33	89.39	205.02	42.1	44.95	50.29
陈袁滩镇	21	65.11	87.2	50.5	11.36	17.45
青铜峡镇	7	64.73	76.99	48.07	11.63	17.96
全市	240	81.9	205.02	24	39.92	48.74

表 4-16　青铜峡市各乡镇耕地碱解氮分级面积统计

单位:mg/kg

乡镇		≥150	125~150	100~125	75~100	50~75	25~50	<25	总计
合计	亩		2 412	120 299	349 515	98 782	40	11	571 059
	%		0.42	21.07	61.20	17.30	0.01	0.00	100
陈袁滩镇	亩				791	34 143	2 390			37 324
	%				2.12	91.48	6.40			100
大坝镇	亩				46 029	50 171	25		96 225
	%				47.83	52.14	0.03		100
瞿靖镇	亩		3	15 468	85 191	11 658	12	3	112 335
	%		0.003	13.77	75.84	10.38	0.01	0.003	100
青铜峡镇	亩		760	4 126	35 801	10 752	4		51 442
	%		1.48	8.02	69.59	20.90	0.01		100
邵岗镇	亩		23	14 697	42 282	65 552	24	8	122 586
	%		0.02	11.99	34.49	53.47	0.02	0.01	100

续表

乡镇		≥150	125~150	100~125	75~100	50~75	25~50	<25	总计
峡口镇	亩		175	27 277	33 261	15			60 728
	%		0.29	44.92	54.77	0.02			100
小坝镇	亩		1 448	10 038	28 607	10			40 102
	%		3.61	25.03	71.34	0.02			100
叶盛镇	亩		3	1 874	40 060	8 380			50 316
	%		0.01	3.72	79.62	16.65			100

镇、青铜峡镇、小坝镇，其中以瞿靖镇所占面积最大（10.07万亩），占全市该级别面积的21.32%，占该镇总面积的89.61%，主要分布在全镇除唐徕渠以西的老灌区；其次是大坝镇占全市该级别面积的20.37%，占该镇总面积的99.97%。陈袁滩镇面积最小仅为3.49万亩。全市耕地碱解氮含量75~100 mg/kg的面积最大，占全市总耕地面积的61.20%，含量属于中等偏上水平；100~125 mg/kg级别次之，占全市总耕地面积的21.08%，含量属于丰富水平；50~75 mg/kg级别占全市耕地总面积的17.30%，以邵岗镇面积最大，主要分布在西干渠以西的山地丘陵地带的旱作区域，偏低的主要原因是与生态移民新垦耕地面积较大有关。占该镇总耕地面积的53.47%，属于较缺乏水平。

（三）青铜峡市耕地土壤类型碱解氮含量及分布特征

从表4-17中得知，青铜峡市5个耕地土壤类型中潮土碱解氮平均含量较高，其次是灌淤土，潮土碱解氮高于全市平均值的2.12 mg/kg；灌淤土比全市平均值高1.51 mg/kg。低于全市耕地土壤碱解氮含量平均值的土壤类型依次为新积土、风沙土，灰钙土，其中灰钙土最低，分别低12.35 mg/kg、21.36 mg/kg和24.97 mg/kg。五个耕地土壤类型碱解氮含量自高到低依次排序为潮土>灌淤土>新积土>风沙土>灰钙土。

全市耕地土壤类型碱解氮含量分级及面积见表4-18。全市耕地土壤碱解氮含量≥75 mg/kg以上的土类面积47.19万亩，占全市耕地总面积的82.64%；

表 4-17　青铜峡市耕地土壤类型(0~20 cm)碱解氮含量统计表

土类	样本数/个	最大值/(mg·kg⁻¹)	最小值/(mg·kg⁻¹)	平均值/(mg·kg⁻¹)	标准差/(mg·kg⁻¹)	变异系数/%
潮土	60	205.02	24.00	84.02	46.64	55.52
风沙土	3	62.50	56.62	60.54	2.77	4.58
灌淤土	158	205.02	31.20	83.41	37.98	45.53
灰钙土	15	75.60	33.40	56.93	16.88	29.66
新积土	4	88.10	26.40	69.55	6.88	9.89
青铜峡市	240	205.02	24.00	81.90	39.92	48.74

其中灌淤土面积最大,占该级别面积的 69.15%;其次是潮土,占该级别面积的 14.39%;风沙土面积最少。

灌淤土是青铜峡市耕地面积中居第一位的土壤类型。碱解氮含量 75~100 mg/kg 的面积最大,占该级别面积的 56.58%,占灌淤土总面积的 67.95%,占全市耕地总面积的 40.27%;灌淤土 4 个亚类中表锈灌淤土碱解氮含量 75~100 mg/kg 面积最大,占该级别面积的 51.26%。其次是 100~125 mg/kg 占该级别的 78.69%,占灌淤土总面积的 27.71%。灌淤土碱解氮含量达到中等偏上水平,属丰富。

灰钙土是青铜峡市耕地面积中居第二位的土壤类型。碱解氮含量在 50~75 mg/kg 面积最大,占该级别 76.29%,占灰钙土类总面积的 54.78%;其次是 75~100 mg/kg 的面积占该级别面积的 16.33%,占灰钙土类总面积的 41.45%。3 个亚类中淡灰钙土在 50~75 mg/kg 这个级别所占面积最大,占该级别面积 66.3%。灰钙土碱解氮含量属中等偏下水平,较缺乏。

潮土是青铜峡市耕地面积中居第三位的土壤类型。碱解氮含量 75~100 mg/kg 的面积最大,占潮土总面积的 72.68%,占该级别面积的 15.19%;其次是 100~125 g/kg,所占该级别面积的 12.33 %,潮土碱解氮含量总体属于中等水平。

表 4-18 青铜峡市耕地土壤类型碱解氮含量分级面积统计

单位:亩、mg/kg

土类	土壤类型(亚类)及代码		合计	≥150	125~150	100~125	75~100	50~75	25~50	<25
	总计		571 059		2 502	119 190	350 228	99 088	40	11
灰钙土 E21	E212	淡灰钙土	99 296			2 009	37 958	59 340	21	4
	E213	草甸灰钙土	491				448	44		
	E214	盐化灰钙土	38 187			3 132	18 809	16 237	4	4
	E21	灰钙土	138 011			5 142	57 215	75 621	25	8
新积土 G13	G131	典型新积土	19 359		184	5 487	9 337	4 351		
	G132	冲积土	500				500			
	G13	新积土	19 859		184	5 487	9 837	4 351	0	0
风沙土 G15	G152	草原风沙土	1 440			25		1 415		
	G15	风沙土	1 440			25	0	1 415	0	0
潮土 H21	H211	典型潮土	8 332			773	6 993	566		
	H215	盐化潮土	22 130			2 233	16 580	3 306	8	3
	H217	灌淤潮土	42 777			11 728	29 602	1 443	3	
	H21	潮土	73 240			14 734	53 176	5 316	11	3
灌淤土 L21	L211	典型灌淤土	11 324		402	3 348	7 569	5		
	L212	潮灌淤土	10 337			2 485	7 661	190		
	L213	表锈灌淤土	265 203		1 868	76 582	179 535	7 218		
	L214	盐化灌淤土	51 644		48	11 387	35 234	4 971	4	
	L21	灌淤土	338 508		2 318	93 803	229 999	12 384	4	0

新积土是青铜峡市耕地面积中居第四位的土壤类型。碱解氮含量在75~100 mg/kg 面积最大,占新积土总面积的 49.25%;50~75 mg/kg 的面积次之,占新积土总面积 21.61%;新积土碱解氮含量总体水平属中等偏下,较缺乏。

风沙土面积最小,且98.26%的面积碱解氮含量分布在 50~75 mg/kg。风沙土碱解氮含量属于缺乏水平。

三、影响耕地土壤氮素含量主要因素

耕作土壤氮素的来源主要为生物固氮、降水、灌溉水和地下水、施入土壤中的含氮肥料。土壤中有机氮含量与有机质含量呈正相关,影响进入土壤的有机质数量和有机质分解的因素包括水热条件、土壤质地等,都会对土壤氮素含量产生显著影响。另外,土壤中氮素含量受耕作、施肥、灌溉及利用方式的影响,变异很大。

(一)灌溉耕种施肥活动与土壤氮素含量

人类灌溉、耕种、施肥等活动对耕地土壤全氮含量有着重要的影响。根据2016 年青铜峡市耕地土壤养分统计分析,青铜峡市自流灌区主要耕种土壤类型灌淤土,种植投入大,其耕层土壤全氮平均含量高达 0.90 g/kg,且占该土类

表 4-19 青铜峡市耕地土壤类型全氮含量特征值统计

土类	亚类	样本数/个	平均值/(g·kg^{-1})	最大值/(g·kg^{-1})	最小值/(g·kg^{-1})	标准差	变异系数/%
灌淤土	表锈灌淤土	3 269	0.93	1.49	0.44	0.11	12.05
	典型灌淤土	175	0.91	1.26	0.68	0.15	16.98
	潮灌淤土	153	0.89	1.37	0.53	0.10	11.47
	盐化灌淤土	1 133	0.89	1.42	0.42	0.10	11.21
潮土	典型潮土	89	0.83	1.13	0.43	0.15	18.82
	灌淤潮土	669	0.87	1.27	0.67	0.10	11.34
	盐化潮土	398	0.84	1.27	0.16	0.11	12.60
灰钙土	淡灰钙土	947	0.69	1.14	0.29	0.12	17.86
	草甸灰钙土	11	0.59	0.75	0.48	0.12	21.26
	盐化灰钙土	600	0.76	1.09	0.27	0.13	17.57
新积土	典型新积土	329	0.87	1.24	0.35	0.18	20.83
	冲积土	9	0.84	0.89	0.80	0.03	4.14
风沙土	草原风沙土	10	0.88	1.22	0.69	0.22	25.09

注:数据由 2016 年系统更新汇总

总面积26.00%的农田土壤全氮含量大于1.0 g/kg;0.75~1.00 g/kg级别所占面积最大,占该土类总面积的70.43%。灰钙土是青铜峡市丘陵地带旱作农业的主要土壤类型,受人为灌溉耕种施肥活动强度影响远低于灌淤土类平均含量,全氮平均含量低,仅为0.69 g/kg,全氮绝对含量比灌淤土类低0.21 g/kg。

(二)成土母质与耕地土壤全氮含量

成土母质类型也是影响耕地土壤全氮含量的重要因素之一。青铜峡市引黄灌区灌淤土因其成土母质是灌水淤积物,灌淤土类耕层全氮含量也较高,平均为1.02 g/kg;成土母质为第四纪洪积冲积物的灰钙土类,因其母质全氮含量低,故该土类耕层全氮平均含量仅为0.59 g/kg;而由风积母质形成的风沙土,其全氮含量更低,仅为0.49 g/kg(详表4-20)。从以上分析可看出,成土母质的性质直接影响着其形成的土壤类型的特性。

表4-20 成土母质类型与全氮含量

成土母质类型	土壤类型	样本数/个	平均值/(g·kg⁻¹)	标准差/(g·kg⁻¹)	变异系数/%	极大值/(g·kg⁻¹)	极小值/(g·kg⁻¹)
洪积冲积物第四纪洪积冲积物	灰钙土类	4 142	0.59	0.23	39.2	3	0.11
冲积母质	冲积土亚类、典型潮土亚类	216	0.78	0.32	40.9	1.82	0.2
风积母质	风沙土类	998	0.49	0.23	46.36	1.67	0.1
灌水淤积物	灌淤土类	16 496	1.02	0.27	26.89	1.35	0.9

注:摘自《宁夏耕地土壤与地力》

成土母质类型不仅影响着土壤全氮含量,且也直接影响着土壤碱解氮含量。成土母质为河流冲积物和第四纪洪积冲积物的冲积土、典型潮土亚类及灰钙土类,因其成土母质养分含量低,故其形成的土壤碱解氮含量也较低,平均分别为52.16 mg/kg和41.5 mg/kg;而由风积母质形成的风沙土类,土壤碱解氮含量最低,平均仅为38.02 mg/kg,远远低于其他成土母质形成的土壤类型土壤碱解氮含量。

表 4-21　成土母质类型与碱解氮含量

成土母质类型	土壤类型	样本数/个	平均值/(mg·kg⁻¹)	标准差/(mg·kg⁻¹)	变异系数/%	极大值/(mg·kg⁻¹)	极小值/(mg·kg⁻¹)
洪积冲积物第四纪洪积冲积物	灰钙土类	4 361	41.5	21.04	50.7	235.0	2.0
冲积母质	冲积土亚类、典型潮土亚类	244	52.16	26.97	51.7	184.8	2.5
风积母质	风沙土类	989	38.02	20.69	54.41	227.0	3.1
灌水淤积物	灌淤土类	15 268	66.14	36.57	55.3	114.8	1.0

注：摘自《宁夏耕地土壤与地力》

（三）土壤质地与耕地土壤氮素含量

由表 4-22 可看出，随着土壤质地由沙变粘，土壤全氮含量也随着增加，耕层质地为沙土，全氮平均含量最低，仅为 0.59 g/kg；耕层质地为黏土，全氮含量最高，平均为 1.07 g/kg。耕层质地土壤全氮含量由低向高，依次为沙土<沙壤土<壤土<黏壤土<黏土。可见，土壤质地对土壤全氮含量的高低有着重要的影响。

表 4-22　耕层不同土壤质地全氮含量

土壤质地	样点数/个	平均值/(g·kg⁻¹)	标准差/(g·kg⁻¹)	变异系数/%	极大值/(g·kg⁻¹)	极小值/(g·kg⁻¹)
沙土	3 251	0.59	0.27	46.46	2.02	0.07
沙壤土	5 462	0.67	0.27	40.52	2.47	0.07
壤土	41 713	0.93	0.33	35.74	3.0	0.08
黏壤土	484	1.00	0.33	33.19	2.22	0.1
黏土	79	1.07	0.29	26.74	1.82	0.07

注：摘自《宁夏耕地土壤与地力》

土壤质地不同，土壤碱解氮含量也不同，沙土碱解氮含量最低，平均为 42.8 mg/kg（表 4-23），黏土碱解氮含量最高，平均为 89.16 mg/kg，是沙土土壤碱解氮含量的 2.08 倍。随着土壤质地由沙土、砂壤土、壤土、黏壤土、黏土的变化，土壤碱解氮含量也随之增加，可见土壤质地对土壤碱解氮含量也有一定的影响。

表4-23 耕层不同土壤质地碱解氮含量

土壤质地	样点数/个	平均值/(mg·kg^{-1})	标准差/(mg·kg^{-1})	变异系数/%	极大值/(mg·kg^{-1})	极小值/(mg·kg^{-1})
沙土	3 203	42.80	23.71	55.4	227.0	2.2
沙壤土	5 325	45.35	22.5	49.62	235.2	2.0
壤土	40 514	64.32	34.29	53.31	298.1	1.0
黏壤土	478	71.04	32.67	45.99	225.8	8.1
黏土	78	89.16	35.88	40.25	205.4	23.8

注：摘自宁夏耕地土壤与地力

四、土壤氮素营养的调控

土壤全氮反映土壤氮素的总贮存量和供氮潜力，土壤碱解氮反映近期土壤氮素供应能力。土壤氮的有效化过程(包括氨化作用和硝化作用)和无效化过程(包括反硝化作用、化学脱氮作用和矿物晶格固定)是土壤氮素的调控关键。如合理施肥、耕作、灌溉等，控制土壤氮素既能满足作物需要，有利于氮素的保存和周转，以尽量减少氮素损失数量，又能达到提高土壤氮素利用率的效果。

（一）提高土壤有机质含量

土壤全氮含量与土壤有机质含量之间呈明显的正相关，故提高有机质含量的措施均能有效的提高土壤全氮含量。

1. 大力推广秸秆还田

目前在全自治区推广的秸秆还田主要技术模式，即"水稻低留茬根茬翻压还田技术模式、水稻高留茬秸秆粉碎翻压还田技术模式、玉米机械收获秸秆粉碎翻压还田技术模式"，可有效地促进作物增产，提高土壤有机质和全氮含量。秸秆还田的同时，一定要配施适当的氮肥，调节土壤碳氮比，促进土壤中氮的有效化作用，抑制其无效化作用。

2. 增施有机肥

利用商品有机肥中有机物质碳氮比值与土壤有效氮的相互关系,调节土壤氮素状况。在有机物质开始分解时,其碳氮比>30,矿化作用所释放的有效氮量远少于微生物吸收同化的数量,此时微生物要从土壤中吸收一部分原有的有效氮量,转为微生物体中的有机氮。随着有机物的不断分解,其中,碳被用作微生物活动的能源消耗,剩余物质的碳氮比迅速下降。当碳氮比达到30~15时,矿化释放的氮量和同化的固氮量基本相等,此时土壤中的氮素无亏损。有机质进一步分解,微生物种类更迭,有机质的碳氮比继续下降,当下降到碳氮比<15时,氮的矿化量超过了同化量,土壤有效氮有了盈余,作物的氮营养条件也开始得到改善。因此,增施有机肥时应适时配施氮肥,以氮肥调节碳氮比,提高土壤中氮素营养的利用率。

(二)合理施用化肥

合理施用氮肥的目的在于减少氮素损失,提高氮肥利用率,充分发挥氮肥增产效益。要做到合理施用,必须根据下列因素考虑氮肥的分配和施用。

1. 因土壤条件合理施用

青铜峡市地处西北石灰性土壤区域。因此,宜选择酸性或生理性酸性的氮肥,如硫酸铵、氯化铵,这些肥料能中和土壤碱性,在碱性条件下铵态氮容易被作物吸收。盐渍化土壤及降水量<300 mm的旱作土壤不宜施用氯化铵,以免增加盐分,影响作物生长。土壤剖面质地构型为砂质土或漏沙土的土壤,施用氮肥应坚持"少量多餐"的施肥原则。对于保肥能力强的黏性土壤,施用氮肥宜适当减少次数。

2. 因作物需求合理施用

各种作物对氮要求是不同的,如水稻、玉米、小麦等作物需要较多的氮肥,叶菜类蔬菜需氮更多;而豆科作物有根瘤固定空气中的氮素,因而对氮素需要较少。不同作物对氮肥品种的反应也不同,如水稻施用铵态氮肥,尤以氯化铵、碳铵和尿素效果好,而硫铵虽然也是铵态氮肥,但在水田中常还原生成硫化氢,妨碍水稻根的呼吸。对"氯"元素敏感的作物如马铃薯、西瓜、葡萄等应少施或不施氯化铵。多数蔬菜施用硝态氮肥效果好,如萝卜施用铵态氮肥会抑制其生长。作物不同生育期施氮肥的效果也不同。在作物施肥的关键时期如营养临界期或最大效率期进行施肥,增产效果显著,如玉米在开花期需要养分最多,重施"喇叭口期"肥,能有效提高玉米产量。因此要根据作物不同生育期对养分的需求规律,掌握适宜的施肥时期和施肥量,是经济有效使用氮肥的关键。

3. 因肥料本身特性合理施用

氮肥是三大元素肥料中最活跃、最不稳定、土壤难保存、损失最大的一类肥料。因此使用氮肥必须以下要点。

一是基肥深施覆土是关键。根据氮肥易挥发、损失的性质,在施用技术上必须尽量抑制其不利的变化过程,深施是最重要的技术措施,以抑制氨挥发、硝化及反硝化作用,最大限度地保蓄氮素供给作物,将损失降到最小。氮肥不论是基施还是追施,原则上都应达到深施的要求。深施方法:撒肥后耕翻或重耙旋耕(实为全层施肥),机播(包括种肥),开沟及挖坑施。一般密植作物追肥不宜做到深施时,应优先选用尿素,撒施后灌水(或大雨),以水带肥渗入土层;若用碳铵,肥效虽快,随水渗入较少,损失大,肥效持续时间短。稻田追肥可先落干几天,再追肥灌水。深施深度:一般作物施肥深度 7~15 cm 左右;枸杞 20~30 cm;果树 30~40 cm。

二是分次施用。氮肥因易发生淋失和反硝化发生氨损失,故应根据种植作物需肥特性,分次施用,分为基肥和不同次数的追肥,采取适宜的水肥综合管理措施减少氮素损失。

三是确定合理的氮肥施用量。根据大量测土配方施肥田间试验示范,宁夏主要农作物氮肥施用量推荐施用目标产量平衡系数法。

$$y=Axae^{bx}（单种作物）$$

$$y=A_1x_1a_1e^{b_1x_1}+A_2x_2a_2e^{b_2x_2}（两作间套种）$$

式中:y 为肥料施用量,x_1、x_2 分别为 2 种作物产量,a_1、a_2 分别为 2 种作物氮素吸肥系数，e^b 为平衡函数。

四是克服氮肥本身不利的特点：硝态氮肥在土壤中移动性强，肥效快，适宜作旱地追肥，不宜用于稻田；尿素作稻田基肥，应提前在初灌前 5~7 d，使其转化为铵态氮后再灌水。

4. 氮肥与其他肥料配施

在缺乏有效磷和速效钾的土壤上，单施氮肥效果差，增施氮肥还有可能减产。因为在缺磷、钾的情况下，蛋白质和许多重要的含氮化合物难以形成，严重影响了作物生长。大量田间试验示范证明，氮肥与适量的磷肥或钾肥配合，增产效果显著。

第三节 耕地土壤磷素营养

一、耕地土壤磷素含量及分布特征

(一)全市耕地有效磷含量特征及变化趋势

从表 4-24 分析，青铜峡市耕地土壤 0~20 cm 土壤有效磷平均含量历年来变化起伏较大，自 80 年代以来，青铜峡市耕地有效磷平均含量水平呈明显增加趋势，这与人为耕种、施肥、灌溉及作物布局有着密切关联。2019 年全市耕地土壤有效磷平均含量与 1985 年土壤普查耕地土壤有效磷相比，净增 11.78 mg/kg，增幅 68.78%，年均增长 2.01%；与 2010 年相比，净增 6.84 mg/kg，

表 4-24 青铜峡市耕地(0~20 cm)有效磷含量统计表

年份	样本数/个	平均值/(mg·kg⁻¹)	最大值/(mg·kg⁻¹)	最小值/(mg·kg⁻¹)	标准差/(mg·kg⁻¹)	变异系数/%
1985 年(第二次土壤普查)	2 411	17.2	—	—	15.36	50
2010 年(耕地地力评价)	2 881	22.14	99.50	1.00	17.49	78.96
2015 年(测土配方施肥)	3 940	28.52	51.50	2.60	6.06	34.50
2019 年(耕地质量提升)	252	28.98	129.6	3.12	16.85	58.16

增幅30.89%,年均增长3.39%;与2015相比,净增11.32 mg/kg,增幅64.43%,年均增长16.11%。根据耕地土壤养分分级,青铜峡市耕地土壤有效磷划分为七级,全市平均有效磷含量为六级水平,处于中等偏低水平。

(二)不同乡镇土壤有效磷含量分级及分布

根据表4-25分析,全市各乡镇耕地土壤有效磷平均含量相差较大;高于全市平均含量的乡镇分别为小坝镇最高,比全市平均值净增6.12 mg/kg,高21.12%;其次是邵岗镇和大坝镇分别净增4.09 mg/kg和2.00 mg/kg,高14.11%和6.90%。低于全市平均含量的乡镇分别是陈袁滩镇、瞿靖镇、峡口镇、叶盛镇,青铜峡镇最低,分别低于全市平均含量0.79 mg/kg、0.86 mg/kg、4.3 mg/kg、7.00 mg/kg、9.09 mg/kg,分别低于全市平均值的2.73%、29.68%、14.84%、24.15%、31.37%。青铜峡市各镇耕地土壤有效磷平均含量差异较大,变幅也较大,全市8个乡镇中4个镇耕地土壤有效磷含量变异系数大于50%。

表4-25 青铜峡市各乡镇耕地壤(0~20 cm)有效磷含量统计表

区域	样本数/个	最大值/(mg·kg⁻¹)	最小值/(mg·kg⁻¹)	平均值/(mg·kg⁻¹)	标准差	变异系数/%
大坝镇	84	78.00	3.12	30.98	18.64	60.18
叶盛镇	48	42.40	4.52	21.98	9.00	40.96
小坝镇	29	129.60	12.50	35.10	20.89	59.51
峡口镇	3	30.50	16.05	24.68	6.22	25.22
邵岗镇	12	60.40	22.70	33.07	9.94	30.06
瞿靖镇	33	73.50	9.90	28.12	20.00	71.13
陈袁滩镇	21	41.10	16.40	28.19	7.03	24.94
青铜峡镇	22	39.06	4.81	19.89	10.65	53.53
全市	252	129.60	3.12	28.98	16.85	58.16

根据2016年全市耕地土壤有效磷分析测试结果,通过3S插值统计分析,按照全国耕地土壤有效磷含量分级标准,青铜峡市耕层土壤有效磷含量分为

七个级别。全市及各镇分级面积见表4-26。全市耕地有效磷含量10~20 mg/kg级别面积最大,占全市耕地总面积的67.8%;耕地有效磷含量>20 mg/kg以上的面积(属于中等及其以上水平)17.53万亩,占全市耕地总面积的30.70%;面积较大的镇依次为大坝镇、瞿靖镇、峡口镇;以大坝镇所占面积最大(5.37万亩),占全市该级别面积的30.65%,主要分布在大坝镇唐徕渠以东109国道以西老灌区。全市10~20 mg/kg的面积为38.74万亩,占全市耕地总面积的

表4-26 青铜峡市各乡镇耕地有效磷含量分级面积统计

单位:亩、mg/kg

有效磷含量		≥50	40~50	30~40	20~30	10~20	5~10	<5	总计
合计	亩	10	1 382	21 864	152 068	387 460	8 258	18	571 059
	%	0.002	0.2	3.8	26.6	67.8	1.4	0.003	100
陈袁滩镇	亩	6			6570	30 748			37 324
	%	0.02			17.6	82.4			100
大坝镇	亩		1 365	5 894	46 449	42 506	11		96 225
	%		1.4	6.1	48.3	44.2	0.01		100
瞿靖镇	亩	3	11	17	41 907	70 393		3	112 335
	%	0.003	0.01	0.02	37.3	62.7		0.003	100
青铜峡镇	亩		3	4 779	2 420	40 722	3518		51 442
	%		0.01	9.3	4.7	79.2	6.8		100
邵岗镇	亩				8 484	109 367	4 719	15	122 586
	%				6.9	89.2	3.8	0.01	100
峡口镇	亩		3	10 105	32 355	18 265			60 728
	%		0.005	16.6	53.3	30.1			100
小坝镇	亩				1 063	13 369	25 671		40 102
	%				2.6	33.3	64.0		100
叶盛镇	亩				6	513	49 788	10	50 316
	%				0.01	1.0	99.0	0.02	100

67.8%,属缺乏水平。其次是 20~30 mg/kg 的面积 15.21 万亩,占全市总耕地面积的 26.6%,含量属于中等水平;全市<20 mg/kg(属于缺乏水平)的面积为 39.58 万亩,占全市耕地总面积的 69.30%;其中面积最大的乡镇是邵岗镇,所占面积为 10.94 万亩,占全市耕地总面积的 19.16%,占本镇耕地总面积的 89.2%,主要分布在甘城子新垦耕地和叶玉路以北部分村队;其次是瞿靖镇占全市耕地总面积的 12.34%,占本镇耕地总面积的 62.7%,主要分布在唐徕渠以西干渠以东的村队。全市各镇有效磷总体水平属中等偏下至缺乏水平。

(三)不同耕地土壤类型有效磷含量及分布

根据表 4-27 表明青铜峡市耕地土壤类型以灰钙土平均含量最高,其次是新积土和灌淤土,分别比全市平均含量净增 4.09 mg/kg、2.98 mg/kg 和 1.32 mg/kg,分别高于平均值的 14.11%、10.28%、4.55%。低于全市平均含量的土壤类型分别为潮土和风沙土,风沙土最低,分别低于全市平均值 3.92 mg/kg 和 5.98 mg/kg,分别低于全市平均值 13.53%和 20.63%。

表 4-27　全市土壤类型耕地土壤(0~20 cm)有效磷含量统计表

土类	样本数/个	最大值/($g \cdot kg^{-1}$)	最小值/($g \cdot kg^{-1}$)	平均值/($g \cdot kg^{-1}$)	标准差	变异系数/%
潮土	60	69.70	4.30	25.06	15.11	60.27
风沙土	3	28.60	11.80	23.00	7.92	34.43
灌淤土	156	129.60	3.12	30.30	17.74	58.55
灰钙土	23	60.40	22.70	33.07	9.94	30.06
新积土	10	73.50	4.30	31.96	3.55	11.12
青铜峡市	252	129.60	3.12	28.98	16.85	58.16

青铜峡市耕地土壤类型有效磷含量分级及面积见表 4-28。全市耕地土壤有效磷含量≥20 mg/kg 以上的面积为 17.39 万亩,占全市耕地总面积,30.45%,其中灌淤土面积最大,占该级别面积的 61.18%;其次是潮土,占该级别面积的 18.40%;风沙土面积最少。

表 4-28 全市耕地各土壤类型有效磷分级面积统计

单位:亩、mg/kg

土壤代码		土壤类型	合计	≥50	40~50	30~40	20~30	10~20	5~10	<5
总计			571 059	10	1 362	22 328	150 203	388 419	8 716	22
灰钙土 E21	E212	淡灰钙土	99 332			326	20 102	76 856		10
	E213	草甸灰钙土	491					491		
	E214	盐化灰钙土	38 187			96	4 124	31 547	2 417	4
	E21	灰钙土	138 011			421	24 226	108 895	4 455	14
新积土 G13	G131	典型新积土	19 359			1 354	8 163	8 343	1 495	4
	G132	冲积土	500					500		
	G13	新积土	19 859			1 354	8 163	8 843	1 495	4
风沙土 G15	G152	草原风沙土	1 440				25	1 351	64	
	G15	风沙土	1 440				25	1 351	64	
潮土 H21	H211	典型潮土	8 332				2 450	5 640	243	3
	H215	盐化潮土	22 130			79	10 238	10 498	1 313	3
	H217	灌淤潮土	42 777			666	18 519	23 584	7	
	H21	潮土	73 240			745	31 207	39 722	1 563	3
灌淤土 L21	L211	典型灌淤土	11 324			2 660	728	7 773	163	
	L212	潮灌淤土	10 337			777	2 026	7 534		
	L213	表锈灌淤土	265 203	10	1 351	15 452	69 563	178 358	469	
	L214	盐化灌淤土	51 644		11	893	12 939	37 230	570	
	L21	灌淤土	338 508	10	1 362	19 783	85 256	230 895	1 202	

灌淤土是青铜峡市耕地面积中居第一位的土壤类型。有效磷含量 10~20 mg/kg 的面积最大,占该级别面积的 59.45%,占灌淤土类总面积的 68.27%,占全市耕地总面积的 40.43%。灌淤土 4 个亚类中表锈灌淤土该级别面积最大,占灌淤土类总面积的 45.93%;其次是 20~30 mg/kg 占灌淤土类总面积的 25.20%。灌淤土有效磷含量达到中等偏上水平,属丰富。

灰钙土是青铜峡市耕地面积中居第二位的土壤类型。有效磷含量10~20 mg/kg级别面积最大，占灰钙土类总面积的78.91%；其次是20~30 mg/kg的面积，占灰钙土类总面积的17.54%。灰钙土3个亚类中淡灰钙土10~20 mg/kg级别所占面积最大，占灰钙土类该级别70.6%。灰钙土有效磷含量属中等偏下水平，较缺乏。

潮土是青铜峡市耕地面积中居第三位的土壤类型。有效磷含量10~20 mg/kg的面积最大，占潮土总面积的54.23%%；其次是20~30 mg/kg，占潮土总面积的42.6%。潮土有效磷含量总体属于中等水平。

新积土是青铜峡市耕地面积中居第四位的土壤类型。有效磷含量在10~20 mg/kg面积最大，占新积土总面积的44.22%；含量20~30 mg/kg的面积次之，占新积土总面积41.21%；新积土有效磷含量总体水平属中等偏下，较缺乏。

风沙土面积最小且92.86%的面积有效磷含量分布在20~30 mg/kg。风沙土有效磷含量较高。

二、影响耕地土壤磷素含量主要因素

人为灌溉耕种施肥活动、成土母质及土壤质地等因素是影响耕地土壤磷素含量的主要因素。

(一)成土母质与耕地土壤有效磷含量

由表4-29可看出，由灌水淤积物形成的灌淤土，土壤有效磷含量最高，平均为29.27 mg/kg；由风积物形成的风沙有效磷含量较低，平均为14.15 mg/kg，反映出成土母质对土壤有效磷含量的影响。

(二)土壤质地与耕地土壤磷素含量

耕层不同土壤质地对土壤有效磷含量也有一定程度的影响，沙土和沙壤土有效磷含量较低，平均为18.11~18.41 mg/kg；壤土有效磷含量较高，平均为20.48 mg/kg；黏壤土最高，平均为25.0 mg/kg；随着土壤质地由沙土变黏壤土，土壤有效磷含量趋于增加(表4-30)。

表 4-29　成土母质类型与土壤有效磷含量

成土母质类型	土壤类型	样本数/个	平均值/(mg·kg^{-1})	标准差/(mg·kg^{-1})	变异系数/%	极大值/(mg·kg^{-1})	极小值/(mg·kg^{-1})
洪积冲积物第四纪洪积冲积物	灰钙土类	4 255	16.16	11.31	69.97	49.9	2
冲积母质	冲积土亚类、典型潮土亚类	242	16.51	10.46	63.36	56.9	2.3
风积母质	风沙土类	973	14.15	9.8	69.23	49.7	2
灌水淤积物	灌淤土类	16 210	29.27	18.31	62.53	99.9	2

注:摘自《宁夏耕地土壤与地力》

表 4-30　耕层不同土壤质地有效磷含量

土壤质地	样点数/个	平均值/(mg·kg^{-1})	标准差/(mg·kg^{-1})	变异系数/%	极大值/(mg·kg^{-1})	极小值/(mg·kg^{-1})
沙土	3 203	18.41	12.65	68.69	93.0	2.0
沙壤土	5 502	18.11	13.36	73.8	99.6	2.0
壤土	41 483	20.48	15.78	77.02	99.9	2.0
黏壤土	489	25.00	16.24	64.95	98.5	2.2
黏土	81	21.07	14.66	69.58	75.1	3.5

注:摘自《宁夏耕地土壤与地力》

三、土壤磷素营养的调控

提高土壤中磷素养分的有效性,一般要从以下3个方面调控:一是采取增施速效态磷肥来增加土壤中有效磷的含量,以保证供给当季作物对磷的吸收利用;二是调节土壤环境条件,如在碱性土壤中施石膏,减弱土壤中的固磷机制;三是促使土壤中的难溶态磷的溶解,提高磷的活性,使难溶性磷逐渐转化为有效态磷。

(一)因作物施磷

作物种类不同,对磷的敏感性、需要量、吸收能力不同。对磷需要量大、吸收能力弱的作物多施;对磷比敏感、吸收能力强的作物少施。合理分配施用磷肥,如小麦、玉米轮作时,磷肥主要投入在小麦上作基肥,玉米利用其后效。豆科作物与粮食作物轮作时,磷肥重施于豆科作物上,以促进其固氮作用,达到以磷增氮的目的。稻旱轮作时,磷肥施在旱茬作物,水稻以利用后效为主。

(二)测土施磷

自治区实施的土壤养分丰缺指标田间试验证实,小麦、玉米、水稻亩产与磷肥施用量有一定的相关性,复相关系数为 0.768 2~0.945 3,达到了极显著水平。小麦、玉米、水稻相对产量 95% 时,土壤有效磷含量为 25.6~37.8 mg/kg,土壤有效磷已能满足作物需要。大田粮食作物当土壤有效磷含量低于 10 mg/kg 时,要增施磷肥;当土壤有效磷含量大于 30 mg/kg 时,就要不施或少施磷肥,提高磷肥当季利用率。

施用磷肥的合理数量必须依据种植作物的目标产量、作物的需磷量和土壤有效磷含量确定。根据宁夏农业生产实践,推荐施用目标产量平衡系数法。

$$y=[A+B\ln(x_i)]\times ax^b \text{（单种作物）}$$

$$y_i=[A+B\ln(x_i)]\times a(C_1x_1+C_2x_2)^b \text{（两作间套种）}$$

其中:y 为肥料施用量,x_1、x_2 分别为两种作物产量,x_i 为土壤有效磷(P),C_1、C_2 分别为两种作物磷吸肥系数。$A+B\ln(x_i)$ 为基本施肥量函数,ax^b、$a(C_1x_1+C_2x_2)^b$ 为平衡函数。

(三)磷肥与有机肥混施

磷肥与有机肥混施,能降低土壤对磷的固定吸附,提高磷的有效性。因为有机肥在分解过程中所产生的中间产物(有机酸类),对铁、铝、钙能够起到一定的络合作用,降低了 Fe^{3+}、Al^{3+}、Ca^{2+} 的离子浓度,可减弱磷的化学固定作用。另外,形成的腐殖质还可在土壤固体表面形成胶膜,减弱磷的表面固定作用。

(四)合理施用磷肥的方法

磷肥易被土壤固定,很难移动,有效性降低。因此,施用技术的关键是如何确保磷肥尽量接近植物根系,减少肥料与土壤的接触面积,以减少或减缓被土壤固定。

合理施用磷肥须注意以下几点：一是深施磷肥。磷肥在土壤中移动性很小，必须将磷肥施到作物根系密集层次。深施方法，撒肥后耕翻或重耙旋耕（实为全层施肥），开沟及挖坑穴施。深施深度，一般作物施肥深度7~15 cm左右；枸杞20~30 cm；果树30~40 cm。二是作基肥施用。密植作物追肥难以做到深施，磷肥都应作基肥施入；果树、枸杞等大株稀植作物，基施、追施磷肥都要采用深施的方法，将磷肥多次深施为宜。三是集中施用。通过播施、沟施、穴施等方式，把磷肥施在根系附近，提高磷肥的有效性。

第四节 耕地土壤钾素营养

钾是作物生长发育过程中所必需的营养元素之一，与作物的生理代谢、抗逆及品质改善密切相关，被认为是品质元素。钾还可以提高肥料的利用率，改善环境质量。土壤中的钾素呈无机形态存在，根据钾的存在形态和作物吸收能力，可把土壤中钾素分为4个类型：土壤矿物态钾，此为难溶性钾；非交换态钾，为缓效性钾；交换性钾；水溶性钾。后2种合称为速效性钾（速效钾），一般占全钾的1%~2%，可以被当季作物吸收利用，是反映土壤肥力高低的标志之一。

一、耕地土壤钾素含量及分布特征

（一）耕地土壤速效钾含量及分布特征

从表4-31分析，青铜峡市耕地土壤0~20 cm土壤速效钾平均含量历年来变化不大但呈逐渐上升趋势。自80年代第二次土壤普查至今全市市耕地土壤速效钾发展比较平稳。2019年全市耕地土壤速效钾平均含量与1985年土壤普查耕地土壤速效钾相比，净增29.32 mg/kg，增幅23.59%，年均增长0.69%；与2010年相比，净增5.57 mg/kg，增幅3.76%，年均增长0.42%；与2015相比，下降0.14 mg/kg，降幅0.09%。以上数据说明全市耕地土壤速效钾，各时期变化不大,变幅趋势不明显。根据耕地土壤养分分级,青铜峡市耕地土壤速效钾划分为7级,全市耕地土壤速效钾级别属四级中等水平。

表4-31 青铜峡市耕地土壤(0~20 cm)速效钾含量统计表

年份	样本数/个	平均值/(mg·kg⁻¹)	最大值/(mg·kg⁻¹)	最小值/(mg·kg⁻¹)	标准差/(mg·kg⁻¹)	变异系数/%
1985年(第二次土壤普查)	106	124.3	—	—	65.6	50
2010年(耕地地力评价)	2935	148.05	585.00	30.00	59.39	40.12
2015年(测土配方施肥)	3940	153.76	465.00	76.00	25.74	16.74
2019年(耕地质量提升)	255	153.62	533.70	50.00	63.19	41.13

(二)不同乡镇耕地速效钾含量分级及分布

根据表4-32分析,全市各乡镇耕地土壤速效钾平均含量相差较大。高于全市平均含量的乡镇分别为小坝镇最高,比全市平均值高35.90 mg/kg,其次是瞿靖镇和峡口镇分别高18.59 mg/kg和17.88 mg/kg。低于全市平均含量的乡镇分别是大坝镇、青铜峡镇、陈袁滩镇,叶盛镇最低,分别低于全市平均含量的6.65 mg/kg、6.81 mg/kg、18.91 mg/kg、19.45 mg/kg,分别低于全市平均值的

表4-32 青铜峡市各乡镇耕地(0~20cm)速效钾含量统计表

区域	样本数/个	最大值/(mg·kg⁻¹)	最小值/(mg·kg⁻¹)	平均值/(mg·kg⁻¹)	标准差/(mg·kg⁻¹)	变异系数/%
大坝镇	84	241.00	71.00	146.97	34.68	23.59
叶盛镇	48	196.00	50.00	134.17	32.81	24.45
小坝镇	31	533.70	97.00	189.52	104.76	55.27
峡口镇	3	193.00	147.50	171.50	18.66	10.88
邵岗镇	12	210.00	137.42	162.70	16.96	10.42
瞿靖镇	33	469.00	92.00	172.21	101.57	58.98
陈袁滩镇	21	166.00	111.00	134.71	16.72	12.41
青铜峡镇	23	302.00	88.13	146.81	47.83	32.58
青铜峡市	255	533.70	50.00	153.62	63.19	41.13

4.33%、4.43%、12.31%、12.66%。这充分说明青铜峡市各乡镇耕地土壤速效钾平均含量有较大差异,变幅较大,耕地土壤速效钾水平处于中等及中等偏低水平。

根据2016年全市耕地土壤速效钾分析测试结果,通过3S插值统计分析,按照全国耕地土壤速效钾含量分级标准,青铜峡市耕地土壤速效钾含量分为7个级别(表4-33)。全市耕地速效钾含量>150 mg/kg以上的面积26.86万亩,

表4-33 青铜峡市各乡镇耕地速效钾含量分级面积统计

单位:mg/kg

速效钾含量		>300	250~300	200~250	150~200	100~150	50~100	<50	总计
合计	亩	3	6 743	25 163	236 745	302 370	35		571 059
	%	0.001	1.2	4.4	41.5	52.9	0.01		100
叶盛镇	亩		6	6	20 813	29 491			50 316
	%		0.01	0.01	41.4	58.6			100
小坝镇	亩			1 139	20 248	18 714			40 102
	%			2.8	50.5	46.7			100
峡口镇	亩		3 002	9 215	12 424	36 088			60 728
	%		4.94	15.17	20.46	59.42			100
邵岗镇	亩		3 732	1 337	20 613	96 896	8		122 586
	%		3.0	1.1	16.8	79.0	0.01		100
青铜峡镇	亩			3	10 314	41 126			51 442
	%			0.01	20.05	79.95			100
瞿靖镇	亩	3	4	13 411	57 711	41 194	11		112 335
	%	0.003	0.004	11.9	51.4	36.7	0.01		100
大坝镇	亩			4	68 561	27 660			96 225
	%			0.004	71.3	28.7			100
陈袁滩镇	亩			47	26 061	11 201	16		37 324
	%			0.1	69.8	30.0	0.04		100

占全市耕地总面积的47.03%,属于中等及其以上水平;面积较大的镇依次为瞿靖镇、大坝镇,瞿靖镇所占面积最大为7.11万亩,占全市该级别面积的26.47%,主要分布在瞿靖镇唐徕渠以东汉延渠以西老灌区;大坝镇次之,面积为6.85万亩,占全市该级别25.50%,主要分布在109国道以西唐徕渠以东老灌区;其他乡镇的面积均在2.08~2.61万亩,青铜峡镇面积最小为1.03万亩。全市耕地土壤耕层速效钾含量100~150 mg/kg级别面积最大,占全市耕地总面积的52.9%,属中等偏下水平;其中面积最大的乡镇是邵岗镇,占该级别总面积的32.04%,占全市总耕地面积的16.97%,其次是瞿靖镇、青铜峡镇。全市各镇速效钾总体水平属中等水平。

(三)不同耕地土壤类型速效钾含量及分布

表4-34表明青铜峡市耕地土壤类型以灰钙土速效钾平均含量最高,其次是灌淤土和新积土,分别比全市平均含量高9.08 mg/kg、8.85 mg/kg和3.58 mg/kg,分别高于全市平均值的5.91%、5.76%和2.33%。低于全市平均值的土壤类型是潮土和风沙土,分别低22.94 mg/kg和40.95 mg/kg分别低于全市平均值的14.93%和26.66%,总体水平为中等水平。

表4-34 青铜峡市耕地土壤类型(0~20 cm)速效钾含量特征值

土类	样本数/个	最大值/ (g·kg^{-1})	最小值/ (g·kg^{-1})	平均值/ (g·kg^{-1})	标准差/ (g·kg^{-1})	变异系数/%
潮土	60	187.00	71.00	130.68	28.66	21.93
风沙土	3	121.00	96.00	112.67	11.79	10.46
灌淤土	156	533.70	50.00	162.47	72.41	44.57
灰钙土	24	210.00	137.42	162.70	16.96	10.42
新积土	12	240.00	103.00	157.20	11.21	7.13
青铜峡市	255	533.70	50.00	153.62	63.19	41.13

由表4-35可看出,全市耕地速效钾含量≥150 mg/kg以上面积26.64万亩,占全市耕地总面积,46.65%,其中灌淤土面积最大,占该级别面积的

81.98%，占全市耕地总面积的38.24%；其次是潮土，占该级别面积的12.01%；风沙土面积最小。速效钾含量100~150 mg/kg级别面积最大，占全市耕地土壤总面积的53.35%。

灌淤土是青铜峡市耕地面积中居第一位的土壤类型。速效钾含量150~200 mg/kg级别的面积最大，占该级别面积的80.16%，占全市耕地总面积的

表4-35　全市耕地各土壤类型速效钾分级面积统计

单位：亩、mg/kg

土类	亚类编码	土壤类型	总计	>300	250~300	200~250	150~200	100~150	50~100	<50
		合计	571 059	3	6 643	24 789	234 926	304 664	35	
灰钙土 E21	E212	淡灰钙土	99 332				6 310	93 023		
	E213	草甸灰钙土	491					491		
	E214	盐化灰钙土	38 187				2 203	35 980	4	
	E21	灰钙土	138 011	0	0	0	8 513	129 494	4	
新积土 G13	G131	典型新积土	19 359				6 969	12 390		
	G132	冲积土	500				500			
	G13	新积土	19 859	0	0	0	7 469	12 390	0	
风沙土 G15	G152	草原风沙土	1 440				25	1 415		
	G15	风沙土	1 440	0	0	0	25	1 415	0	
潮土 H21	H211	典型潮土	8 332			7	4 059	4 267		
	H215	盐化潮土	22 130			206	4 144	17 769	11	
	H217	灌淤潮土	42 777		1 066	32	22 456	19 223		
	H21	潮土	73 240	0	1 066	246	30 659	41 259	11	
灌淤土 L21	L211	典型灌淤土	11 324		223	703	3 594	6 804		
	L212	潮灌淤土	10 337			546	5 511	4 280		
	L213	表锈灌淤土	265 203	3	5 306	22 360	156 153	81 378	4	
	L214	盐化灌淤土	51 644		48	935	23 003	27 644	15	
	L21	灌淤土	338 508	3	5 577	24 543	188 260	120 106	19	

32.97%。灌淤土 4 个亚类中,表锈灌淤土该级别所占面积最大,占灌淤土类该级别面积 82.95%,占全市该级别面积的 66.50%;其次是 100~150 mg/kg 级别的面积,占灌淤土该级别的 84.16%,占灌淤土类总面积的 54.30%。灌淤土速效钾含量达到中等偏上水平,属丰富。

灰钙土是青铜峡市耕地面积中居第二位的土壤类型。速效磷含量在 100~150 mg/kg 面积最大,占该级别 42.50%,占灰钙土类总面积的 93.84%。灰钙土 3 个亚类中,淡灰钙土该级别面积最大,占灰钙土类该级别的 71.8%,占全市该级别面积 30.5%,占灰钙土类总面积 67.4%;其次是>150 mg/kg 的面积,8 513 亩,占全市该级别面积 2.59%,占灰钙土类总面积的 5.0%。灰钙土速效钾含量属中等偏下水平,较缺乏。

潮土是青铜峡市耕地面积中居第三位的土壤类型。速效钾含量 100~150 mg/kg 级别的面积最大,占潮土总面积的 56.42%,占全市该级别面积的 13.55%。潮土 3 个亚类中灌淤潮土该级别所占面积最大,占潮土该级别面积 46.49%,占潮土土类总面积的 26.56%。其次是>150 mg/kg,面积为 3.20 万亩,占该级别总面积的 12.01%,占潮土类总面积的 43.72%。潮土速效钾含量总体属于中等水平。

新积土是青铜峡市耕地面积中居第四位的土壤类型。速效钾含量在>150 mg/kg 面积为 0.75 万亩,占新积土总面积的 37.69%。新积土速效钾含量总体水平属中等水平。

风沙土全市面积最小的土类,且 98.26%的面积速效钾含量分布在 100~150 mg/kg。风沙土速效钾含量属于中等偏下,为较缺乏水平。

二、影响耕地土壤钾素含量主要因素

灌溉施肥、成土母质及耕层质地对耕地土壤钾素含量的有一定的程度影响。

(一)灌溉耕种施肥活动与土壤钾素含量

灌溉耕种施肥活动对土壤速效钾含量有一定的影响。日光温室蔬菜因其耕种施肥活动强度远远高于露地粮食作物，其土壤速效钾平均含量高达336.1 mg/kg，较露地粮食作物土壤速效钾平均含量（159.7 mg/kg）高 176.4 mg/kg，前者是后者的 2.1 倍。

（二）成土母质与耕地土壤速效钾含量

由表 4-36 可看出，由不同成土母质类型形成的土壤类型土壤速效钾含量差异较大。灌水淤积物形成的灌淤土类，土壤速效钾平均含量为 164.85 mg/kg；由第四纪洪积冲积物形成的灰钙土类土壤速效钾含量平均为 122.5 mg/kg；来源于风积物质形成的风沙土类土壤速效钾含量最低，平均为 107.44 mg/kg；可见，成土母质对耕地土壤速效钾含量有一定的影响。

表 4-36　成土母质类型与土壤速效钾含量

成土母质类型	土壤类型	样本数/个	平均值/(mg·kg⁻¹)	标准差/(mg·kg⁻¹)	变异系数/%	极大值/(mg·kg⁻¹)	极小值/(mg·kg⁻¹)
洪积冲积物第四纪洪积冲积物	灰钙土类	4350	122.5	53.86	42.19	484	50
冲积母质	冲积土亚类、典型潮土亚类	243	153.56	63.96	41.65	481	51
风积母质	风沙土类	1009	107.44	51.59	39.77	466	50
灌水淤积物	灌淤土类	16747	164.85	65.56	37.83	598	50

注：摘自《宁夏耕地土壤与地力》

（三）土壤质地与耕地土壤速效钾含量

土壤质地也影响着土壤速效钾含量。随着土壤质地由沙土、砂壤土、壤土、黏壤土、黏土，土壤速效钾含量由低增高，沙土土壤速效钾含量低，平均为 112.9 mg/kg；黏土土壤速效钾含量最高，平均为 201.5 mg/kg。

三、土壤钾素营养的调控

钾是碱金属元素，在肥料、土壤、植物体内多以离子形态存在，十分活跃。钾肥是钾的盐类，施入土壤易被土壤交换性吸附而被保存，少量进入土壤黏土

表 4-37　耕层不同土壤质地速效钾含量

土壤质地	样点数/个	平均值/(mg·kg^{-1})	标准差/(mg·kg^{-1})	变异系数/%	极大值/(mg·kg^{-1})	极小值/(mg·kg^{-1})
沙土	3 251	112.9	54.2	48	492.0	50.0
沙壤土	5 607	131.1	56.2	42.8	511	50.0
壤土	42 155	169.8	74.3	43.7	598.0	50.0
黏壤土	492	189.6	75.8	40	504	52.0
黏土	83	201.5	88	43.7	492	81

注：摘自《宁夏耕地土壤与地力》。

矿物结晶层间被固定而失效。钾肥不像磷肥那样发生化学固定，难以移动，也不像氮肥那样容易流动和发生气态损失，钾的性质介于二者之间，其活动性显著低于氮肥，又远远超过磷肥；既能被土壤保存，又有一定的淋失，施量较多时，具有一定的后效。

（一）因土施钾

合理施用钾肥应以土壤钾素丰缺状况为依据。自治区丰缺指标田间试验证实，小麦、玉米、水稻相对产量和土壤速效钾含量之间复相关指数为 0.825 2~0.845 4，达到了极显著水平，作物相对产量 95%，土壤速效钾含量为 152.5~163.3 mg/kg。换言之，当土壤速效钾含量大于 150 mg/kg 时，种植玉米、水稻、小麦时土壤中的速效钾已能满足作物的需要。

施用钾肥的合理数量必须依据种植作物的目标产量、作物的需钾量和土壤速效钾含量确定。根据宁夏农业生产实践，推荐施用钾肥目标产量平衡系数法。

$$y=[A+B\ln(x_i)] \times ax^b \text{（单种作物）}$$

$$y_i=[A+B\ln(x_i)] \times a(C_1x_1+C_2x_2)^b \text{（两作间套种）}$$

其中：y 为肥料施用量，x_1、x_2 分别为 2 种作物产量，x_i 为土壤速效钾（P），C_1、C_2 分别为 2 种作物钾吸肥系数。$A+B\ln(x_i)$ 为基本施肥量函数，ax^b、$a(C_1x_1+C_2x_2)^b$ 为平衡函数。

依据目标产量平衡系数法已广泛应用于"触摸屏"、手机及口袋版中各种作物不同目标产量的施钾量,并取得了良好的效果。宁夏耕地土壤速效钾含量较高,平均为 162.09 mg/kg;且 60.7%的耕地土壤速效钾含量大于 150 mg/kg;90%的耕地土壤速效钾含量大于 100 mg/kg,故大部分露地作物不宜提倡普遍施用钾肥。重点要在缺钾的砂质土壤、喜钾作物、高效经济作物和产量高的情况下,针对性的配施一定量的钾肥。

(二)因作物施钾

在土壤缺钾状况一致的情况下,钾肥应优先用在喜钾的作物上,喜钾作物的顺序为豆科作物>薯类>甜菜>西瓜>果树>玉米>小麦。喜钾作物是相对的,在严重缺钾的土壤上,无论种什么作物,施钾增产效果都显著;在含钾丰富的土壤上,喜钾作物增施钾肥往往不增产。增施钾肥还能明显改善作物产品品质,多种作物增施钾肥后,产品质量都得到不同程度的改善。此外,供钾充足,作物抗倒伏、抗旱的能力提高,同时植株内可溶性氨基酸,单糖的积累下降,从而可减少病虫害的发生。同一种作物的不同品种对钾肥的反应也不同。小麦、果树等作物在寒冷、干旱、阳光不足等恶劣环境下,增施或早施钾肥均能增强抗寒性,减少冻害,增产效果非常好。

(三)合理施用钾肥的方法

合理施用钾肥的方法主要有以下几种:一是深施钾肥。钾肥活动性较好,易被表层土壤干湿交替发生钾素层间固定而降低其有效性。因此,必须将钾肥施到作物根系密集层次。深施方法,撒肥后耕翻或重耙旋耕(实为全层施肥),开沟及挖坑穴施。深施深度,一般作物施肥深度 7~15 cm;枸杞 20~30 cm;果树 30~40 cm。二是集中施用。通过播施、沟施、穴施等方式,把钾肥施在根系附近,提高钾肥的有效性。玉米、油葵、蔬菜播种时随种子或在种子附近条状施肥,大型播种施肥一体机就可以在播种的同时将肥料条状沟施;枸杞、果树等宽行作物可穴施追肥。三是叶面喷施。在缺钾地区、作物生育期对作物喷施钾肥有明显的效果,喷施浓度为 0.5%~1.0%;四是氮磷钾配合施用。钾的肥效在氮、磷配合下,才能充分发挥出来。五是推广秸秆还田。作物秸秆还田对增加土壤钾素有效措施。六是水肥一体化冲施。设施农业将肥料溶于水后施肥灌水同步进行,大大提高了肥料的利用率。

(四)提高对钾肥投入的认识

钾肥的肥效一定要满足作物氮、磷营养的基础上才能显现出来;土壤速效钾的丰缺标准会随着作物产量的提高和氮、磷化肥用量的增加而变化。

第五节　耕地土壤微量元素营养

土壤微量元素指土壤中含量很低的化学元素,其含量范围百万分之几到十万分之几,一般不超过千分之几,根据植物的生长发育有着密切关系,并通过对植物的影响,进而影响到动物和人类的生理功能。

土壤微量元素的形态,一般分为5类,有水溶性的,弱交换剂可交换性的、强交换剂可交换性的次生矿物中的以及原生矿物中的。其中3类可为植物吸收利用,合称为有效态微量元素。

表4-38　宁夏粮食作物土壤(0~20 cm)有效态微量元素分级标准

元素	分级指标/(mg·kg⁻¹)						<临界值
	Ⅵ很低	Ⅴ较低	Ⅳ低	Ⅲ中等	Ⅱ高	Ⅰ很高	
锌	<0.3	0.3~0.5	0.5~1.0	1.0~2.0	>2.0		0.5
锰		<3.0	3.0~7.0	7.0~9.0	9.0~15.0	>15.0	7.0
铜	<0.2	0.2~0.5	0.5~1.0	1.0~2.0	2.0~3.0	>3.0	0.5
铁	<2.5	2.5~5.0	5.0~10.0	10.0~25.0	25.0~40.0	>40.0	5,10.0
硼		<0.25	0.25~0.5	0.5~1.0	1.0~2.5	>2.50	0.5
钼	<0.05	0.05~0.1	0.10~0.15	0.15~0.20	0.20~0.30	>0.3	0.10

一、耕地土壤微量元素含量及发布特征

从表4-39可看出,青铜峡市耕地土壤0~20 cm土壤有效态微量元素平均含量,按照粮食作物划分标准划分,全市耕地土壤微量元素均在中等水平以上。其中有效锌、有效锰为中等水平,有效铁、有效铜、有效硼、有效钼达到高含量水平,故青铜峡市耕地土壤微量元素属于中等以上丰富水平,按照农作物对微量元素平需要临界值评价,均高于临界值。

表4-39 青铜峡市耕地(0~20 cm)有效态微量元素含量统计表

项目	有效铁/ (mg·kg^{-1})	有效锌/ (mg·kg^{-1})	有效锰/ (mg·kg^{-1})	有效铜/ (mg·kg^{-1})	有效硼/ (mg·kg^{-1})	有效钼/ (mg·kg^{-1})
样本数	368	368	368	368	368	296
平均值	37.01	1.06	7.97	2.92	1.10	0.30
最大值	173.20	3.34	22.7	7.58	3.78	0.82
最小值	7.30	0.07	1.20	0.52	0.20	0.01
标准差	23.42	0.51	1.90	0.91	0.52	0.16
变异系数	66.78	48.69	23.96	32.79	46.30	59.57

二、耕地土壤有效铜(Cu)

(一)青铜峡市耕地有效铜(Cu)含量及其分布特征

青铜峡市耕地土壤有效铜含量平均值(表4-40)为2.92 mg/kg,全市各镇以陈袁滩镇耕地有效铜含量最高,为3.52 mg/kg,比全市平均值高0.61 mg/kg,其次是小坝镇、瞿靖镇、大坝镇和叶盛镇,分别比全市平均值高0.49 mg/kg、0.41 mg/kg、0.15 mg/kg和0.08 mg/kg。邵岗镇耕地土壤有效铜平均含量与全市平均值持平。青铜峡镇和峡口镇耕地土壤有效铜均比全市平均值低,分别低1.07 mg/kg和0.63 mg/kg。

(二)青铜峡市耕地土壤有效铜含量评价

依据宁夏粮食作物耕地土壤有效铜含量分级标准,青铜峡市共分为6个级别。按照分级丰缺指标,青铜峡市耕地土壤有效铜含量丰缺分级如表4-41。

表 4-40　青铜峡市耕地有效铜(Cu)特征值统计

乡镇	样本数/个	平均值/ (mg·kg⁻¹)	最大值/ (mg·kg⁻¹)	最小值/ (mg·kg⁻¹)	标准差/ (mg·kg⁻¹)	变异系数/ %
陈袁滩镇	19	3.52	5.63	2.26	0.75	21.19
大坝镇	68	3.07	5.69	1.18	0.86	27.92
瞿靖镇	62	3.33	7.58	2.10	1.01	30.42
青铜峡镇	23	1.85	4.00	0.89	0.96	51.65
邵岗镇	49	2.92	5.32	0.52	1.33	45.73
峡口镇	32	2.29	4.65	0.55	0.92	40.09
小坝镇	56	3.41	6.03	1.74	0.83	24.43
叶盛镇	59	3.00	4.62	1.76	0.63	20.89
全市	368	2.92	7.58	0.52	0.91	32.79

表 4-41　青铜峡市耕地有效铜样本分级统计表

级别/ (mg·kg⁻¹)	Ⅵ很低 <0.2	Ⅴ较低 0.2~0.5	Ⅳ低 0.5~1.0	Ⅲ中等 1.0~2.0	Ⅱ高 2.0~3.0	Ⅰ很高 >3.0	<临界值 0.5
样本数/个	0	3	11	107	137	110	3
比例/%	0	0.82	2.99	29.08	37.23	29.89	0.82

全市平均值 2.92 mg/kg，属于"高"；"低"和"较低"的共 14 个样本，占 3.80%；"中等"的 107 个样本，占 29.08%；"高"和"很高"的 247 个样本，占 67.12%；临界值以上的样本 365 个，占 99.18%。青铜峡市耕地土壤有效铜含量为较丰富。

(三)耕地土壤有效铜调控

一般认为，土壤有效铜含量小于 0.5 mg/kg，属于土壤缺铜的临界值。针对土壤缺铜，通过施用铜肥进行调控。

目前常用的铜肥为硫酸铜，水溶性好，价格便宜，但它含有吸湿水，不宜与大量营养元素肥料混配。由于铜在土壤中移动性小，撒施时必须耕翻混入土中才有良好效果,在干旱条件下尤为注意。推荐施铜量为 0.22~1 kg/666.7 m²,具体依土壤性质、土壤有效铜含量及作物需求而定。沙性土壤用量少些,防止铜过量中毒;有效铜含量低的土壤,对缺铜敏感的作物用量大些。

土壤施用有明显的长期后效,其后效可维持 6~8 年甚至 10 年,依施用量与土壤性质而定,一般为每 4~5 年施用 1 次。

三、耕地土壤有效铁(Fe)

(一)青铜峡市耕地有效铁(Fe)含量及其分布特征

从表 4-42 可看出,青铜峡市耕地土壤有效铁含量平均值为 37.01 mg/kg,全市各镇以陈袁滩镇耕地土壤有效铁含量最高,为 47.50 mg/kg,比全市平均值高 10.49 mg/kg;其次是小坝镇有效铁含量为 45.19 mg/kg,比全市平均值高 8.18 mg/kg;瞿靖镇、大坝镇和叶盛镇,有效铁平均含量分别比全市平均值高 3.33 mg/kg、0.38 mg/kg 和 2.21 mg/kg。邵岗镇、青铜峡镇和峡口镇耕地土壤有效铁均比全市平均值低,分别低 3.20 mg/kg、12.7 mg/kg 和 8.69 mg/kg。

表 4-42 青铜峡市耕地有效铁(Fe)特征值统计

乡镇	样本数/个	平均值/(mg·kg⁻¹)	最大值/(mg·kg⁻¹)	最小值/(mg·kg⁻¹)	标准差/(mg·kg⁻¹)	变异系数/%
陈袁滩镇	19	47.50	96.60	24.80	20.06	42.23
大坝镇	68	37.39	103.20	7.30	19.20	51.36
瞿靖镇	62	40.34	173.20	17.00	28.92	71.68
青铜峡镇	23	24.33	118.80	14.80	26.99	110.92
邵岗镇	49	33.81	131.50	13.50	24.34	72.00
峡口镇	32	28.32	83.20	8.20	22.02	77.75
小坝镇	56	45.19	129.60	11.60	25.74	56.96
叶盛镇	59	39.22	103.20	14.50	20.12	51.31
全市	368	37.01	173.20	7.30	23.42	66.78

(二)青铜峡市耕地土壤有效铁含量评价

依据宁夏粮食作物耕地土壤有效铁含量分级标准,青铜峡市共分为6个级别。按照分级丰缺指标,青铜峡市耕地土壤有效铁含量丰缺分级如表4-43。

表4-43 青铜峡市耕地土壤有效铁样本分级统计表

级别/ (mg·kg^{-1})	Ⅵ很低	Ⅴ较低	Ⅳ低	Ⅲ中等	Ⅱ高	Ⅰ很高	*<临界值
	<2.5	2.5~5.0	5.0~10.0	10.0~25.0	25.0~40.0	>40.0	5.0
样本数/个	5	10	13	138	95	107	15
比例/%	1.36	2.72	3.53	37.5	25.82	29.08	4.08

全市平均值37.01 mg/kg,属于"高";"低"和"较低"的共23个样本,占6.25%;"中等"的138个样本,占37.50%;"高"和"很高"的202个样本,占54.89%;临界值以上的样本353个,占95.92%。青铜峡市耕地土壤有效铁含量为较丰富。

(三)耕地土壤有效铁的调控

1. 作物缺铁状况

宁夏耕地为石灰性碱性土壤,加之干旱少雨的土壤氧化条件,土壤中的铁易形成难溶性化合物而降低其生物学有效性,致使作物缺铁而产生的黄化病经常发生,涉及的作物种类较多。缺铁黄化病直接影响着作物的生长发育、产量及品质。宁夏缺铁黄化病主要发生在对缺铁敏感的苹果、梨、桃树、草莓、大豆等作物上,单子叶植物如小麦、玉米等很少缺铁,其原因是它们的根可分泌一种能螯合铁的有机物—麦根酸,活化土壤中的铁,增加对铁的吸收利用。由于铁在植物体内难移动,又是叶绿素形成的必需元素,所以缺铁常见的症状是幼叶失绿症。开始时叶色变淡,进而叶脉间失绿黄化,叶脉仍保持绿色。缺铁严重时整个叶片变白,并出现坏死的斑点。

2. 铁肥类型及合理施用技术

一般认为,土壤缺铁的临界含量为4.5 mg/kg,有效铁低于4.5 mg/kg时,即表现缺铁;低于 2.5 mg/kg 时,属于严重缺铁。

铁肥类型:铁肥可分为无机铁肥、有机铁肥两大类。硫酸亚铁和硫酸铁是常用的无机铁肥。有机铁肥包括络合、螯合、复合有机铁肥,如乙二胺四乙酸(EDTA)、二乙酰三胺五醋酸铁(DTPAFe)、羟乙基乙二胺三乙酸铁(HEEDTAFe)等,这类铁肥可适用的 pH、土壤类型范围广,肥效高,可混性强。但其成本高,售价高,多用作叶面喷施或叶肥制剂。柠檬酸铁可提高土壤铁的溶解吸收,促进土壤钙、磷、铁、锰、锌的释放,提高铁的有效性。

铁肥施用方法及注意问题:铁肥在土壤中易转化为无效铁,其后效弱。因此,每年都应向缺铁土壤施用铁肥。以无机铁肥为主,即七水硫酸亚铁,施用量为 1.5~3 kg/666.7 m^2。

根外施铁肥,以无机铁肥为主,其用量小,效果好。螯合铁肥、柠檬酸铁类有机铁肥价格较高,土壤施用成本高,其主要用于根外施肥,即叶面喷施或茎秆钻孔施用。果树类可采用叶片喷施,吊针输液及树干钉铁钉或钻孔置药法。

叶面喷施是最常用的校正植物缺铁黄化病的高效方法,也就是采用均匀喷雾的方法将含铁营养液喷到叶面上,其可与酸性农药混合喷施。叶面喷施铁肥的时间一般选在晴朗无风的 16:00 以后,喷施后遇雨应在天晴后再补喷 1 次。无机铁肥随喷随配,肥液不宜久置,以防氧化失效。叶面喷施铁肥的浓度一般为 5~30 g/kg,可以酸性农药混合喷施。单喷铁肥时,可在肥液中加入尿素或表面活性剂,以促进肥液在叶面的附着及铁素的吸收。由于叶面喷施肥料持效期短,因此,果树或长生育期作物缺铁矫正时,每半月左右喷施 1 次,连喷 2~3 次,可起到良好的效果。

通过吊针输液向树皮输含铁营养液。树干钉铁钉是将铁钉直接钉入树干,其缓慢释放供铁,效果较差。钻孔置药法是在茎秆较为粗大的果树茎秆上钻孔置入颗粒状或片状有机铁肥。

土施铁肥与生理酸性肥料混合使用能起到较好的效果,如硫酸亚铁和硫酸钾造粒合施肥效明显高于各自单独施用的肥效之和。

浸种和种子包衣,对于易缺铁作物种子或缺铁土壤上播种,用铁肥浸种和包衣可矫正缺铁症。浸种溶液浓度为 1 g/kg 硫酸亚铁,包衣剂铁含量为 100 g/kg。

滴灌铁肥,对于具有喷灌和滴灌设备的农田缺铁防治和矫正,可将铁肥加入到灌溉水中,随水滴到作物根系,效果良好。

四、耕地土壤有效锌(Zn)

(一)青铜峡市耕地有效锌(Zn)含量及其分布特征

从表4-44可看出,青铜峡市耕地土壤有效锌含量平均值为 1.06 mg/kg,全市各镇以小坝镇耕地土壤有效锌含量最高,为 1.33 mg/kg,比全市平均值高0.27 mg/kg;其次是大坝镇和瞿靖镇,分别比全市平均值高 0.21 mg/kg 和 0.07 mg/kg。叶盛镇、陈袁滩镇、青铜峡镇、峡口镇、邵岗镇耕地土壤有效锌均比全市平均值低,分别低 0.05 mg/kg、0.09 mg/kg、0.11 mg/kg、0.12 mg/kg 和 0.15 mg/kg。

表4-44 青铜峡市耕地有效锌(Zn)含量特征值统计

乡镇	样本数/个	平均值/(mg·kg^{-1})	最大值/(mg·kg^{-1})	最小值/(mg·kg^{-1})	标准差/(mg·kg^{-1})	变异系数/%
陈袁滩镇	19	0.97	1.60	0.77	0.21	21.49
大坝镇	68	1.27	3.30	0.42	0.64	50.60
瞿靖镇	62	1.13	2.98	0.41	0.51	45.16
青铜峡镇	23	0.95	2.02	0.22	0.64	67.09
邵岗镇	49	0.91	3.34	0.44	0.57	62.68
峡口镇	32	0.94	2.49	0.29	0.59	62.89
小坝镇	56	1.33	2.84	0.43	0.58	43.70
叶盛镇	59	1.01	2.09	0.07	0.36	35.89
全市	368	1.06	3.34	0.07	0.51	48.69

(二)青铜峡市耕地土壤有效锌评价

依据宁夏粮食作物耕地土壤有效锌含量分级标准，青铜峡市共分为5个级别。按照分级丰缺指标，青铜峡市耕地土壤有效锌含量丰缺分级如表4-45。

表4-45 青铜峡市耕地土壤有效锌样本分级统计表

级别/ ($mg·kg^{-1}$)	V较低 <0.3	IV低 0.3~0.5	III中等 0.5~1.0	II高 1.0~2.0	I很高 >2.0	<临界值 0.5
样本数/个	19	26	149	150	24	45
比例/%	5.16	7.07	40.49	40.76	6.52	12.23

全市平均值1.06 mg/kg，属于"高"；"低"和"较低"的共45个样本，占12.23%；"中等"的149个样本，占40.49%；"高"和"很高"的174个样本，占47.28%；临界值以上的样本323个，占87.77%。青铜峡市耕地土壤有效锌含量为较丰富。

(三)耕地土壤有效锌的调控

一般认为，土壤缺锌的临界含量为0.5 mg/kg时，属于缺锌；低于0.3mg/kg时，属于严重缺锌。土壤缺锌，一般通过施用锌肥进行调控。

1. 锌肥类型

宁夏常用的锌肥包括硫酸锌和氯化锌等。硫酸锌（$ZnSO_4·7H_2O$）含Zn 23%~24%，白色或橘红色结晶，易溶于水。氯化锌（$ZnCl_2$）含Zn 40%~48%，易溶于水。氧化锌（ZnO）含Zn 70%~80%，白色粉末，难溶于水。

2. 施用方法

锌肥可以基施、追施、浸种、拌种、喷施，一般以叶面喷施效果最好。难溶性锌肥宜作基肥施用。追施或基施锌肥均应深施，表施效果较差。叶面喷施锌肥效果较好，用浓度为1%~2%硫酸锌进行叶面喷雾，每隔6~7 d喷1次，喷2~3次。

3. 锌肥施用注意事项

锌肥施用在对锌过敏感作物上效果较好，对锌敏感的作物有苹果、桃、玉米、水稻、花生、大豆、菜豆，其次有马铃薯、番茄、洋葱、甜菜、苜蓿。

施在缺锌土壤上，在缺锌土壤上施用锌肥较好。如果作物早期表现出缺锌症状，可能是早春气温低，微生物活动弱，肥没有完全溶解，秧苗根系活动弱，吸收能力，土壤环境影响导致缺锌，但到后期气温升高，此症状就消失了。

锌肥作基肥隔年施用，锌肥作基肥每亩用 1.33~1.67 kg，要均匀施用，同时隔年施用，因为锌肥在土壤中残效期较长，不必每年施用。

不要与农药一起拌种，每千克种子用硫酸锌 2 kg 左右，以少量水溶解，喷于种子上或浸种，待种子干后，再进行农药处理，否则影响效果。

不要与磷肥混用，因为锌-磷有拮抗作用，锌肥要与干细土或酸性肥料混合施用。施磷肥过多的土壤，由于磷、锌离子间的拮抗作用，易诱发缺锌，即 $Zn^{2+} \rightarrow Zn_3(PO_4)_2 \downarrow$。

五、耕地土壤有效锰（Mn）

（一）青铜峡市耕地土壤锰（Mn）含量及其分布特征

从表 4-46 分析，青铜峡市耕地土壤有效锰含量平均值为 7.97 mg/kg，

表 4-46　青铜峡市耕地有效锰（Mn）含量特征值统计

乡镇	样本数/个	平均值/(mg·kg^{-1})	最大值/(mg·kg^{-1})	最小值/(mg·kg^{-1})	标准差/(mg·kg^{-1})	变异系数/%
陈袁滩镇	19	7.85	12.00	5.90	1.50	19.09
大坝镇	68	7.91	11.90	4.90	1.62	20.47
瞿靖镇	62	8.28	22.70	5.30	2.34	28.23
青铜峡镇	23	6.50	9.60	1.60	1.89	29.01
邵岗镇	49	8.95	14.20	3.10	2.83	31.66
峡口镇	32	6.68	10.30	1.20	1.73	25.93
小坝镇	56	9.97	15.20	5.80	1.93	19.40
叶盛镇	59	7.64	11.80	5.40	1.37	17.93
全市	368	7.97	22.70	1.20	1.90	23.96

全市各镇以小坝镇耕地土壤有效锰含量最高,为 9.97 mg/kg,比全市平均值高 2.00 mg/kg;其次是邵岗镇、瞿靖镇,分别比全市平均值高 0.98 mg/kg 和 0.31 mg/kg。大坝镇、陈袁滩镇、叶盛镇、峡口镇、青铜峡镇耕地土壤有效锰均比全市平均值低,分别低 0.06 mg/kg、0.12 mg/kg、0.33 mg/kg、1.29mg/kg 和 1.47 mg/kg。

(二)青铜峡市耕地土壤有效锰含量评价

依据宁夏粮食作物耕地土壤有效锰含量分级标准,青铜峡市共分为 5 个级别。按照分级丰缺指标,青铜峡市耕地土壤有效锰含量丰缺分级如表 4-47。

表 4-47 青铜峡市耕地有效锰样本分级统计表

级别/ (mg·kg^{-1})	V 较低 <3.0	IV 低 3.0~7.0	III 中等 7.0~9.0	II 高 9.0~15.0	I 很高 >15.0	<临界值 7
样本数/个	0	109	126	131	2	109
比例/%		29.62	34.24	35.60	0.54	29.62

全市平均值7.97 mg/kg,属于"中等";"低"的共 109 个样本,占 29.62%;"中等"的 126 个样本,占 34.24%;"高"和"很高"的 133 个样本,占 36.14%;临界值以上的样本 260 个,占 70.65%。青铜峡市耕地土壤有效锰含量为较丰富。

(三)耕地土壤有效锰的调控

土壤有效锰含量受其成土母质、土壤质地和灌溉施肥种植活动的影响,近年来,随着农作物产量增加和复种指数的提高,从土壤中带走的微量元素也越来越多,而且,氮磷化肥的施用量增加,有机肥施用不足,致使部分土壤缺乏微量元素,有的地块已表现明显的缺素症状。针对土壤缺锰状况,一般是通过施用锰微量元素肥料(锰肥)的方式进行补充。常用的锰肥有硫酸锰、氯化锰、碳酸锰、氧化锰等,在实际施用锰肥时,应注意以下原则。

1. 根据土壤有效锰丰缺程度和作物种类确定施用

根据宁夏粮食作物耕地土壤有效锰含量分级标准,土壤有效锰含量<3.0 mg/kg,为极缺乏;3.0~7.0 mg/kg 为缺乏;7.0~9.0 mg/kg 为较丰富;>9.0 mg/kg

为丰富。当土壤有效锰含量<7.0 mg/kg 时,就应根据种植作物对锰的敏感程度施用锰肥。不同的作物种类,对锰肥的敏感程度不同,需要量也不同。如对锰敏感的作物有豆科作物、小麦、马铃薯、洋葱、菠菜、苹果、草莓等,需求量大;其次是大麦、甜菜、芹菜、萝卜、番茄等,需求量一般;对锰不敏感的作物有玉米、牧草等,需求量则小。

2. 确定合理的施用量和适宜的浓度

只有在土壤严重缺乏锰元素时,才向土壤施用锰肥,因为一般作物对锰的需要量很少,而且从适量到过量的范围很窄,因此,要防止锰肥用量过大。土壤施用时必须均匀施用,否则会引起作物中毒,污染土壤与环境。锰肥可用作基肥和种肥。在播种前结合整地施入土中,或者与氮、磷、钾等化肥混合在一起均匀施入,施用量要根据作物和锰肥的种类而定,一般不宜过大。土壤施用锰肥有后效,一般每隔3~4年施用1次。

3. 改善土壤环境条件

微量元素锰的缺乏,往往不是因为土壤中锰含量低,而是其有效性低,通过调节土壤条件,如土壤 pH、土壤质地、有机质含量、土壤含水量等,可以有效增加土壤有效锰含量。

六、耕地土壤有效硼(B)

(一)青铜峡市耕地有效硼(B)含量及其分布特征

从表4-47分析,青铜峡市耕地土壤有效硼含量平均值为 1.10 mg/kg,全市各镇以小坝镇耕地土壤有效硼含量最高,为 1.42 mg/kg,比全市平均值高 0.32 mg/kg;其次是叶盛镇、瞿靖镇、大坝镇,分别比全市平均值高 0.18 mg/kg、0.13 mg/kg 和 0.05 mg/kg。峡口镇平均值与全市平均值持平;青铜峡镇、陈袁滩镇、邵岗镇均低于全市平均值,邵岗镇最低,分别低 0.06 mg/kg、0.29 mg/kg、0.33 mg/kg。

表 4-48 青铜峡市耕地有效硼(B)含量特征值统计

乡镇	样本数/个	平均值/(mg·kg⁻¹)	最大值/(mg·kg⁻¹)	最小值/(mg·kg⁻¹)	标准差/(mg·kg⁻¹)	变异系数/%
陈袁滩镇	19	0.81	1.17	0.49	0.20	25.19
大坝镇	68	1.15	3.08	0.44	0.51	44.19
瞿靖镇	62	1.23	3.73	0.43	0.79	64.63
青铜峡镇	23	1.04	2.60	0.52	0.70	66.66
邵岗镇	49	0.77	1.92	1.92	0.33	43.01
峡口镇	32	1.10	2.15	0.20	0.48	43.98
小坝镇	56	1.42	3.78	0.55	0.59	41.76
叶盛镇	59	1.28	2.98	0.50	0.52	40.97
全市	368	1.10	3.78	0.20	0.52	46.30

(二)青铜峡市耕地土壤有效硼含量评价

依据宁夏粮食作物耕地土壤有效硼含量分级标准,青铜峡市共分为 5 个级别。按照分级丰缺指标,青铜峡市耕地土壤有效锰含量丰缺分级详见表 4-49。

表 4-49 青铜峡市耕地土壤有效硼样本分级统计表

级别/(mg·kg⁻¹)	V 较低 <0.25	Ⅳ 低 0.25~0.5	Ⅲ 中等 0.5~1.0	Ⅱ 高 1.0~2.5	Ⅰ 很高 >2.50	<临界值 0.5
样本数/个	1	34	164	165	4	35
比例/%	0.27	9.24	44.57	44.84	1.09	9.51

全市平均值 1.10 mg/kg,属于"中等";"低"的共 35 个样本,占 9.51%;"中等"的 164 个样本,占 44.57%;"高"和"很高"的 165 个样本,占 44.86%;临界值以上的样本 333 个,占 90.49%。青铜峡市耕地土壤有效硼含量为较丰富。

(三)耕地土壤有效硼的调控

一般认为,土壤缺硼的临界含量为 0.5 mg/kg。土壤水溶性硼含量<0.5 mg/kg 时,属于缺硼;<0.25 mg/kg 时,属于严重缺硼。针对土壤缺硼的情况,一般通过

施用硼肥进行调控。

1. 针对作物对硼的反应施用硼肥

不同作物的需硼量不同。一般来说，双子叶作物比单子叶植物高，多年生植物需硼量比一年生植物高，谷类作物一般需硼较少。作物对硼缺乏敏感性不同，需硼量大的作物一般对硼比较敏感，甜菜是敏感性最强的作物之一；各种十字花科作物，如萝卜、油菜、甘蓝、花椰菜等需硼量高，对缺硼敏感；果树中的苹果对缺硼也特别敏感。作物体内硼的浓度一般在 2~100 mg/kg，<10 mg/kg 作物可能缺硼；如果>200 mg/kg，则有可能出现中毒现象，因此硼肥的施用要因土壤、因作物而异，根据土壤硼的含量和作物种类确定是否施用硼肥以及施用量。

2. 因土而宜、因肥而宜

硼在石灰性土壤上有效性较低，因此，为了提高肥料的有效性，在石灰性土壤上，硼肥适宜作为根外追肥进行沾根、喷施(不宜拌种)。我区常用的硼肥有硼酸(H_3BO_3)、硼砂($Na_2B_4O_7 \cdot 10H_2O$)。硼酸(含硼 17%)易溶于水，适宜根外追肥；硼砂(含硼 11%)，易溶于热水，适宜根外追肥，也可作基肥。

3. 控制用量、均匀施用

相对而言，作物对硼需求总量是相对较少的。硼的供应过多，可能会对作物产生毒害，因此在硼肥的施用上，要严格控制用量，避免过量。由于硼肥用量较少，作为基肥施用时，要力求达到均匀施用，可与氮肥和磷肥混合施用，也可单独施用；单独施用时必须均匀，最好与干土混匀后施入土壤。

在土壤缺硼的情况下，每亩施用 0.13~0.2 kg 硼，一般基肥每亩施用硼砂 0.5 kg 左右，基肥有一定的后效，施用一次一般可持续 3~5 年。根外追肥也要浓度适宜，叶面喷施浓度为 0.1%~0.25%，常用浓度为 0.05%~0.2%的硼砂或硼酸。

土壤溶液中硼的浓度从短缺至毒之间跨度很窄，过多易造成毒害——叶缘最易积累，出现规则黄边，称"金边菜"，老叶中毒更重。因此对硼肥的用量和施用技术应特别注意,以免施用过量造成中毒。

第六节 耕地土壤其他理化性质

一、耕地土壤 pH

土壤中存在各种化学和生物反应、表现出不同的酸性和碱性。土壤之所以有酸碱性,是因为在土壤中存在少量的氢离子和氢氧离子。土壤酸碱度通常用 pH 表示,土壤 pH 取决于土壤溶液中氢离子的浓度,pH<7 为酸性反应,pH>7 为碱性性反应。

表 4-50 土壤酸碱性与 pH 对应关系

土壤 pH	<4.5	4.5~5.5	5.5~6.5	6.5~7.5	7.5~8.5	8.5~9.5	>9.5
土壤酸碱性	极强酸性	弱酸性	酸性	中性	碱性	弱碱性	极强碱性

(一)青铜峡市耕地土壤 pH 分布特征

从表 4-51 可看出,自 2010—2019 年青铜峡市耕地 0~20 cm 土壤 pH 变化不大,平均为 8.2~8.5。

表 4-51 青铜峡市耕地土壤(0~20 cm)pH 含量统计表

区域	样本数/个	平均值	最大值	最小值	标准差	变异系数/%
2010 年(耕地地力评价)	2 611	8.46	9.0	7.6	0.28	3.30
2019 年(耕地质量提升)	258	8.19	8.83	7.8	0.19	2.32

(二)不同乡镇耕地土壤 pH 变化特征

青铜峡市耕地土壤 pH 最高的乡镇是瞿靖镇,其次是邵岗镇和大坝镇,较低的是峡口镇、青铜峡镇,最低的是陈袁滩镇;耕地土壤 pH 变异较小的乡镇是邵岗镇、大坝镇,变幅较大乡镇为瞿靖镇和峡口镇;高于青铜峡耕地土壤 pH 乡镇占 50%;耕地土壤 pH 最大值在瞿靖镇,最小值在小坝镇。

表 4-52　青铜峡市各乡镇耕地土壤(0~20 cm)pH 含量统计表

区域	样本数/个	最大值	最小值	平均值	标准差	变异系数/%
大坝镇	84	8.55	7.89	8.14	0.14	1.71
叶盛镇	48	8.46	7.95	8.13	0.12	1.48
小坝镇	33	8.68	7.8	8.18	0.21	2.54
峡口镇	3	8.49	7.98	8.21	0.21	2.57
邵岗镇	12	8.42	8.28	8.36	0.04	0.49
瞿靖镇	33	8.83	8.03	8.37	0.26	3.09
陈袁滩镇	21	8.33	7.87	8.1	0.14	1.69
青铜峡镇	24	8.43	7.86	8.2	0.16	1.92
青铜峡市	258	8.83	7.8	8.19	0.19	2.32

(三)不同耕地土壤类型 pH 分布特征

从表 4-53 可看出,青铜峡市 5 个耕地土壤类型中,灰钙土土壤 pH 最高,其次是新积土、灌淤土,潮土、风沙土。

表 4-53　青铜峡市耕地土壤类型(0~20 cm)pH 含量统计表

土类	样本数/个	最大值	最小值	平均值	标准差	变异系数/%
潮土	60	8.55	7.89	8.12	0.16	1.92
风沙土	3	8.19	8.14	8.17	0.02	0.29
灌淤土	162	8.83	7.80	8.20	0.20	2.43
灰钙土	24	8.42	8.28	8.36	0.04	0.49
新积土	9	8.43	8.15	8.28	0.12	1.44
青铜峡市	258	8.83	7.80	8.19	0.19	2.32

(四)青铜峡市耕地土壤 pH 变化特点

青铜峡市各镇耕地土壤 pH 相对变化范围不大,变化区间基本一致。根据

2011—2015年调查2 611个样本数进行统计分析,青铜峡市耕地土壤pH主要分布在7.6~8.5,样本数1 590个,占全市总样本数的60.9%;pH 8.6~9.0,样本数964个,占全市总样本数的36.9%;pH≥9.0,样本数57个,占全市总样本数的2.2%。

二、青铜峡耕地土壤易溶盐含量及分布特征

(一)青铜峡市耕地土壤全盐含量及分布特征

表4-54 青铜峡市历年耕地土壤(0~20 cm)易溶盐含量统计表

	样本数/个	最大值/($g \cdot kg^{-1}$)	最小值/($g \cdot kg^{-1}$)	平均值/($g \cdot kg^{-1}$)	标准差/($g \cdot kg^{-1}$)	变异系数/%
2010年	2 946	12.8	0.1	0.82	0.76	92.11
2015年	1 970	5.39	0.17	0.73	0.47	64.70
2019年	253	1.97	0.13	0.56	0.32	56.61

通过表4-54分析,青铜峡市耕地土壤0~20 cm土壤水溶性盐平均含量自2010—2019年趋于降低。2019年全市耕地土壤水溶性盐为0.58g/kg,与2010年相比下降了0.26 g/kg,同比下降了31.71%,年均下降3.17%;由此说明近十年来,全市高标准农田建设、千亿斤粮食项目的实施以及测土配方施肥、耕地质量提升与化肥减量增效等项目的建设实施,有力地促进了耕地质量的提升建设,土壤盐渍化得到有效控制。

(二)不同乡镇耕地土壤全盐含量及分布特征

从表4-55可看出,耕地土壤平均全盐最高的乡镇是叶盛镇,其次是青铜峡镇;土壤全盐平均含量较低的乡镇依次是小坝镇、大坝镇、陈袁滩镇瞿靖镇、峡口镇、邵岗镇;耕地土壤全盐含量变异较小的乡镇是峡口镇、瞿靖镇;变幅较大乡镇为大坝镇和邵岗镇;高于全市耕地土壤平均全盐量乡镇占25%,低于乡镇占75%;青铜峡市各乡镇耕地土壤全盐变幅不大,这也表明近年来青铜峡市高标准农田建设水平较高,灌排条件较好,土壤盐渍化得到有效控制。

表 4-55　青铜峡市各乡镇耕地土壤(0~20 cm)易溶盐含量统计表

区域	样本数/个	最大值/($g \cdot kg^{-1}$)	最小值/($g \cdot kg^{-1}$)	平均值/($g \cdot kg^{-1}$)	标准差/($g \cdot kg^{-1}$)	变异系数/%
大坝镇	83	1.97	0.13	0.52	0.32	60.97
叶盛镇	48	1.56	0.25	0.79	0.37	46.32
小坝镇	32	1.37	0.26	0.55	0.27	49.67
峡口镇	3	0.57	0.26	0.43	0.13	29.81
邵岗镇	12	0.86	0.19	0.35	0.19	54.75
瞿靖镇	33	0.93	0.27	0.47	0.18	39.34
陈袁滩镇	21	1.07	0.26	0.50	0.22	43.64
青铜峡镇	21	1.90	0.34	0.72	0.32	44.35
青铜峡市	253	1.97	0.13	0.56	0.32	56.61

(三)不同耕地土壤类型盐分含量及分布特征

从表 4-56 中得知，青铜峡市 5 个土壤类型中潮土土类耕地土壤全盐含量最高；低于全市平均含盐量的土类依次是灌淤土、新积土、风沙土及灰钙土。

表 4-56　青铜峡市耕地土壤类型(0~20 cm)全盐含量统计表

土类	样本数/个	最大值/($g \cdot kg^{-1}$)	最小值/($g \cdot kg^{-1}$)	平均值/($g \cdot kg^{-1}$)	标准差/($g \cdot kg^{-1}$)	变异系数/%
潮土	59	1.97	0.13	0.71	0.41	57.77
风沙土	3	0.62	0.29	0.40	0.16	38.89
灌淤土	162	1.56	0.25	0.52	0.26	50.17
灰钙土	22	0.86	0.19	0.35	0.19	54.75
新积土	7	1.01	0.23	0.48	0.18	37.50
青铜峡市	253	1.97	0.13	0.56	0.32	56.61

(四)青铜峡市耕地易溶盐含量变化特点

1.灌区土壤易溶盐含量变化特点

青铜峡市灌溉农田土壤表土含盐量的变化与种植作物、灌水、施肥和气候

都有密切关系。基本上划分为4个时期:

(1)春季蒸发积盐期

3月初气温回升,冻层开始自上而下逐步融解,至夏灌前(冻层未融通前)形成滞水层,其水分60%~75%消耗于蒸发,盐分也迅速随着积累于地表。4月上旬冻层融通,地下水直接参与土壤盐渍过程。此时蒸发十分强烈,水盐上行,土壤处于积盐极盛期。

(2)夏灌后淋溶脱盐(压盐)期

5月初灌水至夏灌停。灌水后,土壤水以重力水下降,水盐下行。由于灌水,地下水位普遍上升,除二水与三水间隙内盐分有较明显增加外,总的趋势是土壤处于淋溶脱盐(压盐)阶段。

(3)秋季积盐期

夏灌停止至冬灌前。夏收后,地表裸露,气温增高,蒸发旺盛,地表盐分普遍增加。秋收后,紧接着灌白露水,灌后耙糖、防盐保墒。这一时期仍以积盐为主,但变化幅度较小。

(4)冬灌后相对稳定期

10月下旬至11月中旬冬灌后开始结冻至翌年2月底解冻前。结冻期水盐有向冻层移动的趋向,但总的趋势是土壤盐分处于相对稳定时期。

2. 土壤盐分组成

青铜峡市耕地土壤盐分主要由3种阴离子,即HCO_3^-、SO_4^{2-}、Cl^-和4种阳离子,即K^+、Na^+、Ca^{2+}、Mg^{2+}组成。但各种离子含量的差异性表现较为明显,这种差异与土壤全盐含量有着密切的相关性(见表4-57)。

3. 耕地土壤剖面盐分变化特点

青铜峡市灌区土壤的盐渍化是剖面中、下部的盐分(包括地下水中的盐分),通过地下水毛管上升作用,随着水分的不断蒸发,盐分则聚于地表或土层内,从而形成所谓盐化层的结果。根据各级盐渍区不同土层的含盐量统计,春灌前的含盐量以表土层(0~20 cm)最高,表土层以下盐分含量下降,除重盐渍

表 4-57 青铜峡市耕地土壤盐分组成

地点	送样编号	0~20 cm 土样	全盐/(g·kg⁻¹)	阴离子				阳离子			
				CO_3^{2-} Cmol($1/2CO_3^{2-}$)/kg	HCO_3^- Cmol(HCO_3^-)/kg	SO_4^{2-} Cmol($1/2SO_4^{2-}$)/kg	Cl^- Cmol(Cl^-)/kg	K^+ Cmol(K^+)/kg	Na^+ Cmol(Na^+)/kg	Ca^{2+} Cmol($1/2Ca^{2+}$)/kg	Mg^{2+} Cmol($1/2Mg^{2+}$)/kg
沙湖	A181	盐结皮	1.35	5.20	6.86	410.90	1.57	14.17	191.30	10.50	208.50
	A179	蓬松层	0.52	0.42	0.94	32.90	14.70	4.05	23.31	1.55	20.05
	A180	蓬松层下	0	0.21	0.83	3.90	1.18	1.29	2.37	0.38	2.08
	A178	混合	3.52	0.00	0.73	6.85	1.47	1.58	2.99	0.74	3.74
正闸	A182	盐结皮	0.41	0.00	0.68	130.80	122.50	1.70	114.53	11.75	126.00
	A183	蓬松层	0.46	0.00	0.36	31.30	33.30	1.00	25.46	8.40	30.10
	A185	蓬松层下	7.63	0.00	0.42	3.38	3.14	0.28	2.92	1.04	2.70
	A184	混合	0.6	0.00	0.31	8.89	5.49	0.51	5.00	2.36	6.82
玉西	A186	盐结皮	0	0.21	0.73	144.70	109.80	5.59	143.85	14.00	92.00
	A187	蓬松层	0	0.00	0.42	127.00	1.96	3.05	59.93	12.00	54.40
	A188	蓬松层下	0.53	0.00	0.35	5.73	1.79	1.04	2.25	2.34	2.24
平均值			0.37	0.88	80.22	29.46	2.77	53.40	6.86	47.89	

区外,心底土的全盐均低于 1.0 g/kg(部分黏土层例外)。在心底土层中,又以 50~100 cm 层段的含盐量最低;50 cm 以上盐分显著增加;100 cm 以下盐分也有增加的趋势。不同盐渍区的土壤含盐量,以表土层差异最大,向下差异逐渐减少,但是直至底土层(100~180 cm),仍存在一定的差异,而且随着盐渍区的加重差异更为显著。这表明盐分在剖面中的分布,上下土层有其相互过渡的内在联系,一般非盐渍区的表土全盐量为 50~100 cm 土层全盐量的 2.5 倍左右,而中、重盐渍区则在 4.5~5 倍。

(五)防治土壤盐渍化主要措施

1. 加强排水,降低地下水位

健全排水系统,合理布局排水系统。青铜峡市地处引黄灌区中上部,排水条件好,只要田间工程配套,布局合理,完全能够以自流排水方式排出地下水,降低地下水位。

2. 平整土地缩小灌面

地表不平是形成盐斑的重要原因之一,应结合农田基本建设,进行大平整,结合常年的耕作,进行经常性的土地平整,保证每一田块内的地面高差不超过 5 cm。灌面过大,一次灌水时间长,浪费水量,造成大量灌溉水的渗漏,抬高地下水位,加重渠道和排水沟的负担。

3. 增施有机肥

以实施"沃土工程"为突破口,大力发展秸秆还田,种植绿肥等农业措施改善土壤环境。

4. 种稻洗盐

在盐化过重不能种植旱作物的地区,可以"开沟种稻",以便对重盐渍化土壤边利用边改良,但前提是开沟排水,至少保证田面明水可以畅通排出。并结合种稻放淤,逐渐澄高田面,以改善排水条件。

第五章　耕地地力评价方法与步骤

按照县域耕地地力评价方法的技术路线及方法，青铜峡市耕地地力评价主要的工作步骤包括收集数据资料及图件资料，筛选审核的力评价数据，建立耕地地力评价数据库，确定评价单元，确定耕地地力评价指标体系，建立其他耕地资源信息系统，形成评价图件成果。2012年青铜峡市完成了首轮县域耕地地力评价工作，2013年进行了耕地地力评价补充调查采样，2016年春季进行了耕地土壤盐渍化调查采样，在此基础上，对其数据进行了筛选和审核，2019年开展了第二轮耕地地力评价工作。

第一节　资料收集与准备

一、软硬件资料收集与整理

（一）软硬件准备

1. 硬件准备

硬件主要包括高档微机、数字仪、扫描仪、喷墨绘图仪等。计算机主要用于数据和图件的处理分析，数字仪、扫描仪图件的输入，喷墨绘图仪用于成果图的输出。

2. 软件准备

一是 Windows 操作系统、Excel 表格数据处理等软件，二是 ArcGIS 等 GIS 软件，三是县域耕地资源管理信息系统。

(二)资料收集

本次耕地地力评价工作收集了与评价有关的各类自然和社会经济因素资料。主要包括参与耕地评价的野外调查资料及分析测试数据、各类基础图件、相关图集资料等,收集获取的资料主要包括有以下几方面。

1. 野外调查资料

野外调查点是从参与县域耕地地力评价的点位获取,主要包括位置、地形地貌、土壤母质、土壤类型、土层厚度、有效土层厚度、耕层厚度、耕层质地、灌溉条件、施肥水平、作物产量等管理措施。

2. 分析化验数据

从筛选好的耕地地力评价点位资料中,获取点位化验数据。主要有土壤有机质、全氮、碱解氮、有效磷、速效钾、全盐、pH,有效铁、锰、铜、锌、有效硼、有效钼等等化验分析资料。

3. 基础及专题图件资料

基础图件资料主要包括青铜峡市 1∶50 000 地形图、行政区划图、土壤图、土地利用现状图、灌排分区图、土壤盐渍化图、调查取样图等。其中,土壤图、行政区划图、土地利用现状图、土壤盐渍化图等主要用于生成评价单元。调查采样图、灌排分区图等主要用于提取评价单元信息,也用于耕地生产能力分析。

4. 其他资料

其他资料主要指数据资料和文本资料。数据资料的收集内容包括青铜峡市农业生产基本情况资料、土地利用现状资料、土壤肥力监测资料等,近年来农业部门单产、总产、种植面积统计资料;近年来耕地肥料用量统计表;文本资料主要包括青铜峡市农业统计年鉴,青铜峡市气象资料、第二次土壤普查报告、土地资源详查资料、测土配方施肥耕地地力评价资料、土地利用总体规划及专题规划、有关耕地利用的科研、专题调查研究等文献资料。

二、评价样点选择、化验分析质量控制和数据审核

评价单元是由对耕地质量具有关键影响的各土地要素组成的空间实体，是土地评价的最基本单位、对象和基础图斑。同一评价单元内的土地自然基本条件、土地的个体属性和经济属性基本一致，不同土地评价单元之间，既有差异性，又有可比性。耕地质量评价就是要通过对每个评价单元的评价，确定其质量等级，把评价结果落实到评价单元上。评价单元划分得合理与否，直接关系到评价的结果以及工作量的大小。

（一）评价指标的选取依据

1. 评价样点选择原则

评价样点须具有广泛的代表性和典型性，兼顾均匀性；尽可能在第二次土壤普查的取样点上布点；采样点具有所在评价单元所表现特征最明显、最稳定、最典型的性质，要避免各种非调查因素的影响。

2. 布点方法

根据农业部和自治区农牧厅要求的 5 000~10 000 亩 1 个土样的采样点密度，以及覆盖到亚类、兼顾水田和水浇地等利用类型、考虑各级耕地质量长期监测点的布点原则，结合当地实际，确定采样点总数量。在各评价单元中，根据图斑大小、种植制度、作物种类、产量水平确定布点数量和点位，并在图上标注采样编号。采样点数和点位确定后，根据土种、种植制度、产量水平等因素，统计各因素点位数。当某一因素点位数过少或过多时进行调整，同时考虑点位的均匀性。按上述方法和要求，青铜峡市确定采样点 78 个，采样点空间分布见图 5-1。

3. 采样与野外调查

（1）采样点基本情况调查

根据室内预定采样点的位置，按行政区划图的区位，通过 GPS 导航，进行实地选择取土地块。如果图上标明的位置在当地不具典型性时，则在实地另选有典型性的地块，并在图上标明准确位置，利用 GPS 定位仪确定经纬度。

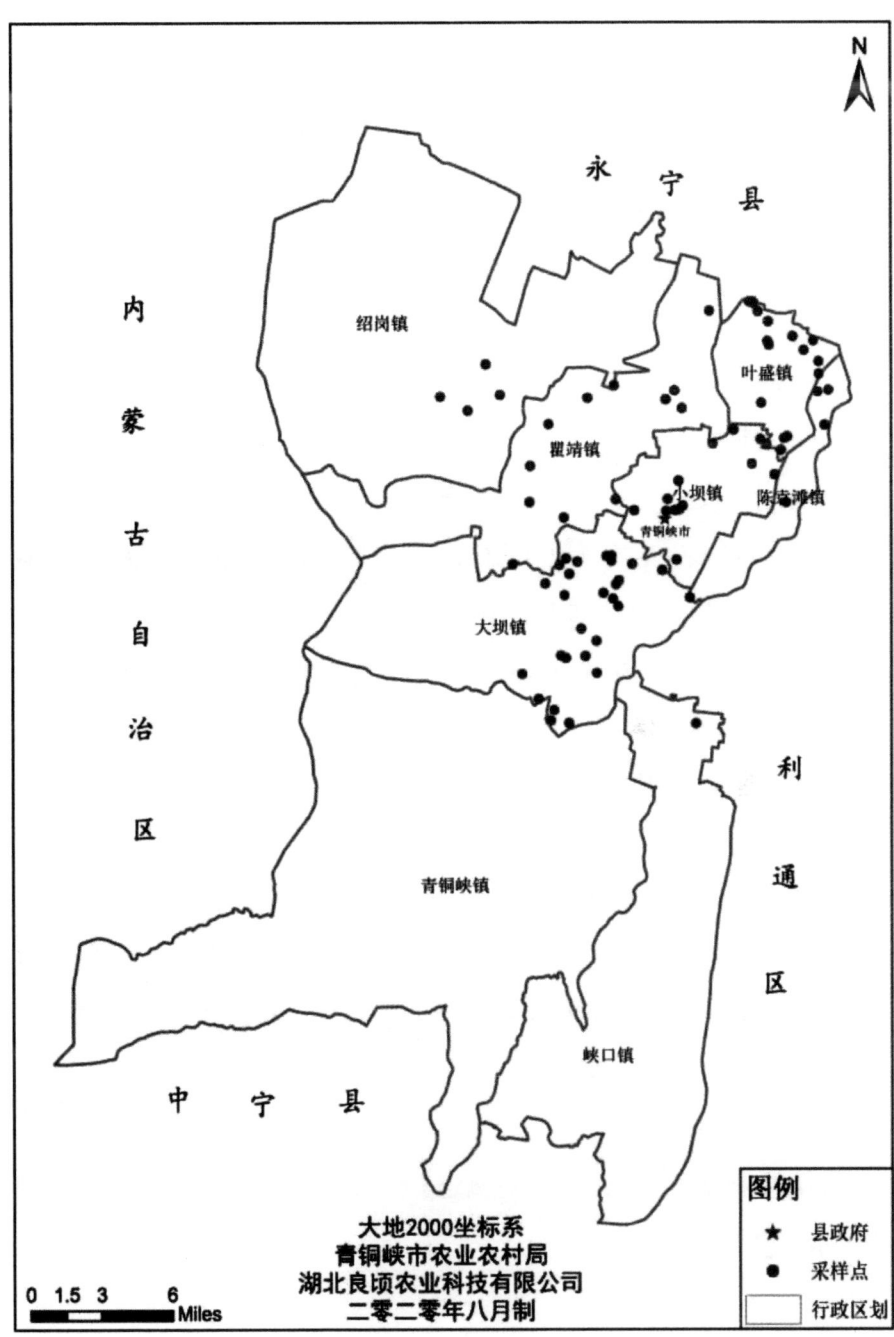

图 5-1 青铜峡市耕地质量等级调查评价采样点分布图

取样点确定后,在所确定的田块进行采样。同时,与采样点户主和当地技术人员交谈,填写调查内容。如野外部分内容把握不准,当天回室内查阅资料,予以完善。

(2)土壤样品的采集

① 采样前准备好采样区域的土壤图、土地利用现状图、行政区划图等,绘制样点分布图,制定采样计划,准备 GPS、采样工具、采样布袋、采样标签、采样调查表等。

② 采样前一是对采样人员进行培训,使采样人员掌握采样方法和要求,了解采样区域农业生产情况,二是对村组干部和技术骨干进行培训;使他们了解耕地地力评价工作的重要性,能配合采样人员进行调查和采样。

③ 在作物收获后或播种前采样,一般在秋收后秋冬播作物播种或移栽前采样。大田样集中在 9 月 5 日到 10 月 15 日进行采集。

④ 耕地地力评价通常采取耕层土样,采样深度一般为 0~20 cm。采样要求多点混合,每个样点取 15~20 个样点。采样时沿着一定的线路,按照"随机""等量"和"多点混合"的原则进行采样。一般采用 S 形布点采样,

(二)化验分析质量控制

1. 分析质量控制程序

质量控制是控制误差的一种手段,其目的是要把检测误差控制在允许限度内,保证检测结果有一定的精密度和准确度,使检测数据在给定的置信水平内,有把握达到所要求的质量。

(1)空白试验值

在测定样品的同时,一次平行测定至少二个空白试验值,平行测定相对偏差一般不得大于 50%。

(2)平行双样

在测定成批样品时,随机抽取 10%~20% 的样品进行平行双样测定。合格率达到 100%,不合格的返工测试;不同批次参比样控制,每批平行 3 次测试同

一参比样,比较前后批次和参比样测定结果,校正系统误差和偶然误差。在每一批次或几批次样品测试中掺插标样测试,比较标样测定结果和标样提供的结果,进行样品测试校正或返工测试,确保试样测试结果的精确度。

(3)加标回收率试验

取 2 份相同的样品,一份加入已知量的标准物,在同一条件下测定其含量,计算加入已知量的回收率,可作为准确度的指标。

(4)质量控制样品的检测

使用质量控制样品每天检测后绘制质量控制图,超出检出限时,应立即停止测定,采取措施,并对上次质量控制样品以后所测定的样品重新测定。保证检验结果的通用性、准确性、可比性。密码样控制,制样时将同一样品制备好后用四分法一分为二,编上统一分析室编号(按序编入不同批次中),按平行误差的 1.5 倍比对密码样两次测定结果的误差,所有密码样的某项目测试合格率达到 90%,即可判断该项目整个测定结果合格。密码样按总样品数的 5%~10%设置。总样数低于一个批次测定样数的可不设置密码样。

(5)校准曲线的绘制及线性检验

按统一标准方法测定绘制在线性浓度范围内的标准曲线,并在样品待检测的期限内反复测定,进行线性检验。

(6)常规监测质量控制

在每一批次或几批次样品测试中掺插标样(或参比样)测试,比较标样测定结果和标样提供的结果,进行样品测试校正或返工测试,确保试样测试结果的精确度。当日常规监测样品测定结果发现异常时,应随机抽取一定数量样品进行重复测定,进一步确证测定数据的可靠性。

(7)检测后的质量控制

样品检测完毕后,必须检查数值是否记录准确,计算有无差错,结果有否复核等。原始记录上应有检验人、校核人、审核人三级签字。技术负责人还应及时对检测结果进行综合审查。

5. 样品分析

青铜峡市耕地质量调查78个监测点采样测定项目主要有pH、全盐、有机质、全氮、碱解氮、有效磷、速效钾、缓效钾、中微量元素锌、铁、硼、钼、锰、铜。

表5-1　土壤样品的分析测试方法

测试分析项目	测试方法
土壤质地	指测法或比重计法测定
土壤有机质	油浴加热重铬酸钾氧化容量法测定
土壤全氮	凯氏蒸馏法测定
土壤碱解氮	碱解扩散法测定
土壤有效磷	碳酸氢铵或氟化铵—盐酸浸提—钼锑抗比色法测定
土壤速效钾	乙酸铵浸提—火焰光度计法测定
土壤缓效钾	硝酸提取—火焰光度计法测定
有效铁、铜、锰、锌	原子吸收光度计法测定
有效硼	沸水浸提—甲亚胺—H比色法测定
有效钼	极谱仪法
全盐量	称量法

6. 样品的检测、复检和质量判定程序

① 坚持检验数据的三级审核。

自核：检验人员对检验过程中的分析数据进行自核，如发现差错，应找出原因，纠正错误或重检，并报告检验组长。

校核：由检验组长组织检验人员对检验数据认真进行互校。如发现差错，应责成原检验人员找出原因，予以纠正或重检，校核发现的差错及其原因，由校核人员写出记录，作为校核人员工作差错率的依据。

复核：由质量保证人对校核的数据进行复核，如发现差错应责成校核人员会同原检验人员分析，查找原因，并采取相应的措施予以纠正或重检，复核出现的差错，由复核人员记入校核人员的差错率。

② 技术负责人对原始记录应坚持"三级审核"和检验报告的审核签发。

③ 质量保证人、技术负责人、检验组长可随时对检验人员的工作质量进行检查。发现检验人员在检验过程中出现错误，应及时令其纠正，对检验人员在测试过程中马马虎虎，不负责任的工作态度应予以批评教育。

(三)数据资料审核处理

数据的准确与否直接关系到耕地地力评价的精度，养分含量分布图的准确性；而且对成果应用的效益发挥有很大影响。为保证数据的可靠性，对青铜峡市耕地地力评价之前。对数据进行认真审核。

1. 筛选数据

按照点位资料代表性、典型性、时效一致性、数据完整性的原则，对青铜峡市农田土壤肥力长期定位监测国控点、自治区监测点和2016年新增耕地质量评价监测点，按照土类和耕地质量评价技术方案要求，从中筛选出点位资料，并进行数据检查和审核。

2. 数据审核

专家对筛选出的数据，从2个方面进行重点审核：一是重点审核养分数据是否异常，作物产量是否符合实际，发现问题及时修改完善。二是按照不同盐渍化等级、不同土壤类型不同土壤肥力等分类检查土壤养分、土壤盐分等数据，剔除异常值。

第二节 评价指标体系建立

一、评价指标的选取依据

GB 2260-2022 《中华人民共和国行政区划代码》

NY/T 1634-2008 《耕地地力调查与质量评价技术规范》

NY/T 2872-2015 《耕地质量划分规范》

NY/T 309-1996 《全国中低产田类型区、耕地地力等级划分规范》

GB/T 17296-2009 《中国土壤分类代码》

《国土资源部土地利用现状变更调查技术规程》

GB/T 13989-1992 《国家基本比例尺地形图分幅与编号》

GB/T 13923-1992 《国家基础信息数据分类与代码》

GB/T 17798-1999 《地球空间数据交换格式》

GB 3100-1993 《国际地位制代码》

GB/T 16831-1997 《地理点位置的维度、经度和高程表示方法》

GB/T 10113-2003 《县以下行政代码编制规则》

GB/T 9648-1988 《国际地位制代码》

GB/T 33469-2016 《耕地质量等级》

《农业部测土配方施肥技术规范》

《农业农村部耕地质量监测保护中心关于印发〈全国耕地质量等级评价指标体系〉的通知》(耕地评价函〔2019〕87号)

《宁夏耕地质量检测调查与评价技术方案》〔宁农(种)发〔2019〕20号〕

二、评价指标的选取方法

根据《耕地质量等级》国家标准确定青铜峡市所属农业区域,根据所属农业区域,对照《全国耕地质量等级评价指标体系》,确定青铜峡市耕地质量等级评价指标、指标权重及隶属函数。

三、评价指标、指标权重及隶属函数

(一)评价指标

青铜峡市属甘新区一级农业区中的蒙宁甘农牧区二级农业区,其中根据分区和标准确定评价指标16个。16个指标分别是地形部位、灌溉能力、盐渍化程度、耕层质地、有机质、排水能力、有效磷、质地构型、障碍因素、农田林网化、有效土层厚、速效钾、地下水埋深、土壤容重、生物多样性、清洁程度。

(二)指标权重

表 5-2　蒙宁甘农牧区

指标名称	指标权重
地形部位	0.149 3
灌溉能力	0.120 7
盐渍化程度	0.075 0
耕层质地	0.072 8
有机质	0.071 5
排水能力	0.067 0
有效磷	0.062 5
质地构型	0.057 1
障碍因素	0.053 5
农田林网化	0.052 8
有效土层厚	0.046 2
速效钾	0.039 3
地下水埋深	0.038 1
土壤容重	0.036 4
生物多样性	0.030 5
清洁程度	0.027 2

(三)指标隶属函数

1. 概念型指标隶属函数

表 5-3　概念型指标隶属函数

地形部位	山间盆地	宽谷盆地	平原低阶	平原中阶	平原高阶	丘陵上部	丘陵中部	丘陵下部	山地坡上	山地坡中	山地坡下
隶属度	0.8	0.85	1	0.9	0.75	0.5	0.7	0.85	0.4	0.6	0.75
耕层质地	砂土	砂壤	轻壤	中壤	重壤	黏土					
隶属度	0.4	0.7	0.9	1	0.8	0.5					

续表

地形部位	山间盆地	宽谷盆地	平原低阶	平原中阶	平原高阶	丘陵上部	丘陵中部	丘陵下部	山地坡上	山地坡中	山地坡下
质地构型	薄层型	松散型	紧实型	夹层型	上紧下松型	上松下紧型	海绵型				
隶属度	0.4	0.4	0.7	0.6	0.5	1	0.9				
生物多样性	丰富	一般	不丰富								
隶属度	1	0.8	0.6								
清洁程度	清洁	尚清洁									
隶属度	1	0.85									
障碍因素	盐碱	瘠薄	酸化	渍潜	障碍层次	无					
隶属度	0.6	0.7	0.65	0.65	0.5	1					
灌溉能力	充分满足	满足	基本满足	不满足							
隶属度	1	0.8	0.6	0.4							
排水能力	充分满足	满足	基本满足	不满足							
隶属度	1	0.8	0.6	0.4							
农田林网化	高	中	低								
隶属度	1	0.85	0.7								
盐渍化程度	轻度	中度	重度	盐土	无						
隶属度	0.9	0.75	0.4	0.3	1						

2. 数值型指标隶属函数

表5-4 数值型指标隶属函数

指标名称	函数类型	函数公式	a值	c值	u的下限值	u的上限值
有机质	戒上型	$y=1/[1+a(u-c)^2]$	0.001 245	39.976 682	2.0	39.0
有效磷	戒上型	$y=1/[1+a(u-c)^2]$	0.001 293	41.023 703	2.0	40.0
速效钾	戒上型	$y=1/[1+a(u-c)^2]$	0.000 021	315.812 898	20	315
土壤容重	峰型	$y=1/[1+a(u-c)^2]$	6.390 020	1.310 488	0.50	2.00

续表

指标名称	函数类型	函数公式	a 值	c 值	u 的下限值	u 的上限值
有效土层厚	戒上型	$y=1/[1+a(u-c)^2]$	0.000 089	149.661 697	10	145
地下水埋深	戒上型	$y=1/[1+a(u-c)^2]$	0.000 293	56.275 087	0.1	50.0

注:y 为隶属度;a 为系数;u 为实测值;c 为标准指标。当函数类型为戒上型,u 小于等于下限值时,y 为 0;u 大于等于上限值时,y 为 1;当函数类型为峰型,u 小于等于下限值或 u 大于等于上限值时,y 为 0

(四)等级的划分标准

耕地等级以综合指数表示,计算式为:

$$P=\sum(C_i\times F_i)$$

式中,P 为耕地质量综合指数;C_i 为第 i 个评价指标的组合权重;F_i 为第 i 个评价指标的隶属度。

表 5-5 等级的划分标准

耕地质量等级	综合指数范围	耕地质量等级	综合指数范围
一等	≥0.964 0	六等	0.809 0~0.840 0
二等	0.933 0~0.964 0	七等	0.778 0~0.809 0
三等	0.902 0~0.933 0	八等	0.747 0~0.778 0
四等	0.871 0~0.902 0	九等	0.716 0~0.747 0
五等	0.840 0~0.871 0	十等	<0.716 0

(五)区域耕地平均等级

平均等级计算公式如下:

$$\text{评价区域耕地质量平均等级}=\frac{\sum(\text{等级的数值}\times\text{该等级耕地面积})}{\text{评价区域耕地总面积}}$$

第三节　数据库的建立

青铜峡市耕地资源数据库主要划分为基础地理信息数据库和专题信息数据库 2 大类型。基础地理信息库和专题信息数据库又分别包括空间数据库和属性数据库 2 种类型。

一、空间数据库的建立

(一)基础图件入库

对于土壤图、排灌图等纸质的基础图件，采用大幅面扫描仪扫描成电子版，配准后利用 ARCMAP 进行矢量化。矢量化前对图件进行精确性、完整性、现势性的分析，在此基础上对图件的有关内容进行分层处理，根据要求选取入库要素。相应的属性数据采用键盘录入。对于土地利用现状图，可直接入库。采样点位图的生成，可基于审核后的采样调查表，加载到 ARCMAP 中，利用相应方法生成。

(二)坐标变换

GIS 空间分析功能的实现要求数据库中的地理信息以相同的坐标为基础。原始的各种图件坐标系统不一致，如经扫描产生的坐标是一个随机的平面坐标系，不能满足空间分析操作的要求，应转换为统一的大地 2000 坐标。

(三)空间数据质量检查

数字化的几何图形可能存在各种错误，可利用 ARCMAP 提供的点、线、面编辑修改工具，对图件进行各种编辑修改，利用拓扑检查工具，检查修改图件的各种拓扑错误。

二、属性数据库的建立

属性数据库建立于空间数据库的基础之上，需使空间数据库中的每一个图斑均包含属性数据（基本信息数据和评级指标数据）。其中基本信息数据按照"县域耕地资源管理信息系统"的要求对基本信息的相关字段统一命名、统一格式内容、提取有效信息、并进行计算以及平差等工作，使其满足一定的规范，能够通过系统的检验；而评价指标数据则通过以点带面和空间插值等方式，使每一块耕地图斑都具有完整的耕地质量评价指标数据。

三、空间数据和属性数据的连接

空间数据和属性数据之间用唯一标识码来标识和连接。

第四节　耕地地力等级评价方法

耕地地力是由耕地土壤的地形地貌条件、成土母质特征、农田基础设施及土壤理化性状等元素构成的耕地生产能力。耕地地力评价是根据耕地地力的基本因子的基础生产能力进行的评价。通过耕地地力评价可以掌握青铜峡市耕地地力状况及分布，摸清影响青铜峡市耕地综合生产能力的主要障碍元素，提出有针对性的对策措施和建议，对进一步加强耕地质量建设与管理，保障国家粮食安全和农产品有效供给具有重要的意义。

一、评价原则与依据

（一）评价原则

1. 针对性原则

鉴于本次评价为现有耕地质量评价，故在评价因素的选择上，主要考虑对农作物生长条件和农业可持续发展有较大影响的因子。

2. 相对性原则

由于不同区域同样的评价指标体系中，其评价因素存在着一定的差异，因此同样是一等地，其相互之间没有太大的可比性。因此，评价结果一方面是地域上的相对性的具体表现；同时，由于农业耕作措施的定向影响作用，评价结果也仅是对一定时段内土地质量高低的相对反映。

3. 综合性与主导性原则

土地质量的高低取决于土壤、地貌、气候、水文等因素的综合作用，只有在对这些因素进行综合分析的基础上，才能找出那些相互间相对独立的主导因素，最终比较准确地完成土地质量等级高低的评价。

4. 科学性原则

参评因素的选择和指标权重的确定都必须建立在对当地自然条件科学认识的基础上，尽量减少主观性影响。

（二）评价依据

《耕地质量等级》（GB/T 33469-2016）国家标准

《农业农村部耕地质量监测保护中心关于印发〈全国耕地质量等级评价指标体系〉的通知》（耕地评价函〔2019〕87号）

二、评价方法与流程

（一）评价方法

根据《耕地质量等级》国标确定评价区域所属农业区域，根据所属农业区域确定耕地质量评价指标，根据《全国耕地质量等级评价指标体系》确定各指标权重、各指标隶属度以及等级划分指数，生成评价单元，对评价单元进行赋值，采用县域耕地资源管理信息系统进行耕地质量等级评价，计算耕地质量综合指数，根据等级划分标准，确定耕地质量等级。

（二）评价流程

整个评价可分为3个方面的主要内容。

1. 资料工具准备及数据库建立

即根据评价的目的、任务、范围、方法，收集准备与评价有关的各类自然及社会经济资料，进行资料的分析处理。选择适宜的硬件平台和GIS等软件，建立耕地质量评价基础数据库。

2. 耕地质量评价

划分评价单元，提取影响质量的关键因素并确定权重，选择相应评价方法，按照评价标准，确定耕地质量等级。

3. 评价结果分析

依据评价结果，计算各等级耕地面积，编制耕地质量等级分布图。分析耕地质量问题，提出耕地资源可持续利用的措施建议。

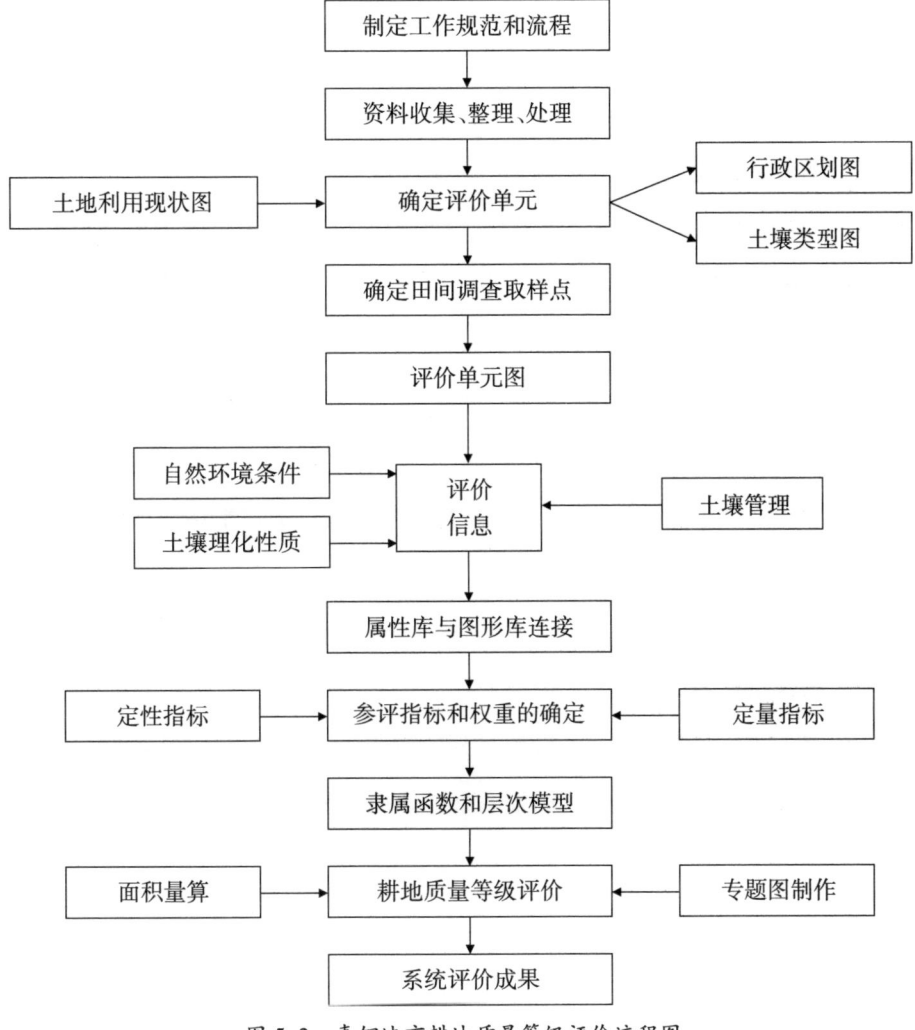

图 5-2 青铜峡市耕地质量等级评价流程图

第五节 耕地土壤养分专题图的编制

一、图件编制步骤

对于耕地土壤有机质、全氮、碱解氮、有效磷、速效钾等养分数据,首先按照野外调查资料进行整理,建立以采样点为记录,以调查测试信息为数据库。在此基础上,进行土壤类型图与分析数据库的连接,进而对各养分进行插值处理,形成插值图件。然后,按照相应的分级标准划分等级,绘制耕地土壤养分分布图。

二、图件差值处理

青铜峡市耕地地力评价土壤养分图件是将所有养分样点数据在 AECGIS 下操作,利用其他空间分析功能中克里金插值方法对养分数据进行插值。经编辑处理后,在布局视图下,编辑输出养分含量图。克里金(Kriging)插值法又称空间自卸方差最佳插值法,它是考虑了信息样点的属性、大小及待估计块段相互间的空间位置等几何特征以及点位的空间结构之后,为达到线性、无偏和最小估计方差而对每一个样点赋予一定系数,最后进行加权平均估计块段数值得方法。

三、图件清绘整饰

对于有机质、土壤养分含量分布等其他专题要素图,按照各要素的不同分级分别赋予相应的颜色、并进行图幅的整饰处理。专题见附图。

第六章 青铜峡市耕地综合生产能力分析

第一节 耕地等级分布特征

按照农业部《耕地质量划分规范》(NY/T 22872-2015),宁夏耕地地力共分为10个等级,其中一等地为地力最好的耕地,以此类推,十等地为地力最差的耕地。通常认为,一等地、二等地和三等地是高等地;四等地至七等地为中等地;八等低、九等地和十等地为低等地。

青铜峡市本次耕地质量等级调查,根据相关标准,以2017年、2018年和2019年3个年限,选取16个对耕地地力影响比较大、区域内变异明显、在时间序列上具有相对稳定性、与农业生产有密切关系的因素,建立评价指标体系。以行政区划图、1∶50 000耕地土壤图、土地利用现状图三种图件叠加形成的图斑为评价单元。利用县域耕地资源管理信息系统,对评价单元属性库进行操作,检索统计耕地各等级的面积及图幅总面积。

一、青铜峡市耕地等级分布特征

(一)耕地面积统计

青铜峡市耕地类型分为水浇地和水田2种,由表6-1可看出,2017年耕地总面积为9.25万亩,其中水田面积较大,占耕地总面积的84.08%;水浇地次之,占耕地总面积的15.92%;2018年和2019年耕地面积没有变化,与2017年相比,2019年耕地面积增加了0.52万亩,增加了0.8%。

表 6-1　青铜峡市 2017—2019 年耕地总面积统计

耕地类型	2017 年		2018 年		2019 年	
	面积/万亩	比例/%	面积/万亩	比例/%	面积/万亩	比例/%
水浇地	9.25	15.92	9.35	15.95	9.35	15.95
水田	48.84	84.08	49.26	84.05	49.26	84.05
总计	58.09	100.00	58.60	100.00	58.60	100.00

(二)青铜峡市耕地质量等级分布及特点

1. 青铜峡市不同耕地质量等级分布

青铜峡耕地共分为 7 级(表 6-2)。以 2019 年为例,青铜峡市耕地(58.60 万亩)中,二等地面积最大,占总耕地 44.8%;其次为三等地,占 28.3%;一等地面积居第三位,占 10.2%;四、五、六、七等地面积较少,共占青铜峡市耕地总面积 16%。

2017—2019 年,青铜峡市一等地占耕地总面积由 9.98% 提高到 2019 年

表 6-2　青铜峡市 2017—2019 年耕地不同等级面积统计表

等级	2017 年		2018 年		2019 年	
	面积/万亩	比例/%	面积/万亩	比例/%	面积/万亩	比例/%
一	5.79	9.98	5.96	10.18	5.96	10.18
二	25.06	43.15	25.25	43.09	26.28	44.85
三	17.43	30.00	17.60	30.03	16.60	28.32
四	4.79	8.25	5.00	8.53	5.06	8.63
五	2.53	4.36	2.40	4.09	2.43	4.14
六	1.95	3.36	1.89	3.23	1.78	3.03
七	0.53	0.90	0.50	0.85	0.50	0.85
总计	58.09	100.00	58.60	100.00	58.60	100.00
平均等级	2.68		2.66		2.64	

10.18%;二等地由 2017 年占耕地总面积 43.15%提高到 2019 年 44.85%;三等地由 2017 年占耕地总面积 30%降低到 2019 年 28.3%;四等地由 2017 年占耕地总面积 8.25%提高到 2019 年 8.63%;五等、六等及七等地分别由 2017 年占耕地总面积 4.36%、3.36%和 0.90%降低到 2019 年的 4.14%、3.03%和 0.85%。以上数据说明,青铜峡市中等地(五、六、七等地)面积趋于减少;高等地(一、二等地)面积趋于增加。从青铜峡市耕地平均等级由 2017 年 2.68、2018 年 2.66 及 2019 年 2.64 逐年降低变化可看出,全市耕地等级整体质量状况趋于提高。

2. 青铜峡市耕地等级分布特点

由图 6-1、图 6-2 可看出,青铜峡市耕地高等耕地(一、二、三等地)占耕地总面积比例 83.35%,其中二等耕地等级面积最大,其次是三等耕地;中等耕地(四、五、六、七等地)占耕地总面积仅有 16.65%,其中六、七等地面积最小。以上数据说明青铜峡市耕地等级呈现两头大,中间小特点。

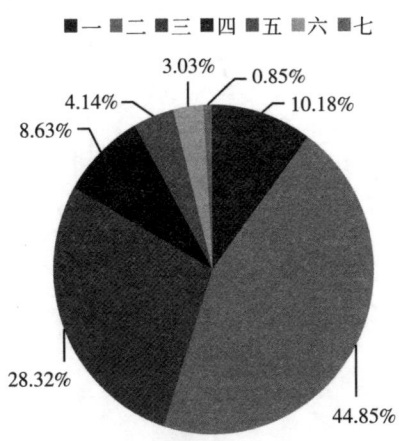

图 6-1　2019 年青铜峡市不同耕地等级比例图

3. 青铜峡市不同用地方式耕地等级分布

从表 6-3 可看出,青铜峡市 3 年水浇地总面积增加了 1.1%,其中一等水浇地占水浇地总面积 5.91%,提高了 0.12%;二等水浇地占水浇地总面积的

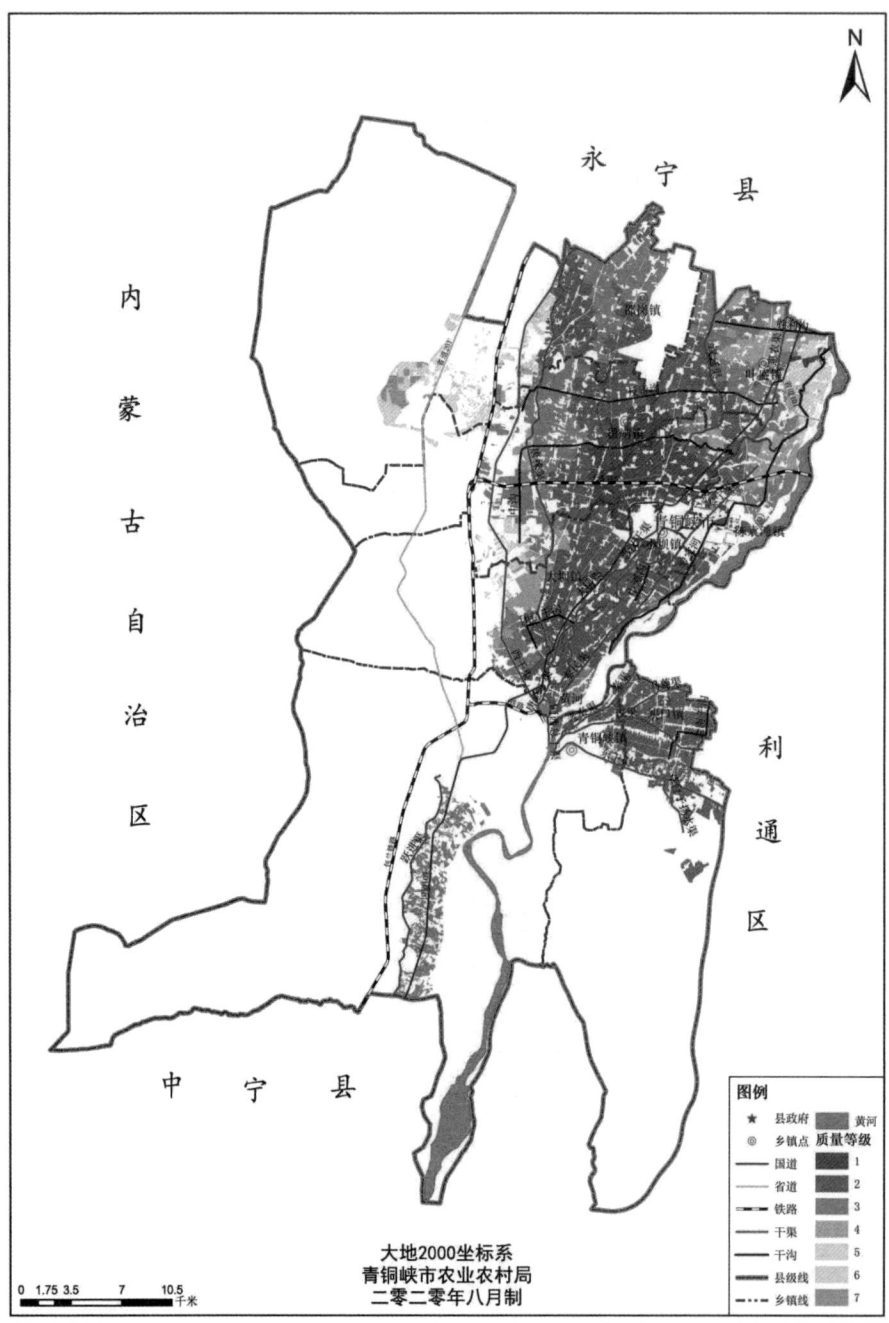

图 6-2 2019 年青铜峡市不同耕地等级分布图

25.7%,提高了 3.13%;三等水浇地占水浇地总面积的 35.98%,下降了 0.55%;四等水浇地占水浇地总面积的 4.65%,占 0.88%;五等水浇地占水浇地总面积的 3.98%,下降了 0.62%;六等水浇地占水浇地总面积的 18.45%,下降了 2.6%;七等水浇地占水浇地总面积的 5.32%,下降了 0.36%。以上数据说明,高等地水浇地占总面积 65.79%,一、二等地水浇地 3 年面积均有所扩大,只有三等水浇地面积减少;中等地水浇地 3 年面积均有所下降。

表 6-3 青铜峡市 3 年耕地面积等级分类统计表

单位:万亩

等级	水浇地			水田			合计		
	2017 年	2018 年	2019 年	2017 年	2018 年	2019 年	2017 年	2018 年	2019 年
1	0.54	0.55	0.55	5.26	5.41	5.41	5.79	5.96	5.96
2	2.09	2.29	2.40	22.97	22.96	23.88	25.06	25.25	26.28
3	3.38	3.47	3.36	14.05	14.13	13.23	17.43	17.60	16.60
4	0.35	0.37	0.43	4.45	4.63	4.62	4.79	5.00	5.06
5	0.43	0.33	0.37	2.11	2.07	2.05	2.53	2.40	2.43
6	1.95	1.84	1.72	0.00	0.05	0.05	1.95	1.89	1.78
7	0.53	0.50	0.50	0.00	0.00	0.00	0.53	0.50	0.50
总计	9.25	9.35	9.35	48.84	49.26	49.26	58.09	58.60	58.60

青铜峡市 3 年水田总面积增加了 0.8%,其中一等水田占水田总面积的 10.99%,提高了 0.22%,二等水田占水田总面积的 48.48%,提高了 1.44%,三等水田占水田总面积的 26.87%,下降了 1.9%;四等水田占水田总面积的 9.39%,提高了 0.29%;五等水田占水田总面积的 4.17%,下降了 0.15%。以上数据说明,高等地(一、二等地)水田占总面积 3 年来有所扩大;中等地水浇地 3 年面积则有所下降。

二、不同行政区划等级分布特征

(一)各乡镇耕地等级分布特征

由图 6-3 可看出，一等耕地主要分布在小坝镇，占一等耕地面积的 57.8%；二等耕地主要分布在大坝镇、瞿靖镇，分别占二等耕地面积的 30.3%、21.7%；三等耕地主要分布在瞿靖镇和邵岗镇，分别占三等耕地面积的 26.3% 和 20%；四等耕地主要分布在叶盛、大坝镇，分别占四等耕地面积的 40.3% 和 22.9%；五等耕地主要分布在叶盛和陈袁滩镇，分别占五等耕地面积的 28.1% 和 27.2%；六等耕地主要分布在邵岗镇，占六等耕地面积的 99.5%；七等耕地主要分布在瞿靖镇，占七等耕地面积的 99.5%。以上数据表明，各乡镇耕地等级差异很大，其中高等级耕地集中分布在小坝镇、大坝镇和叶盛镇；中等级耕地主要分布在陈袁滩镇和邵岗镇。

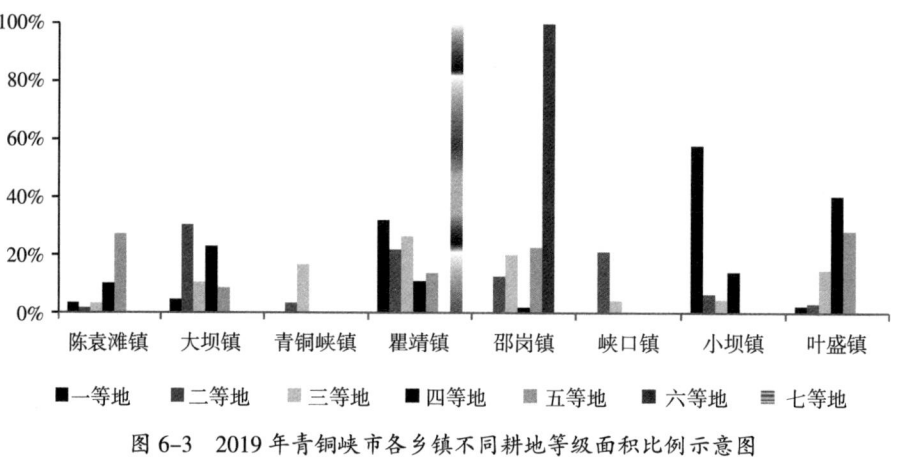

图 6-3 2019 年青铜峡市各乡镇不同耕地等级面积比例示意图

(二)各乡镇高等级耕地面积变化

从图 6-4 可看出，2017—2019 年，青铜峡市高等级耕地在各乡镇分布变化不大。一等耕地和三等耕地 3 年间各乡镇面积没有变化；仅二等耕地各乡镇分布有所变化，其中瞿靖、小坝和峡口镇二等地呈增加趋势；大坝、青铜峡镇和陈袁滩镇二等地面积有所减少。

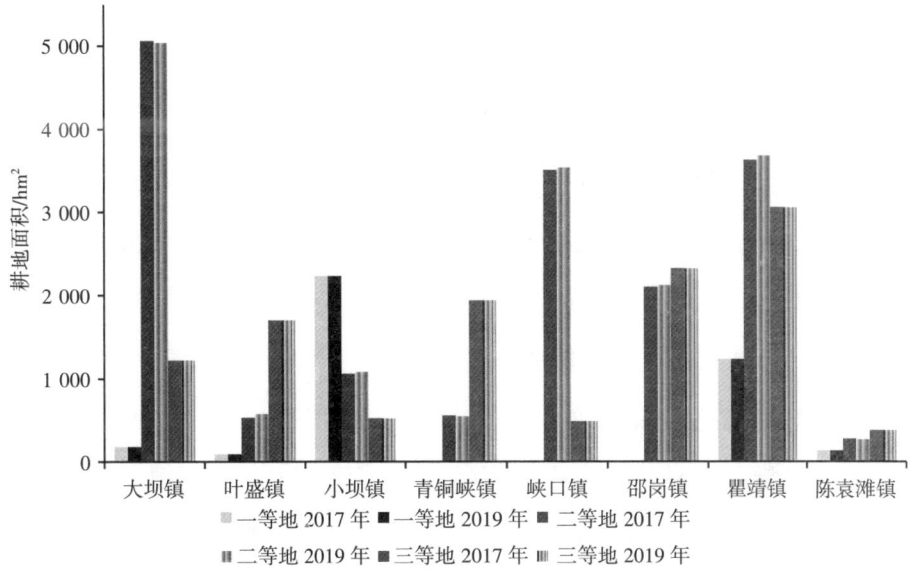

图 6-4 近 3 年青铜峡市各乡镇高等级耕地面积变化示意图

(三)各乡镇中等级耕地面积变化

从图 6-5 可看出,2017—2019 年,青铜峡市各乡镇中等级耕地面积较为稳定。四等和五等耕地 3 年间各乡镇面积没有变化;六等耕地则有所变化,其

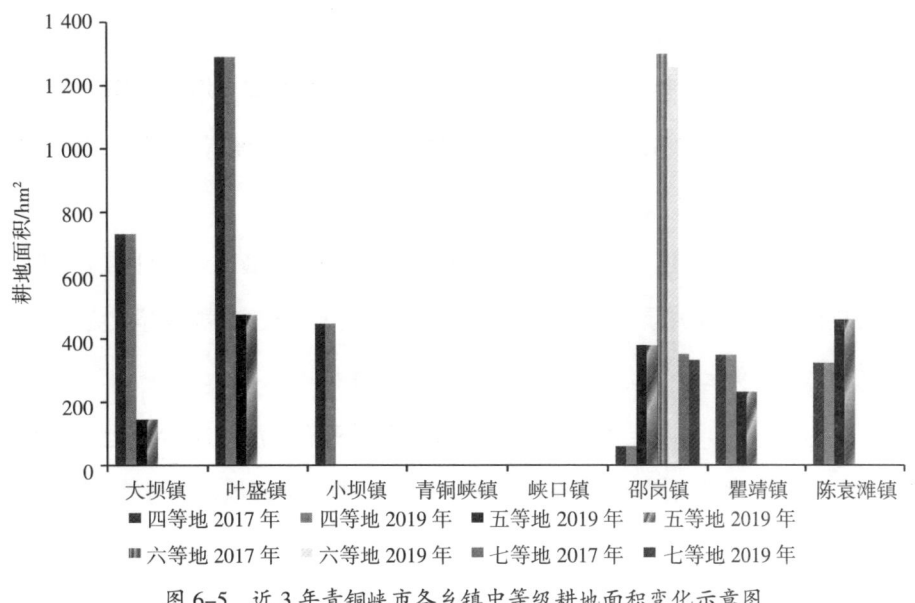

图 6-5 近 3 年青铜峡市各乡镇中等级耕地面积变化示意图

中大坝镇六等地面积有所增加;邵岗镇和瞿靖镇六等地面积趋于减少;七等耕地邵岗镇略有减少。

三、不同土壤类型耕地等级分布特征

青铜峡市耕地5个土壤类型,因其成土母质和农业生产条件不同,耕地等级也不同。

（一）灌淤土土类耕地等级分布特征

青铜峡市灌淤土面积29.6万亩,占耕地总面积的60.2%。主要分布于在陈袁滩镇、大坝镇、小坝镇、瞿靖镇、邵岗镇、叶盛镇、峡口镇和青镇8个乡镇;其中以瞿靖镇灌淤土面积最大为7.1万亩,占灌淤土总面积的23.97%;其次是大坝镇,面积为5.5万亩,占灌淤土总面积的18.6%;青镇面积最小仅为0.71万亩,占灌淤土总面积的2.4%。

从灌淤土各土种耕地等级较高,其中耕地等级最高的为潮灌淤土粘层沙老户土土种,耕地等级为1.2;耕地等级最低的是潮灌淤土沙新户土土种,耕地等级为3.7。

（二）潮土土类耕地等级分布特征

潮土土类各土种耕地等级在2.2~3.2。其中,灌淤潮土塔桥盐锈土土种耕地等级最低,仅为3.6;灌淤潮土淤漏沙锈土土种耕地等级高,耕地等级为2.1。

（三）灰钙土土类耕地等级分布特征

灰钙土土类不同土种耕地等级较低,淡灰钙土白脑砾土土种耕地等级最低,耕地等级为6.9;淡灰钙土白脑泥土土种耕地等级较高,耕地等级为2.4。

（四）新积土和风沙土类耕地等级分布特征

新积土土类不同土种耕地等级较高,典型新积土洪淤薄沙土土种耕地等级为2.6。风沙土土类耕地等级较低,固定风沙土耕种风沙土土种耕地等级为3.0。

第二节　高等耕地地力分布特征

本节主要阐述一等耕地、二等耕地和三等耕地的地力特征。从青铜峡市耕地地力特征等级评价指数变化范围统计表可看出，高等地地力评价综合指数在农田管理、立地条件、理化性状和土壤养分 4 个方面 11 项评价综合指数均高于中等耕地。

一、一等耕地地力特征

（一）分布特征

1. 一等地变化特征

由图 6-6 可看出，2017 年一等地总面积 5.79 万亩，占耕地总面积的 10.18%；2018 年青一等地总面积 5.96 万亩，占耕地总面积的 9.98%；与 2017 年相比，一等耕地总面积增加了 0.17 万亩，同比增加了 2.94%。2019 年一等耕地面积与 2017 年保持一致。

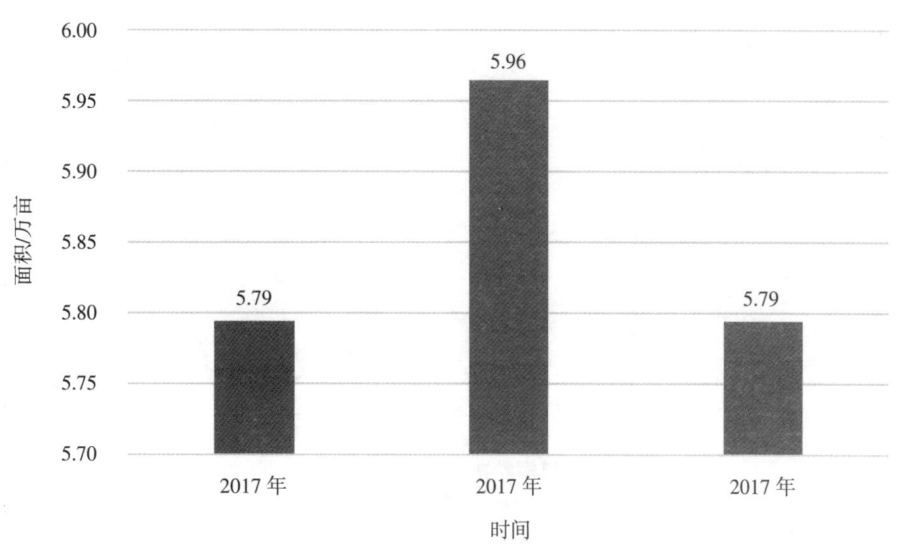

图 6-6　青铜峡市 2017—2019 年一等耕地面积变化

2. 一等地分布特征

由图 6-7 可看出，2019 年一等地主要分布在小坝镇、瞿靖镇、大坝镇、陈

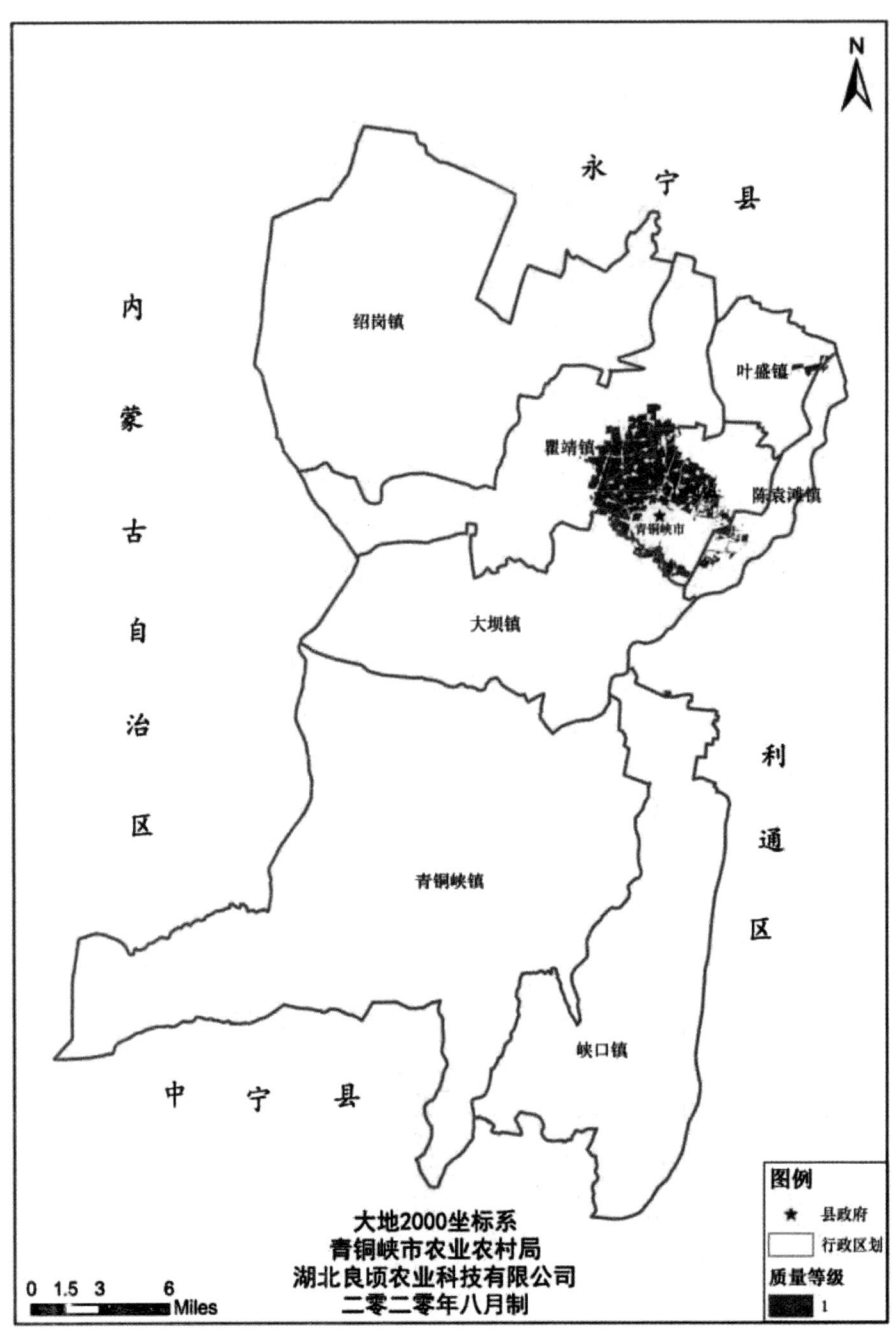

图 6-7　2019 年青铜峡市一等地在各乡镇分布特征

袁滩镇、青铜峡镇和叶盛镇6个乡镇，其中小坝和瞿靖镇占比较高，分别为57.8%和31.86%；叶盛镇、陈袁滩镇和青铜峡镇占比较低，分别为2.31%、3.61%和4.63%。

(二)地力特征

1. 不同用地方式比较分析

从表6-4可看出，2018年和2019年一等水浇地和水田在各个乡镇的分布基本稳定。与2017年相比，分别增加了3.15%和2.9%；2017—2019年，一等水浇地主要分布在小坝镇、瞿靖镇和大坝镇；一等水田主要分布在小坝镇、瞿靖镇、大坝镇、陈袁滩镇和叶盛镇。

表6-4 青铜峡市一等地面积统计表

单位:万亩

乡镇名称	水浇地			水田		
	2017年	2018年	2019年	2017年	2018年	2019年
陈袁滩镇	0.00	0.00	0.00	0.20	0.24	0.24
大坝镇	0.08	0.07	0.07	0.19	0.28	0.28
瞿靖镇	0.17	0.19	0.19	1.68	1.70	1.70
小坝镇	0.29	0.29	0.29	3.06	3.05	3.05
叶盛镇	0.00	0.00	0.00	0.13	0.14	0.14

2. 养分状况分析

从表6-5可以看出，2017—2019年，耕地土壤主要养分指标变化不大。2019年与2017年相比，土壤有机质、有效磷、速效钾含量分别减少0.01 g/kg、0.14 mg/kg、0.4 mg/kg，全氮和碱解氮分别增加0.1 g/kg和11.45 mg/kg。总的来说，2017—2019年，青铜峡市一等地的有效磷和速效钾都处于高水平状态，有机质处于中等水平状态，全氮和碱解氮处于低水平状态。

表 6-5　青铜峡市一等地土壤有机质及养分含量统计表

指标	2017年平均值	2018年平均值	2019年平均值	2017—2019年平均值差值
有机质/(g·kg^{-1})	17.72	17.71	17.71	−0.01
有效磷/(mg·kg^{-1})	58.06	57.92	57.92	−0.14
速效钾/(mg·kg^{-1})	237.26	236.86	236.86	−0.4
全氮/(g·kg^{-1})	0.76	0.86	0.86	0.1
碱解氮/(mg·kg^{-1})	72.09	83.54	83.54	11.45

二、二等耕地地力特征

（一）分布特征

1. 二等耕地变化特征

由图 6-8 可看出，2017 年二等地总面积 25.06 万亩，占全市耕地总面积的 43.14%；据 2018 年二等地总面积 25.25 万亩，占全市耕地总面积的 43.47%；与 2017 年相比，二等耕地总面积增加了 0.19 万亩，同比增加了 0.7%。2019 年二等耕地面积与 2018 年保持一致。

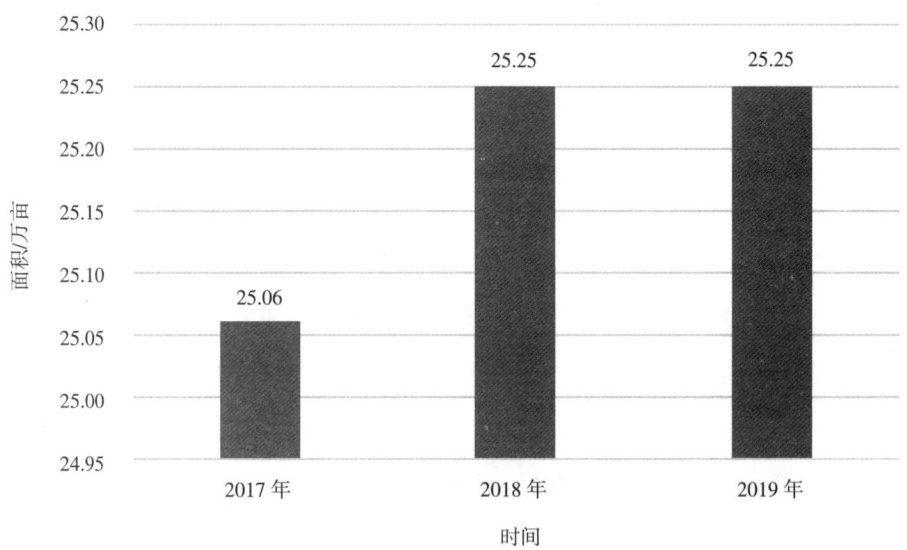

图 6-8　青铜峡市2017—2019年二等耕地面积变化

2. 二等地分布特征

由图 6-9 可看出,二等地分布于青铜峡市 8 个乡镇。其中大坝镇和瞿靖镇

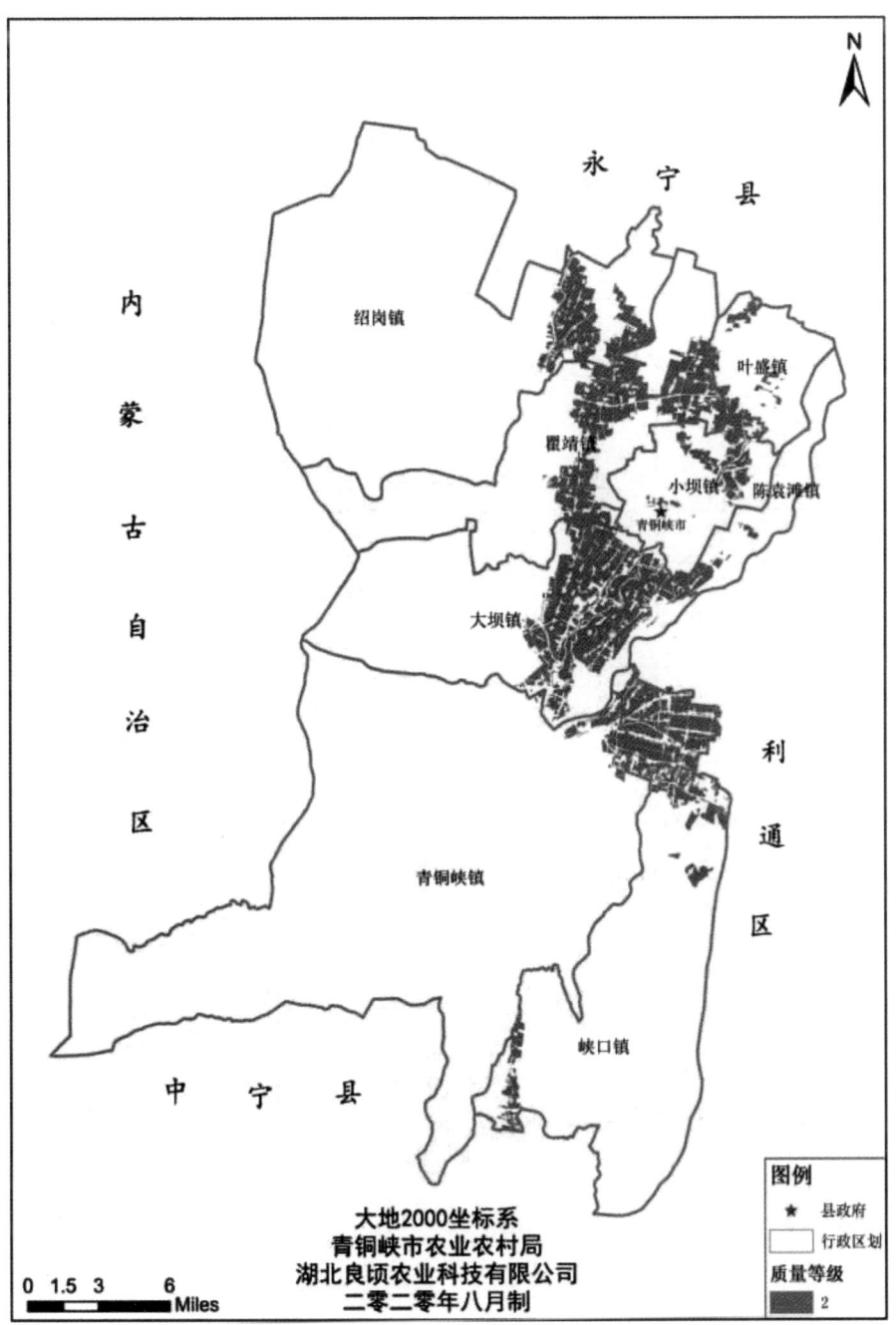

图 6-9　青铜峡市二等地分布图

面积较大,分别占 30.29% 和 21.69%;陈袁滩镇和叶盛镇面积较小,分别占 1.64% 和 3.18%。以上数据表明,青铜峡市二等地分布较均匀,各乡镇均有分布,这也充分表明分布较广的特征。

(二)地力特征

1. 不同用地方式比较

表 6-6　青铜峡市二等地面积统计表

单位:万亩

乡镇名称	水浇地			水田		
	2017 年	2018 年	2019 年	2017 年	2018 年	2019 年
陈袁滩镇	0.00	0.00	0.00	0.41	0.40	0.40
大坝镇	0.26	0.32	0.32	7.33	7.24	7.24
青铜峡镇	0.09	0.08	0.08	0.75	0.74	0.74
瞿靖镇	0.32	0.33	0.33	5.12	5.18	5.18
邵岗镇	0.12	0.12	0.15	3.03	3.06	3.33
峡口镇	1.07	1.17	1.26	4.18	4.13	4.77
小坝镇	0.13	0.12	0.12	1.46	1.50	1.50
叶盛镇	0.09	0.15	0.15	0.70	0.71	0.71
总计	2.09	2.29	2.40	22.97	22.96	23.88

从表 6-6 可看出,2017—2019 年二等水浇地和水田在各个乡镇的分布面积变化较大。与 2017 年相比,分别增加了 15.1% 和 3.9%;2017—2019 年,二等水浇地主要分布在峡口镇、瞿靖镇、大坝镇和小坝镇;二等水田主要分布在大坝镇、瞿靖镇、小坝镇和邵岗镇。

2. 养分状况分析

从表 6-7 可以看出,2017—2019 年,耕地土壤主要养分指标变化不大。2019 年与 2017 年相比,土壤有效磷、速效钾含量分别减少 0.12 mg/kg 和 0.04 mg/kg,土壤有机质和碱解氮分别增加 0.02 g/kg 和 0.05 mg/kg。总的来说,

2017—2019 年间，青铜峡市二等地的土壤有效磷含量处于较高水平状态；土壤有机质、速效钾含量处于中等水平；土壤全氮和碱解氮含量处于低水平状态。

表 6-7 青铜峡市二等地土壤有机质及养分含量统计表

指标	2017 年平均值	2018 年平均值	2019 年平均值	2017—2019 年平均值差值
有机质/(g·kg⁻¹)	15.55	15.55	15.57	0.02
有效磷/(mg·kg⁻¹)	34.26	34.24	34.12	−0.12
速效钾/(mg·kg⁻¹)	165.17	165.18	165.14	−0.04
全氮/(g·kg⁻¹)	0.76	0.76	0.76	0
碱解氮/(mg·kg⁻¹)	72.14	72.18	72.23	0.05

三、三等耕地地力特征

（一）分布特征

1. 三等耕地变化特征

由图 6-10 可看出，2017 年三等地总面积 17.43 万亩，占耕地总面积的 30.0%；2018 年青铜峡镇三等地总面积 17.60 万亩，占耕地总面积的 30.2%；与 2017 年相比，三等耕地总面积增加了 0.17 万亩，同比增加了 0.9%。2019 年一等耕地面积与 2017 年保持一致。

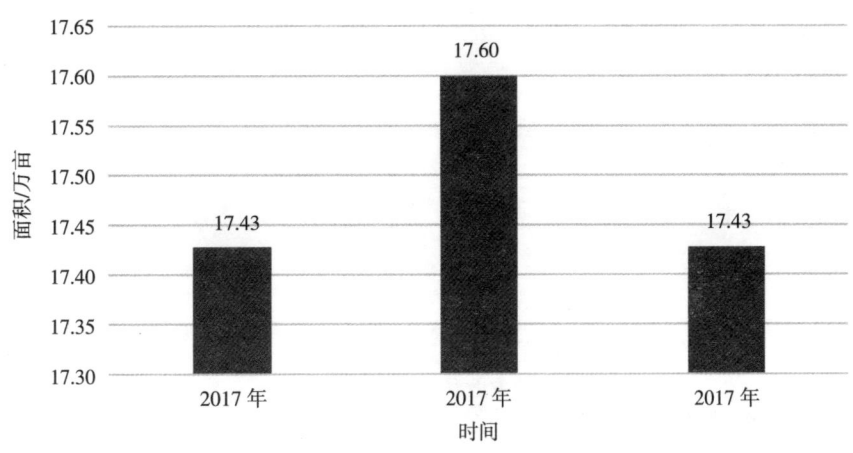

图 6-10 青铜峡市 2017—2019 年三等耕地面积变化

2. 三等地分布特征

由图 6-11 可看出,三等耕地分布于青铜峡市 8 个乡镇。其中大坝镇和瞿靖镇面积较大,分别占 30.29% 和 21.69%;陈袁滩镇和叶盛镇面积较小,分别占

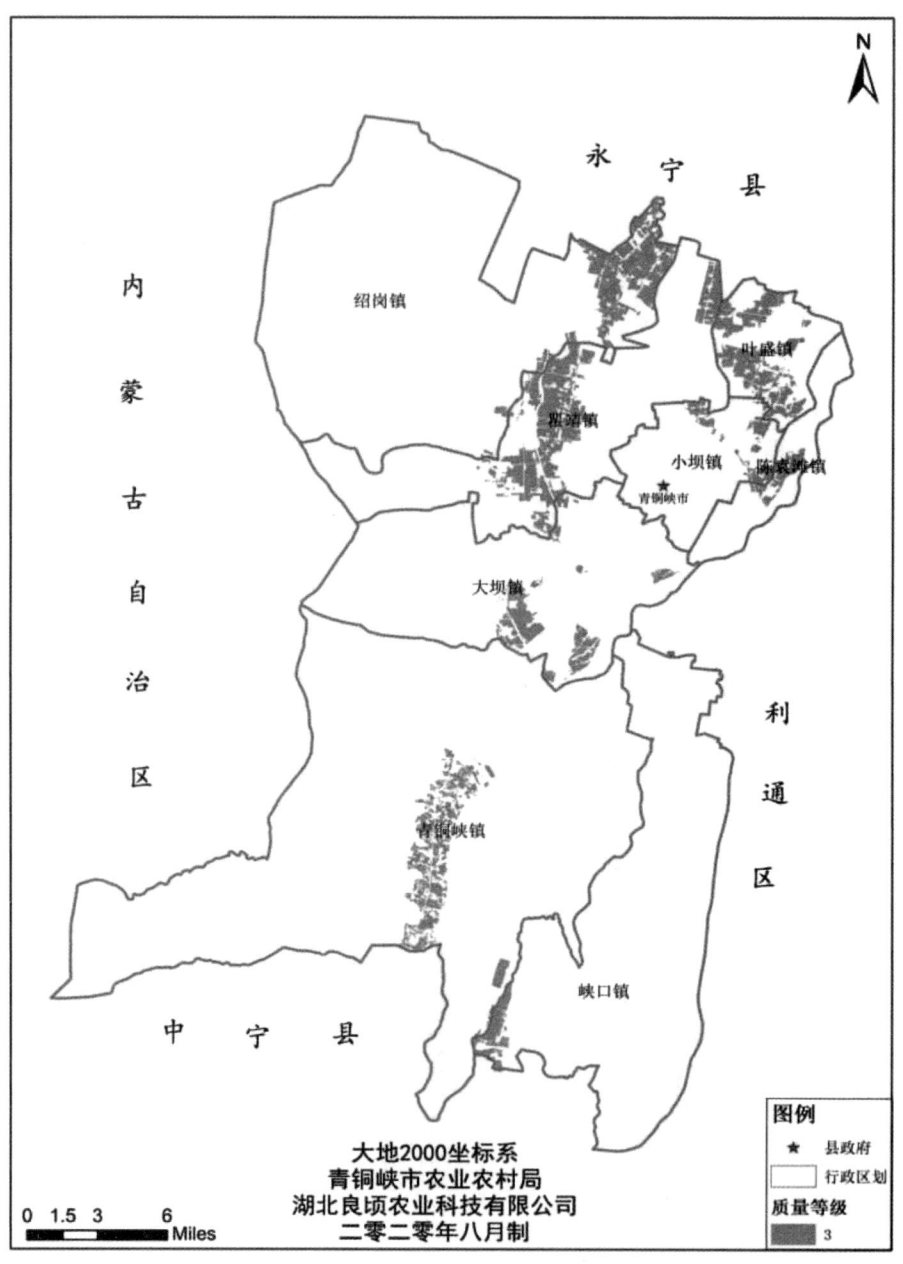

图 6-11 青铜峡市三等地分布图

1.64%和3.18%。以上数据表明,青铜峡镇三等地分布较均匀,各乡镇均有分布。

(二)地力特征

1. 不同用地方式比较

从表6-8可看出,2017—2019年,三等水浇地和水田均有所变化。与2017年相比,分别减少了0.4%和5.8%;2019年三等地水浇地和水田在各乡镇的分布差异较大,三等水浇地主要分布在青铜峡镇和邵岗镇;三等水田主要分布在瞿靖镇、邵岗镇和叶盛镇。

表6-8 青铜峡市三等地面积统计表

单位:万亩

乡镇名称	水浇地			水田		
	2017年	2018年	2019年	2017年	2018年	2019年
陈袁滩镇	0.01	0.002	0.002	0.55	0.56	0.56
大坝镇	0.08	0.08	0.08	1.75	1.77	1.77
青铜峡镇	2.50	2.51	2.51	0.40	0.40	0.40
瞿靖镇	0.16	0.14	0.14	4.43	4.37	4.37
邵岗镇	0.25	0.45	0.43	3.23	3.27	3.02
峡口镇	0.19	0.08	0.00	0.53	0.65	0.00
小坝镇	0.02	0.06	0.06	0.77	0.69	0.69
叶盛镇	0.17	0.15	0.15	2.38	2.43	2.43
总计	3.38	3.47	3.36	14.05	14.13	13.23

2. 养分状况分析

从表6-9可以看出,2017—2019年,耕地土壤主要养分指标变化不大。2019年与2017年相比,土壤有机质、速效钾和碱解氮含量分别减少0.06 g/kg、0.39 mg/kg和0.21 mg/kg。总的来说,2017—2019年,青铜峡市三等地的土壤养分均处于较低水平。

表 6-9　青铜峡市三等地土壤有机质及养含量统计表

指标	2017 年平均值	2018 年平均值	2019 年平均值	2018—2019 年平均值差值
有机质/(g·kg^{-1})	15.70	15.67	15.64	−0.06
有效磷/(mg·kg^{-1})	29.27	29.28	29.28	0
速效钾/(mg·kg^{-1})	156.57	156.42	156.18	−0.39
全氮/(g·kg^{-1})	0.76	0.76	0.76	0
碱解氮/(mg·kg^{-1})	72.01	71.88	71.80	−0.21

第三节　中等耕地地力分布特征

一、四等耕地地力特征

(一)分布特征

1. 四等耕地变化特征

由图 6-12 可看出,2017 年四等地总面积 4.79 万亩,占全市耕地总面积的 8.25%;2018 年青铜峡市四等地总面积 5.00 万亩,占耕地总面积的 8.6%;与 2017 年相比,2018 年四等耕地总面积增加了 0.21 万亩,同比增加了 4.2%。2019 年四等耕地面积与 2017 年保持一致。

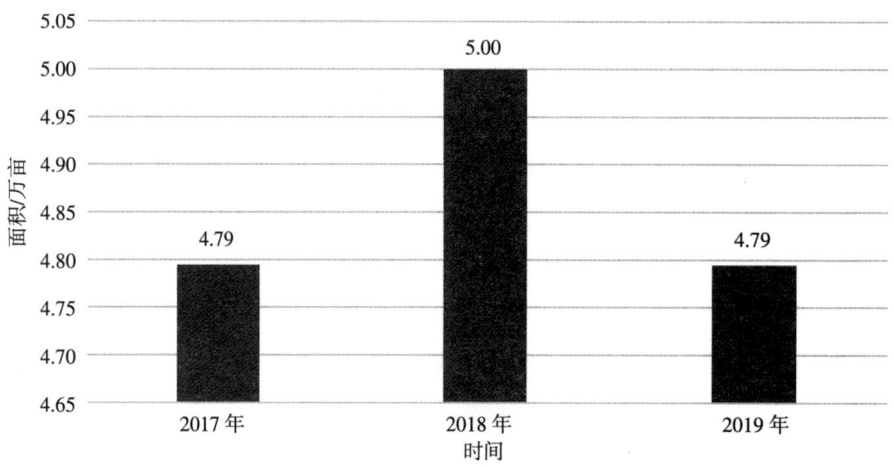

图 6-12　青铜峡市 2017—2019 年四等耕地面积变化

2. 四等地分布特征

由图 6-13 可看出,2019 年四等地主要分布在叶盛镇、大坝镇、小坝镇、瞿靖镇、邵岗镇和陈袁滩镇；其中叶盛镇、大坝镇和小坝镇面积较大,分别占 40.34%、22.87% 和 13.98%；瞿靖镇、邵岗镇和陈袁滩镇面积较小,仅占

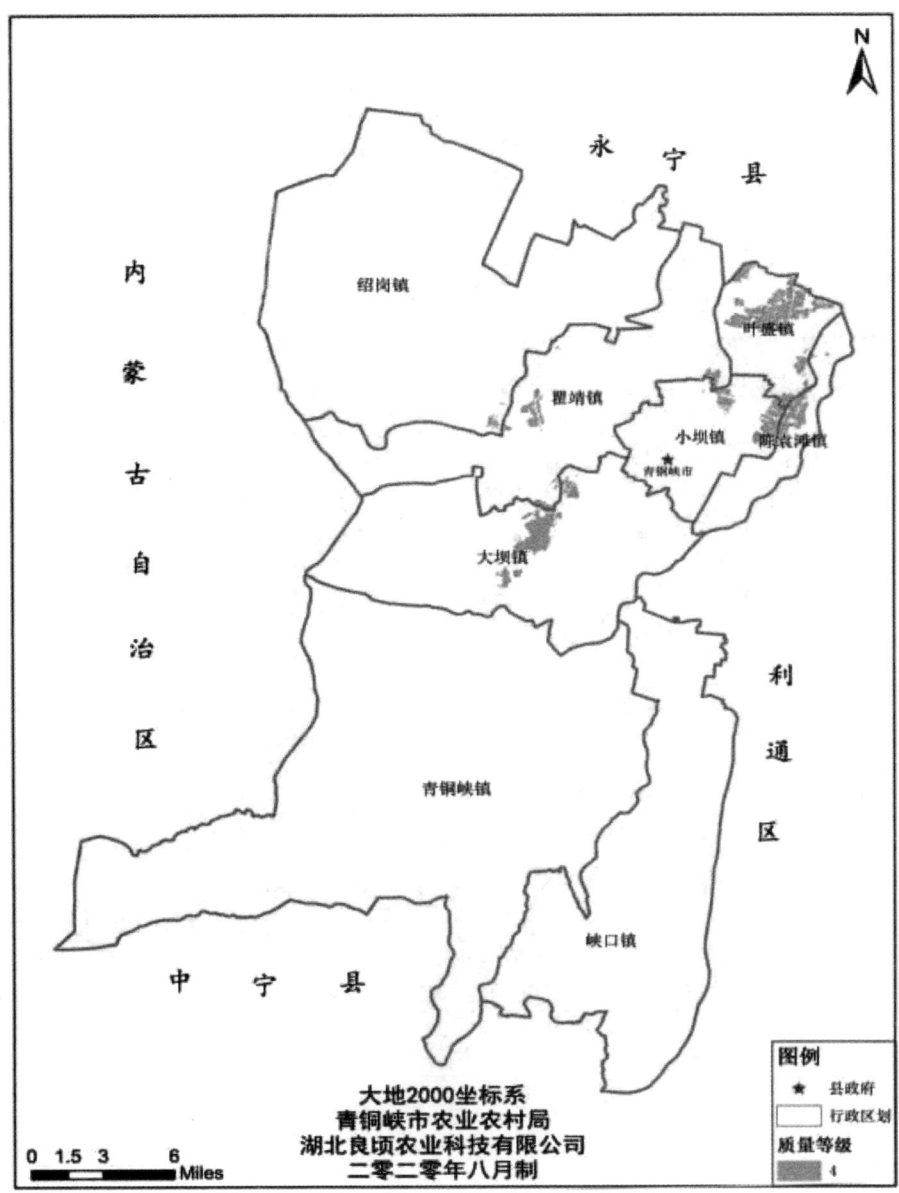

图 6-13　青铜峡市四等地分布图

10.88%、10.09%和1.85%。以上数据说明,青铜峡市四等耕地面积较少,但大部分乡镇均有分布。

(二)地力特征

1. 不同用地方式比较

从表6-10可看出,2017—2019年,四等水浇地和水田均有所变化;与2017年相比,分别增加了24.7%和3.9%;2019年四等地水浇地和水田在各乡镇的分布差异较大;四等水浇地主要分布在叶盛镇和邵岗镇;四等水田主要分布在叶盛镇、大坝镇和小坝镇。

表6-10　2017—2019年四等地面积统计表

单位:万亩

乡镇名称	水浇地			水田		
	2017年	2018年	2019年	2017年	2018年	2019年
陈袁滩镇	0.00	0.000	0.000	0.48	0.47	0.47
大坝镇	0.00	0.00	0.00	1.10	1.12	1.12
青铜峡镇	0.00	0.00	0.00	0.00	0.00	0.00
瞿靖镇	0.003	0.02	0.02	0.52	0.57	0.57
邵岗镇	0.08	0.05	0.12	0.01	0.07	0.07
峡口镇	0.00	0.00	0.00	0.00	0.00	0.00
小坝镇	0.01	0.02	0.02	0.66	0.73	0.73
叶盛镇	0.26	0.28	0.28	1.67	1.67	1.67
总计	0.35	0.37	0.43	4.45	4.63	4.62

2. 养分状况分析

从表6-11可以看出,2017—2019年,耕地土壤主要养分指标变化不大。2019年与2017年相比,土壤有机质、碱解氮含量分别减少0.08 g/kg和0.1 mg/kg;土壤有效磷、速效钾分别增加了0.12 mg/kg和0.27 mg/kg。总的来说,2017—2019年,青铜峡市四等地的土壤养分均处于较低水平。

表 6-11　青铜峡市五等地土壤有机质及养分含量统计表

指标	2017 年平均值	2018 年平均值	2019 年平均值	2018—2019 年平均值差值
有机质/(g·kg^{-1})	15.68	15.67	15.60	−0.08
有效磷/(mg·kg^{-1})	27.06	27.11	27.18	0.12
速效钾/(mg·kg^{-1})	146.26	146.47	146.53	0.27
全氮/(g·kg^{-1})	0.75	0.75	0.75	0
碱解氮/(mg·kg^{-1})	67.05	67.01	66.95	−0.1

二、五等耕地地力特征

（一）分布特征

1. 五等耕地变化特征

由图 6-14 可看出，2017 年五等地总面积 2.53 万亩，占耕地总面积的 4.36%；2018 年青铜峡镇五等地总面积 1.89 万亩，占耕地总面积的 3.26%；2019 年四等耕地面积与 2017 年保持一致，与 2018 年相比，2019 年五等耕地总面积增加了 0.64 万亩，同比增加了 33.7%。

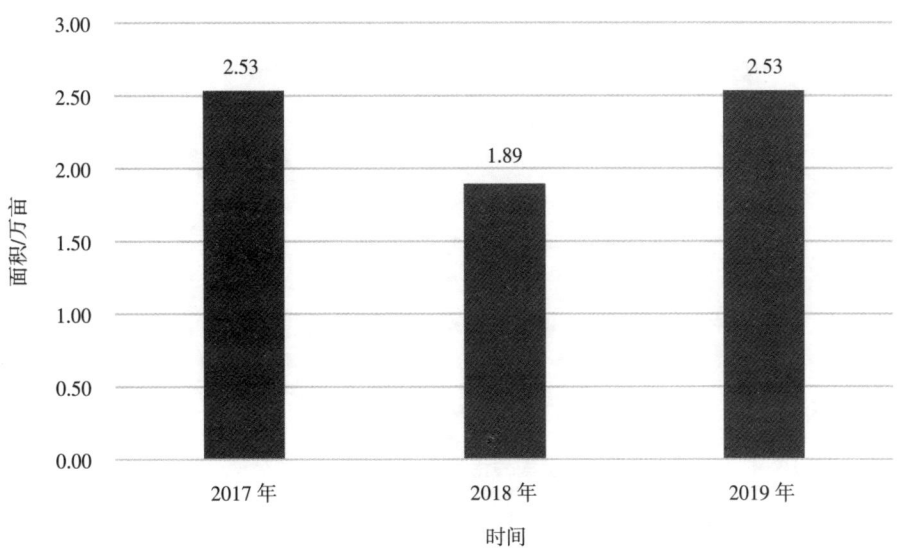

图 6-14　青铜峡市 2017—2019 年五等耕地面积变化

2. 五等地分布特征

由图 6-15 可看出,2019 年五等地主要分布在叶盛镇、陈袁滩镇、邵岗镇、瞿靖镇和大坝镇;其中叶盛镇、陈袁滩镇和邵岗镇占比较高,分别占 28.13%、

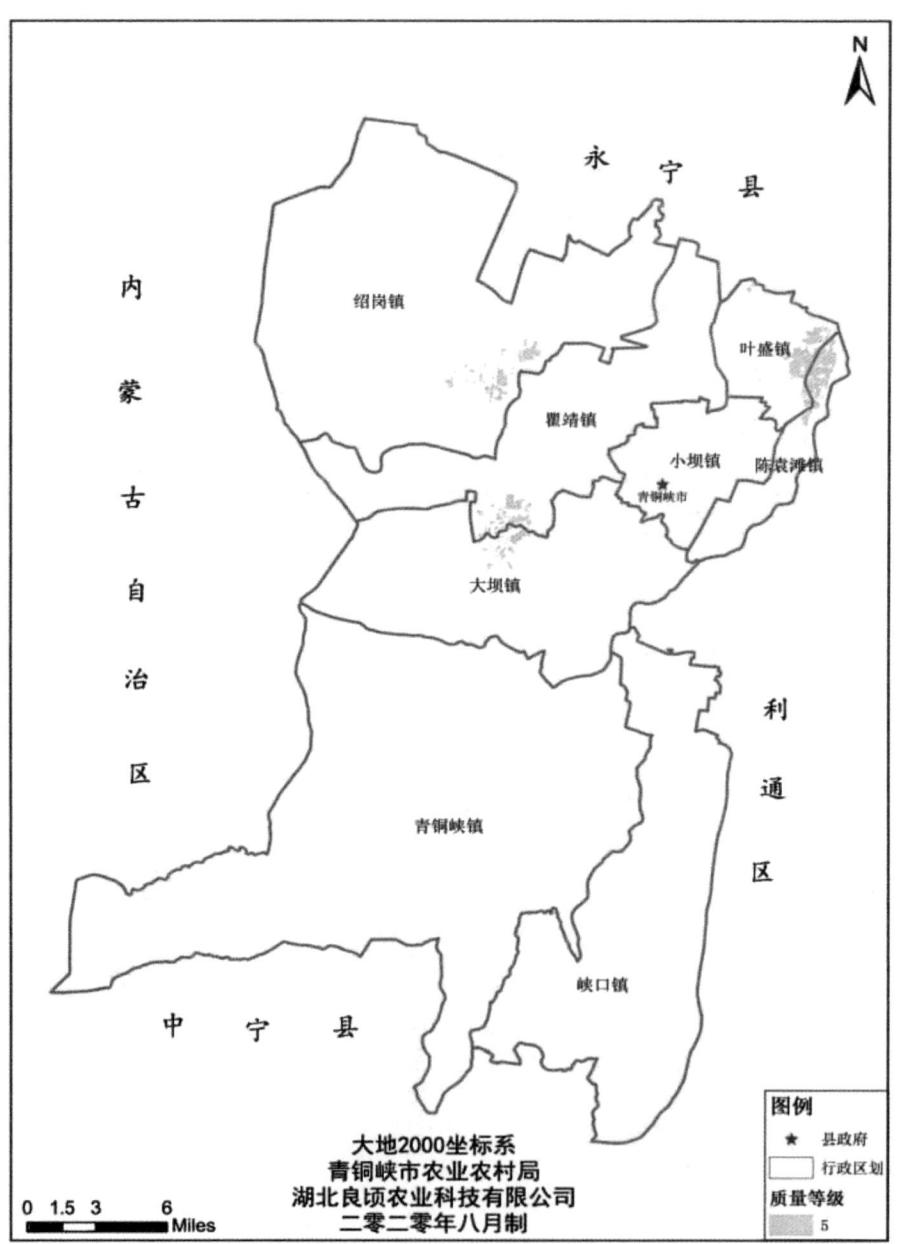

图 6-15 青铜峡市五等地分布图

27.21%和22.42%；瞿靖镇和大坝镇占比较低，仅有13.71%和8.54%。以上数据说明，青铜峡市五等耕地占耕地面积较少，大部分乡镇均有分布。

(二)地力特征

1. 不同用地方式比较

从表6-12可看出，2017年至2019年，五等水浇地和水田均有所变化。与2017年相比，分别减少了12.5%和2.5%；2019年五等地水浇地和水田在各乡镇的分布差异较大，五等水浇地主要分布在邵岗镇；五等地水田主要分布在叶盛镇和陈袁滩镇。

表6-12 2017—2019年五等地面积统计表

单位:万亩

乡镇名称	水浇地			水田		
	2017年	2018年	2019年	2017年	2018年	2019年
陈袁滩镇	0.01	0.021	0.021	0.68	0.68	0.68
大坝镇	0.00	0.00	0.00	0.22	0.24	0.24
青铜峡镇	0.00	0.00	0.00	0.00	0.00	0.00
瞿靖镇	0.00	0.002	0.002	0.35	0.32	0.32
邵岗镇	0.41	0.30	0.35	0.16	0.12	0.10
峡口镇	0.00	0.00	0.00	0.00	0.00	0.00
小坝镇	0.00	0.00	0.00	0.00	0.00	0.00
叶盛镇	0.002	0.002	0.002	0.71	0.71	0.71
总计	0.43	0.33	0.37	2.11	2.07	2.05

2. 养分状况分析

从表6-13可以看出，2017—2019年，五等耕地土壤主要养分指标变化不大。2019年与2017年相比，土壤有机质、碱解氮含量均增加了0.09 g/kg和0.09 mg/kg；土壤全氮、速效磷和有效钾基本稳定。总的来说，2017—2019年，青铜峡市五等地的土壤养分均处于较低水平，需加强土壤培肥，提升土壤肥力。

表 6-13　青铜峡市五等地土壤有机质及养分统计表

指标	2017 年平均值	2018 年平均值	2019 年平均值	2017—2019 年平均值差值
有机质/(g·kg^{-1})	14.43	14.48	14.52	0.09
有效磷/(mg·kg^{-1})	27.54	27.43	27.45	0
速效钾/(mg·kg^{-1})	141.47	141.29	141.27	0
全氮/(g·kg^{-1})	0.70	0.71	0.71	0
碱解氮/(mg·kg^{-1})	64.92	65.03	65.01	0.09

三、六等耕地地力特征

(一)分布特征

1. 五等耕地变化特征

由图 6-16 可看出,2017 年六等地总面积 1.95 万亩,占耕地总面积的 3.35%;2018 年青铜峡市六等地总面积 2.40 万亩,占耕地总面积的 4.12%;2019 年六等耕地面积与 2017 年保持一致;与 2018 年相比,2019 年六等耕地总面积减少了 0.50 万亩,同比减少了 20.9%。

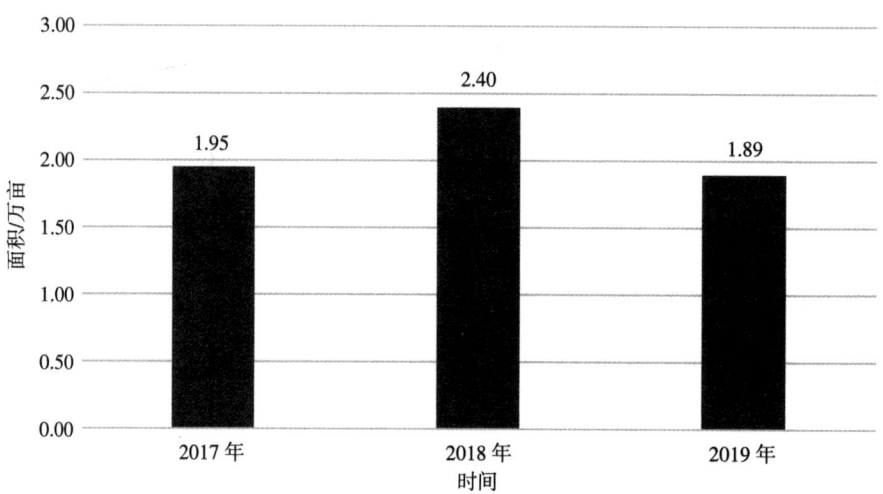

图 6-16　青铜峡市 2017—2019 年六等耕地面积变化

2. 六等地分布特征

由图 6-17 可看出，2019 年六等地集中分布在瞿靖镇，占 99.95%。

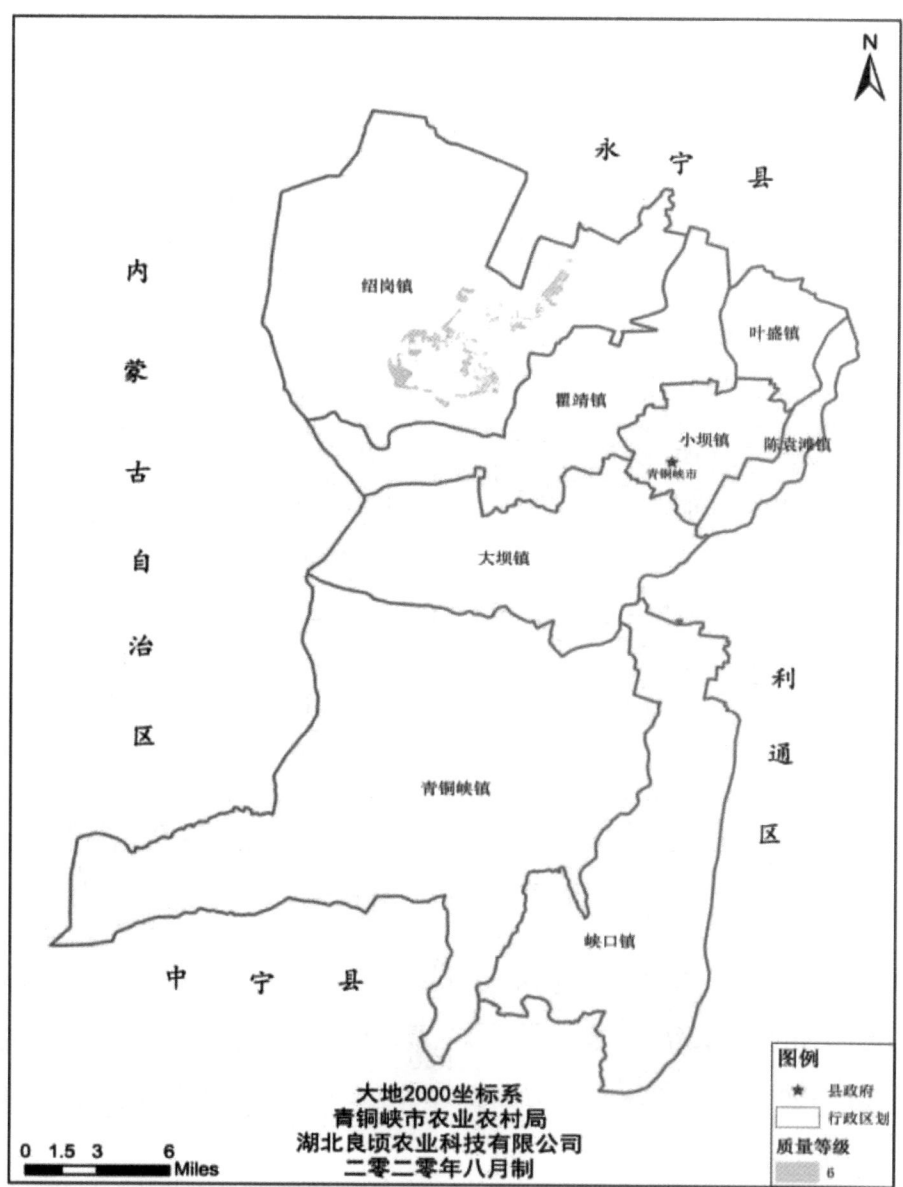

图 6-17　青铜峡市六等地分布图

(二)地力特征

1. 不同用地方式比较

从表 6-14 可看出,2017—2019 年,与 2017 年相比,六等水浇地减少了11.4%,水田增加了73.4%;2019 年六等耕地水浇地和水田集中分布在瞿靖镇。

表 6-14 2017—2019 年六等地面积统计表

单位:666.7 m²

乡镇名称	水浇地			水田		
	2017 年	2018 年	2019 年	2017 年	2018 年	2019 年
陈袁滩镇	0.00	0.00	0.00	0.00	0.00	0.00
大坝镇	0.00	0.00	0.00	0.15	96.60	96.60
青铜峡镇	0.00	0.00	0.00	0.00	0.00	0.00
邵岗镇	9.15	0.00	0.00	0.00	0.00	0.00
瞿靖镇	19 456.20	18 397.20	17 244.75	22.95	452.70	435.75
峡口镇	0.00	0.00	0.00	0.00	0.00	0.00
小坝镇	0.00	0.00	0.00	0.00	0.00	0.00
叶盛镇	0.00	0.00	0.00	0.00	0.00	0.00
总计	19 465.35	18 397.20	17 244.75	23.10	549.30	532.35

2. 养分状况分析

从表 6-15 可以看出,2017—2019 年,六等耕地土壤主要养分指标变化较大。2019 年与 2017 年相比,各项土壤养分指标均有所降低。总的来说,2017—2019 年,青铜峡市六等地的土壤养分均处于较低水平,需加强土壤培肥,提升土壤肥力。

表 6-15　青铜峡市六等地土壤有机质及养分统计表

指标	2017 年平均值	2018 年平均值	2019 年平均值	2017—2019 年平均值差值
有机质/(g·kg^{-1})	13.38	13.35	13.24	−0.14
有效磷/(mg·kg^{-1})	28.79	28.76	28.72	−0.07
速效钾/(mg·kg^{-1})	145.32	145.01	144.47	−0.85
全氮/(g·kg^{-1})	0.66	0.65	0.65	−0.01
碱解氮/(mg·kg^{-1})	55.86	55.24	53.69	−2.17

四、七等耕地地力特征

(一)分布特征

1. 七等耕地变化特征

由图 6-18 可看出,2017 年七等地总面积 0.53 万亩,占耕地总面积的 0.9%;2018 年青铜峡峡市七等地总面积 0.50 万亩,占耕地总面积的 0.85%;2019 年七等耕地面积与 2018 年保持一致,与 2017 年相比,2019 年七等耕地总面积减少了 0.03 万亩,同比减少了 5.3%。

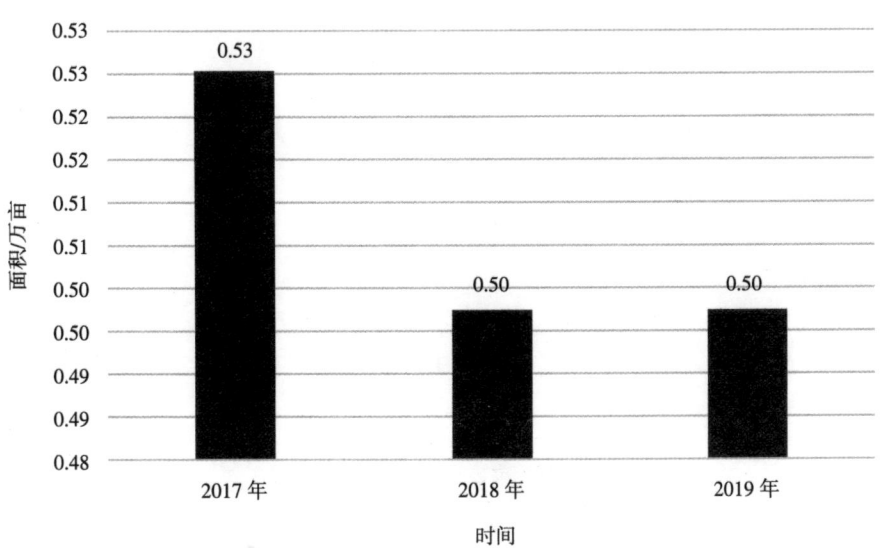

图 6-18　青铜峡市 2017—2019 年七等耕地面积变化

2. 七等地分布特征

从图 6-19 可看出，2019 年七等地集中分布在邵岗镇。

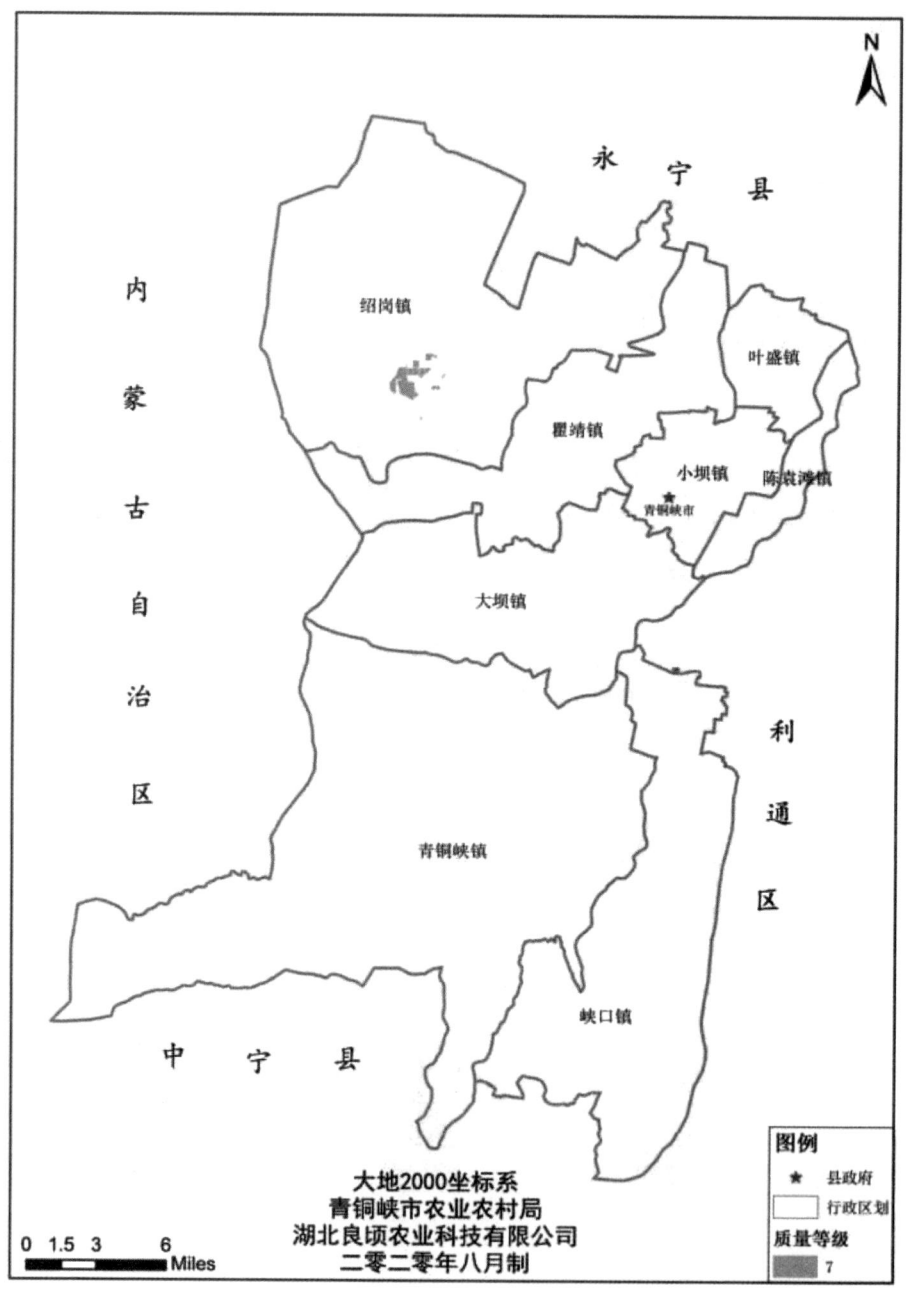

图 6-19 青铜峡市七等地分布图

(二)地力特征

1. 不同用地方式比较

从表6-16可看出,2017—2019年,水浇地变化不大;与2017年相比,七等水浇地减少了5.3%;七等地水浇地集中分布在邵岗镇,七等地无水田。

表6-16 2017—2019年七等地面积统计表

单位:万亩

乡镇名称	水浇地		
	2017年	2018年	2019年
陈袁滩镇	0.00	0.00	0.00
大坝镇	0.00	0.00	0.00
青铜峡镇	0.00	0.00	0.00
瞿靖镇	0.00	0.00	0.00
邵岗镇	0.53	0.50	0.50
峡口镇	0.00	0.00	0.00
小坝镇	0.00	0.00	0.00
叶盛镇	0.00	0.00	0.00
总计	0.53	0.50	0.50

2. 养分状况分析

从表6-17可以看出,2017—2019年,七等耕地土壤主要养分指标基本稳定。2019年与2017年相比,土壤有效磷、碱解氮均有所增加,分别增加了0.33 mg/kg和0.57 mg/kg,土壤速效钾有所降低,减少了0.31 mg/kg。总的来说,2017—2019年,青铜峡市七等地的土壤养分均处于较低水平,需加强土壤培肥,提升土壤肥力。

表 6-17 七等耕地土壤有机质及养分含量统计表

指标	2017 年平均值	2018 年平均值	2019 年平均值	2017—2019 年平均值差值
有机质/(g·kg^{-1})	12.98	12.98	12.98	0
有效磷/(mg·kg^{-1})	29.15	29.48	29.48	0.33
速效钾/(mg·kg^{-1})	136.83	136.52	136.52	−0.31
全氮/(g·kg^{-1})	0.62	0.62	0.62	0
碱解氮/(mg·kg^{-1})	44.21	44.78	44.78	0.57

第七章　青铜峡市供港蔬菜基地土壤质量评价

宁夏地处中国西北部地区,光照时间长、昼夜温差大,加之2 000多年黄河自流灌溉,土壤肥沃。2004年宁夏第一个供港蔬菜基地在农垦连湖农场建成,巨大的发展潜力吸引区内外很多有眼光的大企业纷纷加入宁夏供港蔬菜种植,2021年宁夏供港蔬菜种植面积24.13万亩,生产企业69家,生产基地达到103个,宁夏被农业农村部确定为黄土高原夏秋蔬菜和设施农业优势生产区,现代农业使宁夏蔬菜能够四季生产、周年供应,并成为供港蔬菜的"明星产区",被香港特区政府渔农署授予"信誉农场"称号的36个内地供港蔬菜基地里,宁夏占有11个。

青铜峡市自2012年开始种植供港蔬菜,供港基地主要以种植叶菜为主,种植品种以菜心、芥蓝、小青菜、奶白菜和白菜心为主,年亩产量超过2 000 kg,年产值3.7亿元。截至目前,供港蔬菜种植面积达到5.4万亩,已经建成28个供港蔬菜基地,主要分布在瞿靖镇蒯桥村、峡口镇沈闸村、邵岗镇邵南村、小坝镇永丰村和良繁场等地区。

近年来,随着供港蔬菜面积扩大,供港蔬菜灌溉方式均为微喷灌方式,1年种植3~4茬,施肥品种为有机肥和复合肥,每茬水肥投入过高,1茬亩喷灌量为260 m³,4茬1 040 m³。2015年施肥调查结果表明,供港蔬菜全年亩产量2 000 kg,亩施N 23.0 kg,P_2O_5 19 kg,K_2O 8 kg;2019年施肥调查结果表明,供港蔬菜全年亩施纯氮21.0 kg,P_2O_5 17 kg,K_2O 6 kg。以上数据表明,供港蔬菜虽为节水喷灌,但全年灌溉量比种植玉米和露地蔬菜还高;全年亩施纯N量也远远高于水稻和小麦施氮量;如此常年连作高化肥施用量,对其耕地质量将会产生何种影响?为了解决这个困惑,本项目开展了青铜峡市供港蔬菜基地耕地质量调查评价,为青铜峡市供港蔬菜可持续发展提供科学依据。

第一节 评价方法与步骤

一、资料收集与准备

(一)软硬件准备

1. 硬件准备

主要包括计算机、大幅面扫描仪、大幅面打印机等。计算机主要用于数据和图件的处理分析,大幅面扫描仪用于土壤图等纸质图件的输入,大幅面打印机用于成果图的输出。

2. 软件准备

一是 Windows 操作系统、Excel 表格数据处理等软件,二是 ArcGIS 等 GIS 软件,三是县域耕地资源管理信息系统。

(二)资料收集整理

根据评价的目的、任务、范围、方法,收集准备与评价供港蔬菜基地有关的各类自然及社会经济资料,对资料进行分析处理。

1. 野外调查资料

主要包括供港蔬菜基地地貌类型、地形部位、成土母质、有效土层厚度、耕层厚度、耕层质地、灌溉能力、排水能力、障碍因素、常年耕作制度等。

2. 供港蔬菜基地采样点化验分析资料

包括全氮、有效磷、速效钾、缓效钾等大量养分含量,有效锌、有效硼等微量养分含量,以及土壤 pH、有机质等含量。

3. 社会经济统计资料

第二次土壤普查资料以及化验分析资料、土地资源详查资料、测土配方施肥耕地地力评价资料、近年社会经济统计资料、土地利用总体规划及专题规划、有关耕地利用的科研、专题调查研究等文献资料。

4. 基础及专题图件资料

与耕地质量评价相关的各类专题图件，主要包括青铜峡市 1∶50 000 地形图、行政区划图、土地利用现状图。

(三)评价单元的确定

供港蔬菜基地耕地质量评价按照耕地质量等级进行评价,按照《宁夏耕地质量检测调查与评价技术方案》(宁农(种)发〔2019〕20 号)要求,本次青铜峡市供港基地耕地质量调查的划分,采用行政区划图、土壤图、土地利用现状图的叠加划分法,即"行政区划—土地利用现状类型—土壤类型"的格式。其中,土壤类型划分到土属,土地利用现状类型划分到二级利用类型,制图边界以青铜峡市 2019 年度更新土地利用现状图为准。同一评价单元内的土壤类型相同,利用方式相同,交通、水利等基本一致,用这种方法划分评价单元既可以反映单元之间的空间差异性,即使土地利用类型有了土壤基本性质的均一性,又使土壤类型有了确定的地域边界线,使评价结果更具综合性、客观性,可以较容易地将评价结果落实到实地。

(四)采样调查与分析

1. 布点原则

有广泛的代表性和典型性,兼顾均匀性;尽可能在第二次土壤普查的取样点上布点;采样点具有所在评价单元所表现特征最明显、最稳定、最典型的性质,要避免各种非调查因素的影响。

2. 布点方法

根据农业部和自治区农业厅要求的 5 000~10 000 亩 1 个土样的采样点密度,考虑各级耕地质量长期监测点的布点原则,结合当地实际,确定采样点数量。在各评价单元中,根据图斑大小、种植制度、作物种类、产量水平确定布点数量和点位,并在图上标注采样编号。采样点数和点位确定后,根据土种、种植制度、产量水平等因素,统计各因素点位数。当某一因素点位数过少或过多时进行调整,同时考虑点位的均匀性。按上述方法和要求,基地确定采样点6个,采样点空间分布见图7-1。

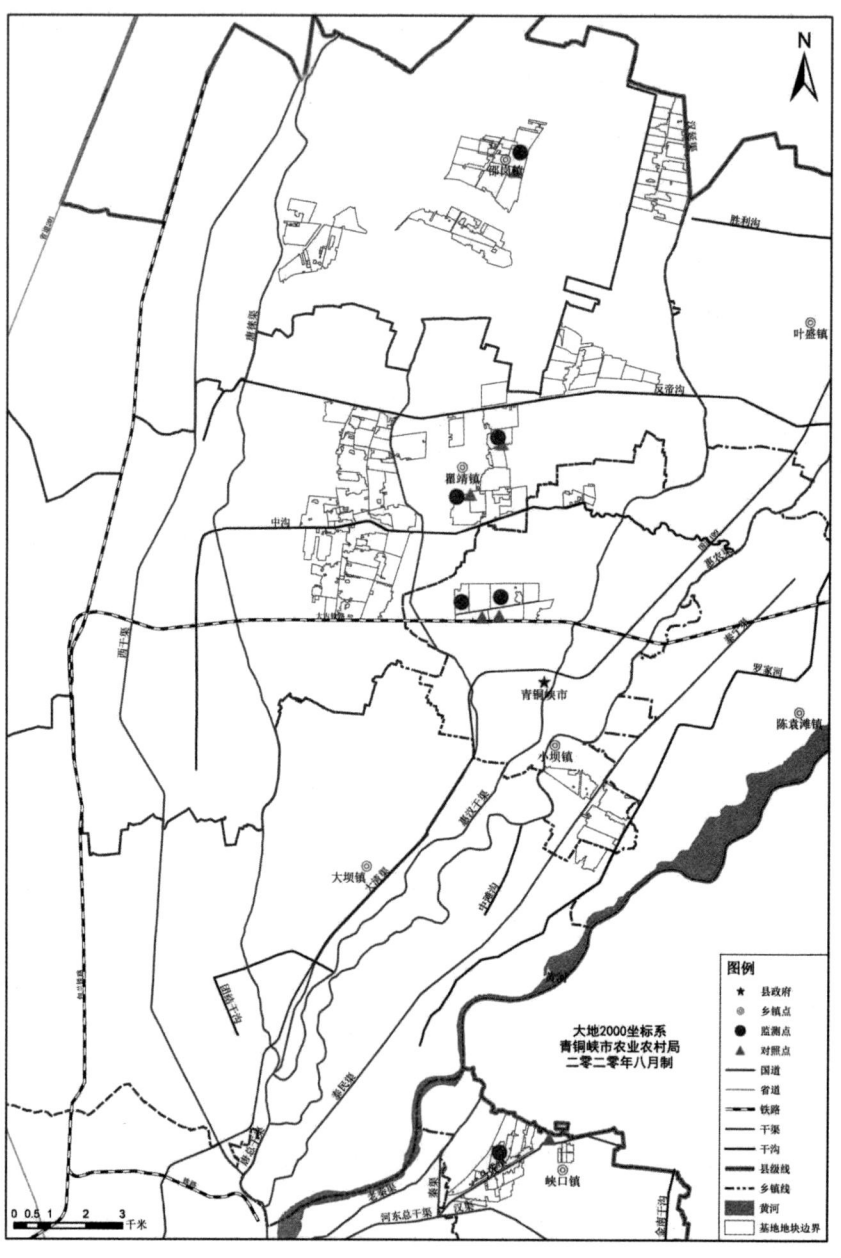

图7-1 青铜峡市供港基地耕地质量等级调查评价采样点分布图

3. 采样与野外调查

根据室内预定采样点的位置,按行政区划图的区位,通过 GPS 导航,进行实地选择取土地块。如果图上标明的位置在当地不具典型性时,则在实地另选有典型性的地块,并在图上标明准确位置,利用 GPS 定位仪确定经纬度。取样点确定后,在所确定的田块进行采样。同时,与采样点户主和当地技术人员交谈,填写调查内容。

4. 样品分析

按照相关标准和规程,对样品进行各项化验分析。

(五)数据审核和处理

1. 数据审核

获取的调查表数据是后阶段耕地质量等级评价的关键数据。须对调查表的数据进行审核处理。审核主要分为数据完整性审核、数据规范性审核以及数据逻辑性审核。

2. 评价数据的处理

(1)评价数据的提取

评价数据的提取是根据数据源的形式采用相应的提取方法,一是采用叠加分析模型,通过评价单元图与各评价因素图的叠加分析,从各专题图上提取评价数据;二是通过复合模型将采样调查点与评价单元图复合,从各调查点相应的调查、分析数据中提取各评价单元信息。

(2)指标体系的量化处理

系统获取的评价资料可以分为定量和定性资料两大部分,为了采用定量化的评价方法和自动化的评价手段,减少人为因素的影响,需要对其中的定性因素进行定量化处理,根据因素的级别状况赋予其相应的分值或数值。此外,对于各类养分等按调查点获取的数据,则需要进行插值处理。

① 定性因素的量化处理:根据各因素对耕地质量的影响程度,采用特尔斐法直接打分获得隶属度。

② 定量化指标的隶属函数：定量指标内的分级则采用数学方法拟合其隶属函数，利用隶属函数计算获得隶属度。

二、评价指标体系建立

(一)评价指标的选取依据

《耕地质量等级》(GB/T 33469-2016)国家标准

《农业农村部耕地质量监测保护中心关于印发〈全国耕地质量等级评价指标体系〉的通知》(耕地评价函〔2019〕87号)

《宁夏耕地质量检测调查与评价技术方案》(宁农(种)发〔2019〕20号)

(二)评价指标的选取方法

根据《耕地质量等级》国家标准确定青铜峡市所属农业区域，根据所属农业区域，对照《全国耕地质量等级评价指标体系》，确定青铜峡市耕地质量等级评价指标、指标权重及隶属函数。

(三)评价指标、指标权重及隶属函数

1. 评价指标

青铜峡市供港基地属甘新区一级农业区中的蒙宁甘农牧区二级农业区，其中根据分区和标准确定评价指标16个。16个指标分别是地形部位、灌溉能力、盐渍化程度、耕层质地、有机质、排水能力、有效磷、质地构型、障碍因素、农田林网化、有效土层厚、速效钾、地下水埋深、土壤容重、生物多样性、清洁程度。

2. 指标权重及隶属函数

指标权重具体见表7-1。

3. 指标隶属函数

① 概念型指标隶属函数见表7-2。

② 数值型指标隶属函数见表7-3。

表 7-1　指标权重（蒙宁甘农牧区）

指标名称	指标权重	指标名称	指标权重
地形部位	0.149 3	障碍因素	0.053 5
灌溉能力	0.120 7	农田林网化	0.052 8
盐渍化程度	0.075 0	有效土层厚	0.046 2
耕层质地	0.072 8	速效钾	0.039 3
有机质	0.071 5	地下水埋深	0.038 1
排水能力	0.067 0	土壤容重	0.036 4
有效磷	0.062 5	生物多样性	0.030 5
质地构型	0.057 1	清洁程度	0.027 2

表 7-2　概念型指标隶属函数统计表

地形部位	山间盆地	宽谷盆地	平原低阶	平原中阶	平原高阶	丘陵上部	丘陵中部	丘陵下部	山地坡上	山地坡中	山地坡下
隶属度	0.8	0.85	1	0.9	0.75	0.5	0.7	0.85	0.4	0.6	0.75
耕层质地	砂土	砂壤	轻壤	中壤	重壤	黏土					
隶属度	0.4	0.7	0.9	1	0.8	0.5					
质地构型	薄层型	松散型	紧实型	夹层型	上紧下松型	上松下紧型	海绵型				
隶属度	0.4	0.4	0.7	0.6	0.5	1	0.9				
生物多样性	丰富	一般	不丰富								
隶属度	1	0.8	0.6								
清洁程度	清洁	尚清洁									
隶属度	1	0.85									
障碍因素	盐碱	瘠薄	酸化	渍潜	障碍层次	无					
隶属度	0.6	0.7	0.65	0.65	0.5	1					
灌溉能力	充分满足	满足	基本满足	不满足							

续表

地形部位	山间盆地	宽谷盆地	平原低阶	平原中阶	平原高阶	丘陵上部	丘陵中部	丘陵下部	山地坡上	山地坡中	山地坡下
隶属度	1	0.8	0.6	0.4							
排水能力	充分满足	满足	基本满足	不满足							
隶属度	1	0.8	0.6	0.4							
农田林网化	高	中	低								
隶属度	1	0.85	0.7								
盐渍化程度	轻度	中度	重度	盐土	无						
隶属度	0.9	0.75	0.4	0.3	1						

表 7-3 数值型指标隶属函数

指标名称	函数类型	函数公式	a 值	c 值	u 的下限值	u 的上限值
有机质	戒上型	$y=1/[1+a(u-c)^2]$	0.001 245	39.976 682	2.0	39.0
有效磷	戒上型	$y=1/[1+a(u-c)^2]$	0.001 293	41.023 703	2.0	40.0
速效钾	戒上型	$y=1/[1+a(u-c)^2]$	0.000 021	315.812 898	20	315
土壤容重	峰型	$y=1/[1+a(u-c)^2]$	6.390 020	1.310 488	0.50	2.00
有效土层厚	戒上型	$y=1/[1+a(u-c)^2]$	0.000 089	149.661 697	10	145
地下水埋深	戒上型	$y=1/[1+a(u-c)^2]$	0.000 293	56.275 087	0.1	50.0

注：y 为隶属度；a 为系数；u 为实测值；c 为标准指标。当函数类型为戒上型，u 小于等于下限值时，y 为 0；u 大于等于上限值时，y 为 1；当函数类型为峰型，u 小于等于下限值或 u 大于等于上限值时，y 为 0

三、数据库的建立

(一)空间数据库的建立

1. 基础图件入库

对于土壤图、排灌图等纸质的基础图件，采用大幅面扫描仪扫描成电子版，配准后利用 ARCMAP 进行矢量化。矢量化前对图件进行精确性、完整性、现势性的分析,在此基础上对图件的有关内容进行分层处理,根据要求选取入库要素。相应的属性数据采用键盘录入。对于土地利用现状图,可直接入库。采样点位图的生成,可基于审核后的采样调查表,加载到 ARCMAP 中,利用相应方法生成。

2. 坐标变换

GIS 空间分析功能的实现要求数据库中的地理信息以相同的坐标为基础。原始的各种图件坐标系统不一致,如经扫描产生的坐标是一个随机的平面坐标系,不能满足空间分析操作的要求,应转换为统一的大地 2000 坐标。

3. 空间数据质量检查

数字化的几何图形可能存在各种错误,可利用 ARCMAP 提供的点、线、面编辑修改工具,对图件进行各种编辑修改,利用拓扑检查工具,检查修改图件的各种拓扑错误。

(二)属性数据库的建立

对各种基础属性数据内容进行分类,键盘录入各类数据,采用 ACCESS 等软件进行统一管理。

(三)空间数据和属性数据的连接

空间数据和属性数据之间用唯一标识码来标识和连接。

(四)耕地质量等级评价

耕地质量等级评价是从农业生产角度出发,通过综合指数法对耕地地力、土壤健康状况和田间基础设施构成的满足农产品持续产出和质量安全的能力进行评价。

1. 评价依据

《耕地质量等级》(GB/T 33469-2016)国家标准

《农业农村部耕地质量监测保护中心关于印发〈全国耕地质量等级评价指标体系〉的通知》(耕地评价函〔2019〕87 号)

《宁夏耕地质量检测调查与评价技术方案》(宁农(种)发〔2019〕20 号)

2. 评价原理

根据《耕地质量等级》国标确定评价区域所属农业区域,根据所属农业区域确定耕地质量评价指标,根据《全国耕地质量等级评价指标体系》确定各指标权重、各指标隶属度以及等级划分指数,生成评价单元,对评价单元进行赋值,采用县域耕地资源管理信息系统进行耕地质量等级评价,计算耕地质量综合指数,根据等级划分标准,确定耕地质量等级。各项指标见表7-4。

表7-4 耕地质量评价指标

耕地质量等级	综合指数范围	耕地质量等级	综合指数范围
一等	≥0.840 1	六等	0.722 1~0.746 1
二等	0.818 1~0.840 1	七等	0.698 1~0.722 1
三等	0.794 1~0.818 1	八等	0.674 1~0.698 1
四等	0.770 1~0.794 1	九等	0.650 0~0.674 1
五等	0.746 1~0.770 1	十等	<0.650 0

3. 评价流程

整个评价可分为3个方面的主要内容,按先后的次序分别为:

① 资料工具准备及数据库建立。根据评价的目的、任务、范围、方法,收集准备与评价有关的各类自然及社会经济资料,进行资料的分析处理。选择适宜的硬件平台和GIS等软件,建立耕地质量评价基础数据库。

② 耕地质量评价。划分评价单元,提取影响质量的关键因素并确定权重,选择相应评价方法,按照评价标准,确定耕地质量等级。

③ 评价结果分析。依据评价结果,量算各等级耕地面积,编制耕地质量等级分布图。分析耕地质量问题,提出耕地资源可持续利用的措施建议。

(五)耕地土壤养分专题图的编制

将审核处理过后的采样点调查表加载到ARCMAP中,生成采样点位图;统一坐标系后,将土壤有机质、氮、磷、钾等养分数据进行插值,通过区域统计和属

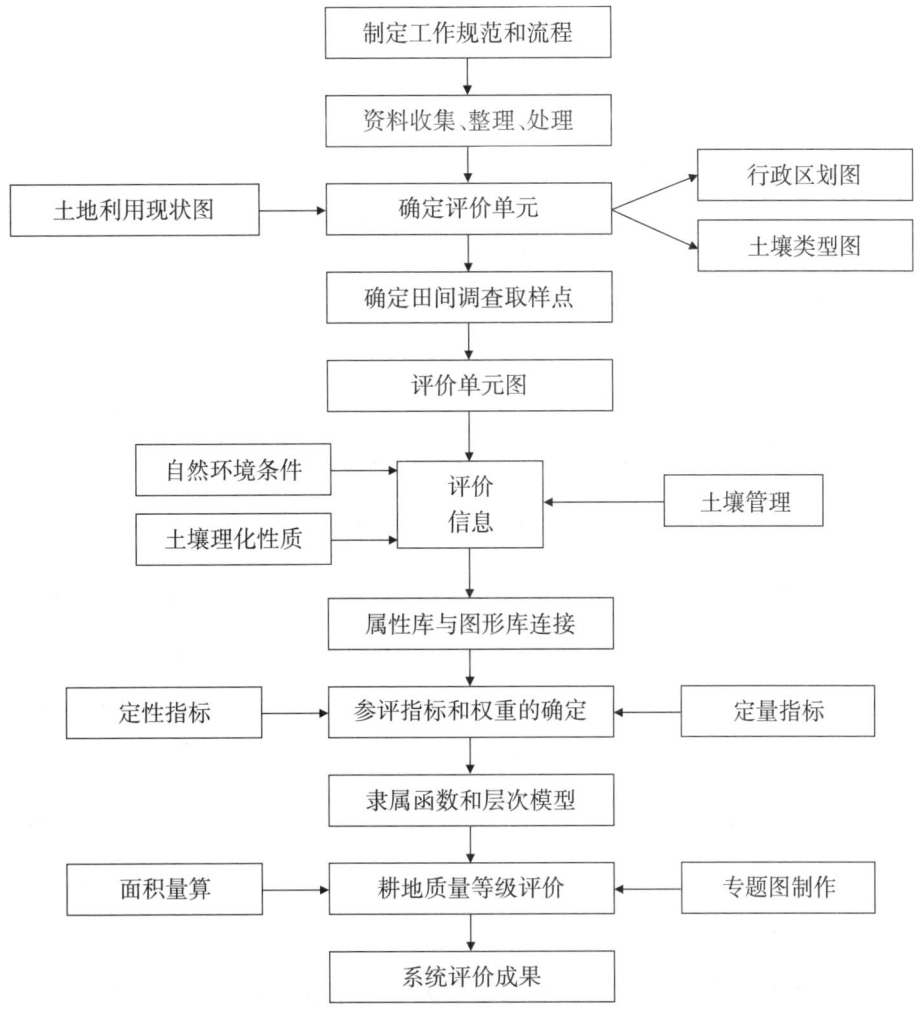

图 7-2 青铜峡市供港基地耕地质量等级评价流程图

性连接,将养分值赋给对应评价单元;添加青铜峡市行政区划图、乡镇名等图层,根据评价单元各养分属性值制作专题图,经图件清绘整饰等步骤后导出。

第二节 供港蔬菜基地耕地质量评价

一、供港蔬菜基地土壤理化性状结果评价

从表 7-5 可看出,供港蔬菜基地土壤有机质和全氮平均含量高达 18.6 g/kg

表 7-5　青铜峡市供港基地土壤理化性状统计表

指标	单位	最大值	最小值	平均值	标准差	CV	分级标准
pH	无量纲	8.60	8.00	8.23	0.10	1.22%	3级(8.0~8.5)
全盐	g/kg	2.16	0.64	1.47	0.20	13%	2级(1.0~2.0)
全氮	g/kg	1.63	1.01	1.41	0.10	7.09%	2级(1.20~1.50)
有机质	g/kg	21.20	12.00	18.56	1.88	10.13%	2级(18.0~25.0)
有效磷	mg/kg	219.00	67.60	116.92	16.49	14.10%	1级(>50.0)
速效钾	mg/kg	630.00	332.00	475.72	76.90	16.16%	1级(>200)
缓效钾	mg/kg	994.00	790.00	875.20	28.05	3.20%	3级(800~1 000)

和1.41 g/kg，但其极大值和极小值绝对含量相差9.2 g/kg和0.62 g/kg，说明各采样基地土壤有机质和全氮含量水平差异较大；供港蔬菜基地土壤有效磷和速效钾平均含量高达116.9 mg/kg和475.7 mg/kg，其极大值和极小值绝对含量相差151.4 mg/kg和298 mg/kg，且有效磷和速效钾极小值也高达76.9 mg/kg和332 mg/kg，达到了宁夏粮食作物土壤有效磷和速效钾含量丰富水平；且供港蔬菜基地土壤平均全盐量为1.5 g/kg，属于轻度盐渍化，这与基地过量施用化肥有密切关系。土壤磷钾含量过高，影响作物对有效钙、锌、钼元素的吸收。

二、供港蔬菜基地建设前后土壤养分各项指标分析

(一)建设前后对比分析

在峡口镇、瞿靖镇、连湖农场、小坝镇选择了6个点位作为供港蔬菜的固定监测点位。分别在6个监测点位采集土样进行了pH、有机质、有效磷、速效钾、全氮和全盐等6个指标的分析。

从表7-6可看出，除了土壤pH有所降低外，土壤有机质、速效钾、缓效钾、全氮和全盐含量均高于建设前，尤其是土壤有效磷、速效钾含量是建设前的3~6倍，反映了供港蔬菜化肥施用量高导致土壤有效磷和速效钾含量过高的现象；且化肥施用量过高也间接引起了土壤已溶盐分在土壤中的积累，存在

表 7-6 建设前后的土壤理化性状各项指标统计

指标	建设前	建设后	提高比例/%
pH	8.70	8.23	-5.40
全盐/(g·kg^{-1})	0.48	1.47	206.25
有机质/(g·kg^{-1})	14.53	18.56	27.74
全氮/(g·kg^{-1})	0.94	1.41	50
有效磷/(mg·kg^{-1})	19.80	116.92	490.51
速效钾/(mg·kg^{-1})	143.33	475.72	231.91

次生土壤盐渍化加重的趋势。

(二)土壤养分对比分析评价

本项目选定了青铜峡市供港基地周边农田 6 个点位作为对照点,6 个对照点分布在瞿靖镇、峡口镇、小坝镇、大坝镇和邵岗镇 5 个乡镇。

从表 7-7 看出,供港蔬菜基地除了土壤 pH 与大田相比有所降低外,土壤有机质、速效钾、缓效钾、全氮和全盐平均含量均较大田高,尤其是有效磷、速效钾和全盐含量是大田含量的 2~2.8 倍。说明供港蔬菜基地土壤速效磷和钾养分含量过高可能会导致土壤供给作物大量元素和微量元素比例失衡,影响作物产量和品质。且由于过量施用化肥导致土壤易溶盐含量累积,引起土壤次

表 7-7 供港蔬菜基地与农田土壤养分各项指标统计

指标	大田	供港蔬菜基地	提高比例/%
pH	8.30	8.23	-0.84
有机质/(g·kg^{-1})	14.41	18.56	28.80
全盐/(g·kg^{-1})	0.75	1.47	96
全氮/(g·kg^{-1})	0.98	1.41	43.88
有效磷/(mg·kg^{-1})	41.29	116.92	183.17
速效钾/(mg·kg^{-1})	221.13	475.72	115.13
缓效钾/(mg·kg^{-1})	773.33	875.20	13.17

生盐渍化,影响土壤质量。

三、供港蔬菜基地土壤养分监测指标分析

(一)土壤 pH

土壤 pH 是土壤形成过程中的重要属性,它影响着土壤中营养元素、重金属元素存在的形态、转化、迁移和有效性,涉及土壤中微生物的群的活性及功能,对土壤肥力有着深刻的影响。植物的生长发育对土壤的酸碱性有一定的要求,不同的植物各自需要在一定的酸碱范围内才能生长良好。因此,了解土壤的酸碱性,对因土种植、合理布局农作物、林木、经济植物、合理分配、使用化肥都有极为重要的意义。

1. pH 分布

从表 7-8 可看出,供港基地的 pH 范围在 8.0~8.6,其中 pH 为 8.0~8.5 的土壤占比 98.73%;pH 为 8.5~9.0 的土壤占比 1.27%。

表 7-8 供港基地土壤 pH 分布表

pH	面积/万亩	比例/%
8.0~8.5	4.96	98.73
8.5~9.0	0.06	1.27
总计	5.02	100

从图 7-3 可看出,青铜峡市峡口镇、瞿靖镇和连湖农场供港蔬菜基地土壤 pH 均为 8.0~8.5,仅小坝镇永丰村供港蔬菜基地土壤 pH 均为 8.5~9.0。以上数据表明,青铜峡市供港蔬菜基地土壤 pH 基本稳定。

2. 供港蔬菜基地建设前后土壤 pH 变化

从图 7-4 可看出,2005—2019 年,15 年间供港蔬菜基地土壤呈现增加后减低然后又增加规律,第一个高峰期为 2009 年土壤 pH 达到 8.6;到 2015 年土壤 pH 降至 8.0,2017 年增至 8.5,2019 年又降至 8.2。2005—2019 年供港蔬菜

第七章 青铜峡市供港蔬菜基地土壤质量评价

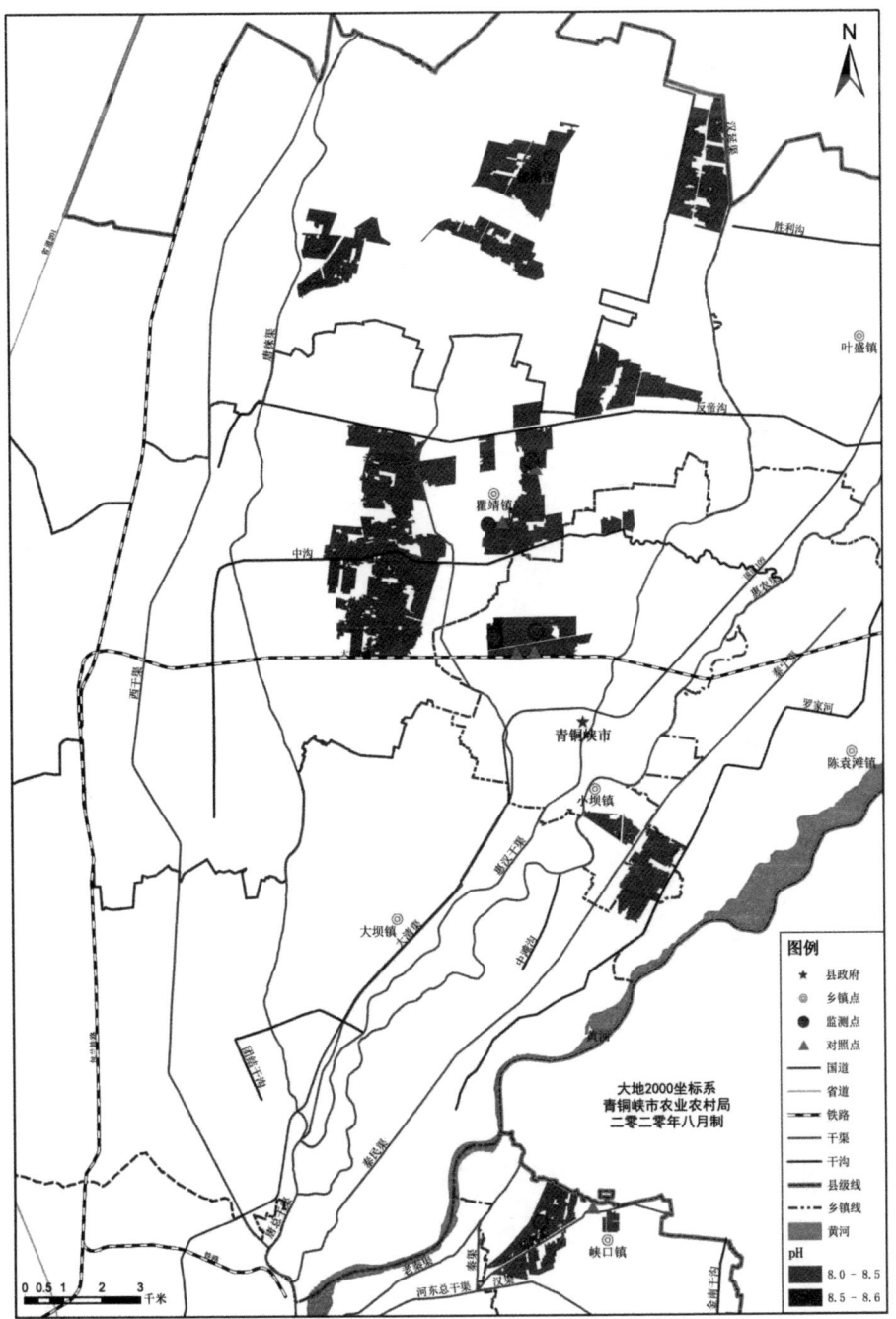

图 7-3 青铜峡市供港基地土壤 pH 分布图

基地土壤 pH 基本稳定在 8.2~8.6,与青铜峡市大田土壤 pH 相近。

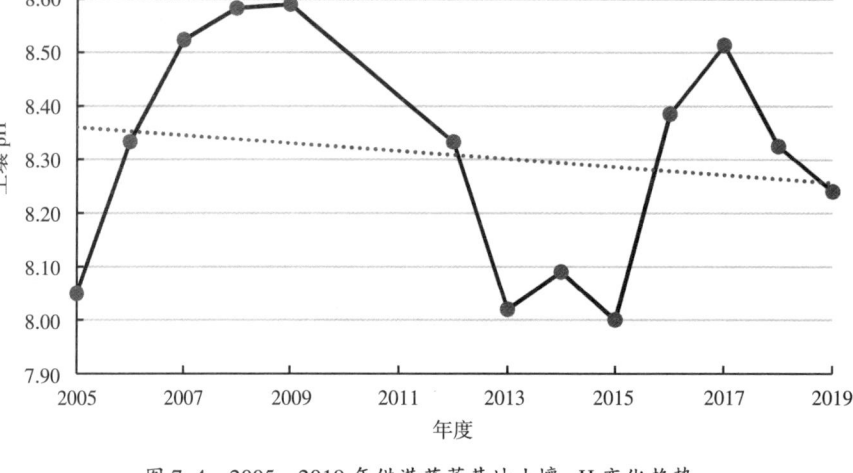

图 7-4 2005—2019 年供港蔬菜基地土壤 pH 变化趋势

(二)土壤全盐

土壤中可溶性盐类过多对植物造成的内毒害作用,称为盐害。土壤盐分过多使植物根际土壤溶液渗透势降低,植物产生生理障碍,表现为植株矮小、叶色浓绿、生长不良,严重时从叶缘开始枯死或变褐向卷。因此了解土壤盐分是衡量蔬菜正常生长主要指标。

1. 全盐分布情况

从图 7-5 可知,青铜峡市峡口镇和瞿靖镇连湖农场供港蔬菜基地土壤全盐值为 2.01~2.17 g/kg,属于轻度盐渍化土壤;其他乡镇港蔬菜基地土壤全盐值均为 0.61~1.5 g/kg,属于非盐渍化土壤。

2. 供港蔬菜基地建设前后土壤全盐变化

供港基地建设前土壤全盐平均值 0.69 g/kg,供港基地建设后全盐平均值 1.44 g/kg,全盐绝对含量增加 0.75 g/kg;建设前后供港蔬菜基地土壤全盐量呈增加趋势,大量施用化肥加之喷灌淋洗不彻底,是导致地表易溶盐含量增加的主要原因。

第七章 青铜峡市供港蔬菜基地土壤质量评价

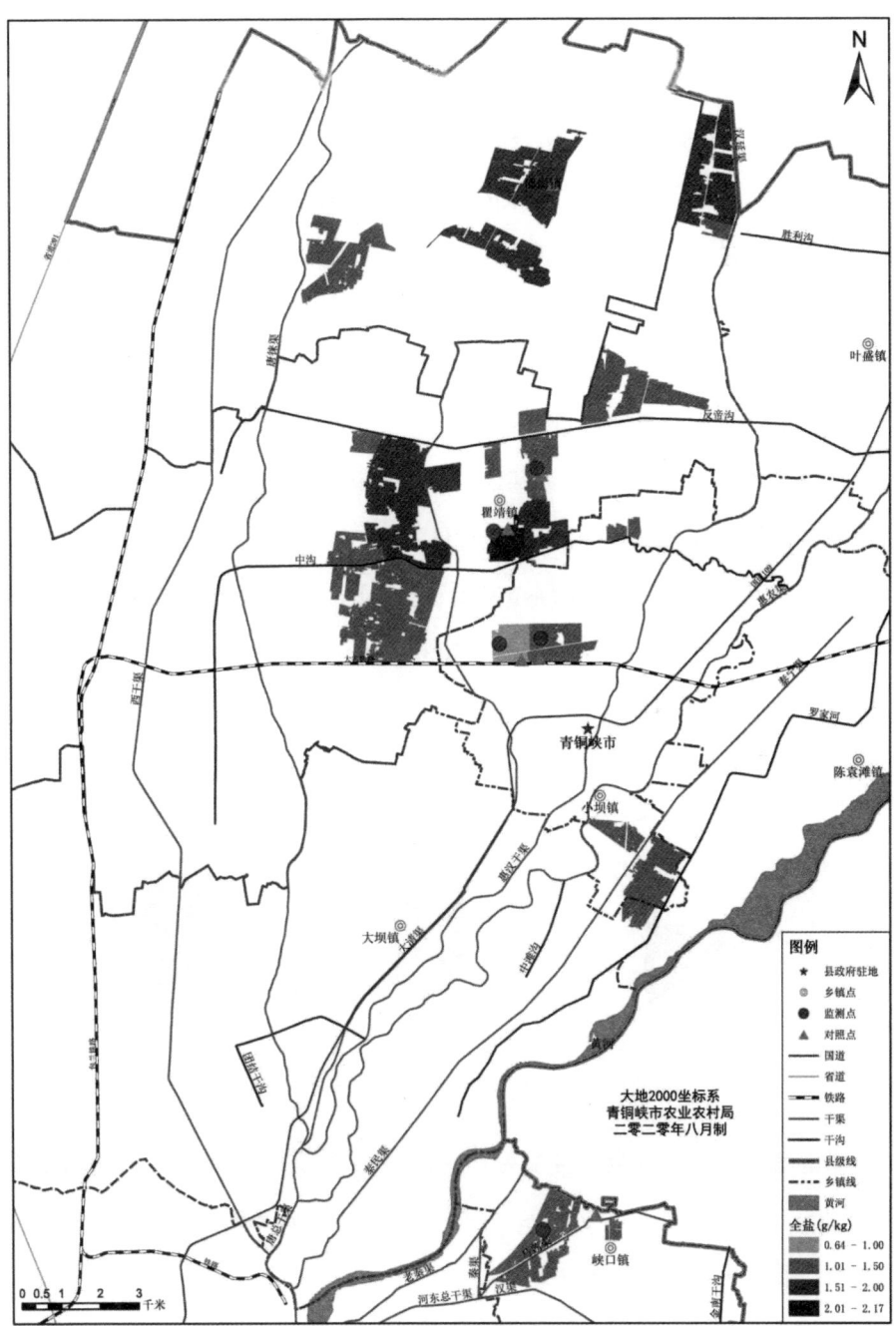

图 7-5 青铜峡市供港蔬菜基地土壤全盐分布图

(三)土壤有机质与全氮含量

土壤有机质和全氮是评价土壤肥力主要指标。土壤有机质分解过程中,各种养分将逐步释放供植物吸收利用。有机质能改善土壤的结构和物理化学性质(缓冲性能、吸附、离子交换性能和络合能力等),为植物生长提供适宜的土壤物理环境和化学环境。实践证明,只有适量的土壤有机质的土壤生态系统才具有较好的抗逆性,作物才能稳产高产。土壤氮素是作物需要大量元素之一,土壤全氮是衡量土壤氮素供应状况的重要指标。氮素是叶类菜吸收主要营养元素之一,与果菜类相比,叶类菜需氮量较高,若缺乏氮营养,就难以形成鲜嫩的商品和优良的品质。

1. 土壤有机质和全氮含量分布

从图7-6可看出,供港蔬菜基地的土壤有机质含量在12.0~21.20 g/kg,有机质平均值为18.56 g/kg。其中有机质含量为12.0~18.0 g/kg的土壤占比42.64%,主要分布瞿靖镇、邵岗镇和小坝镇基地;有机质含量为18.0~24.0 g/kg的土壤占比57.36%,主要分布在小坝镇、峡口镇和小坝镇基地。

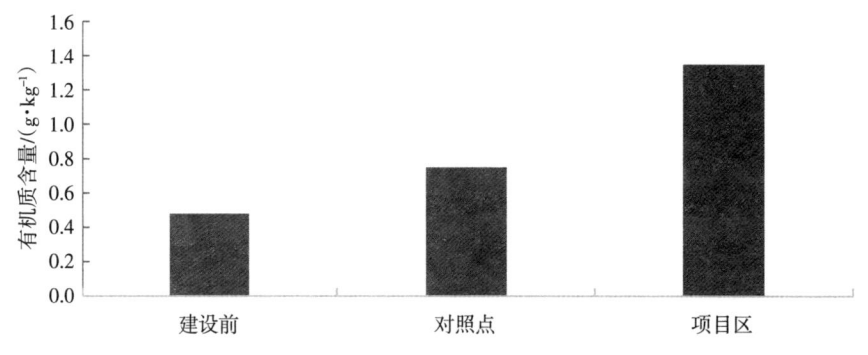

图7-6 青铜峡市供港基地全氮对比图

供港蔬菜基地土壤全氮含量为0.9~1.2 g/kg的耕地土壤占比5.04%;全氮含量>1.5 g/kg的耕地占比12.73%,主要分布在小坝镇、峡口镇和叶盛镇基地,这与有机质含量与分布基本一致。

2. 供港蔬菜基地建设前后土壤有机质与全氮含量变化

从图7-7可看出,2005—2009年供港蔬菜基地建设前土壤有机质平均含

第七章 青铜峡市供港蔬菜基地土壤质量评价

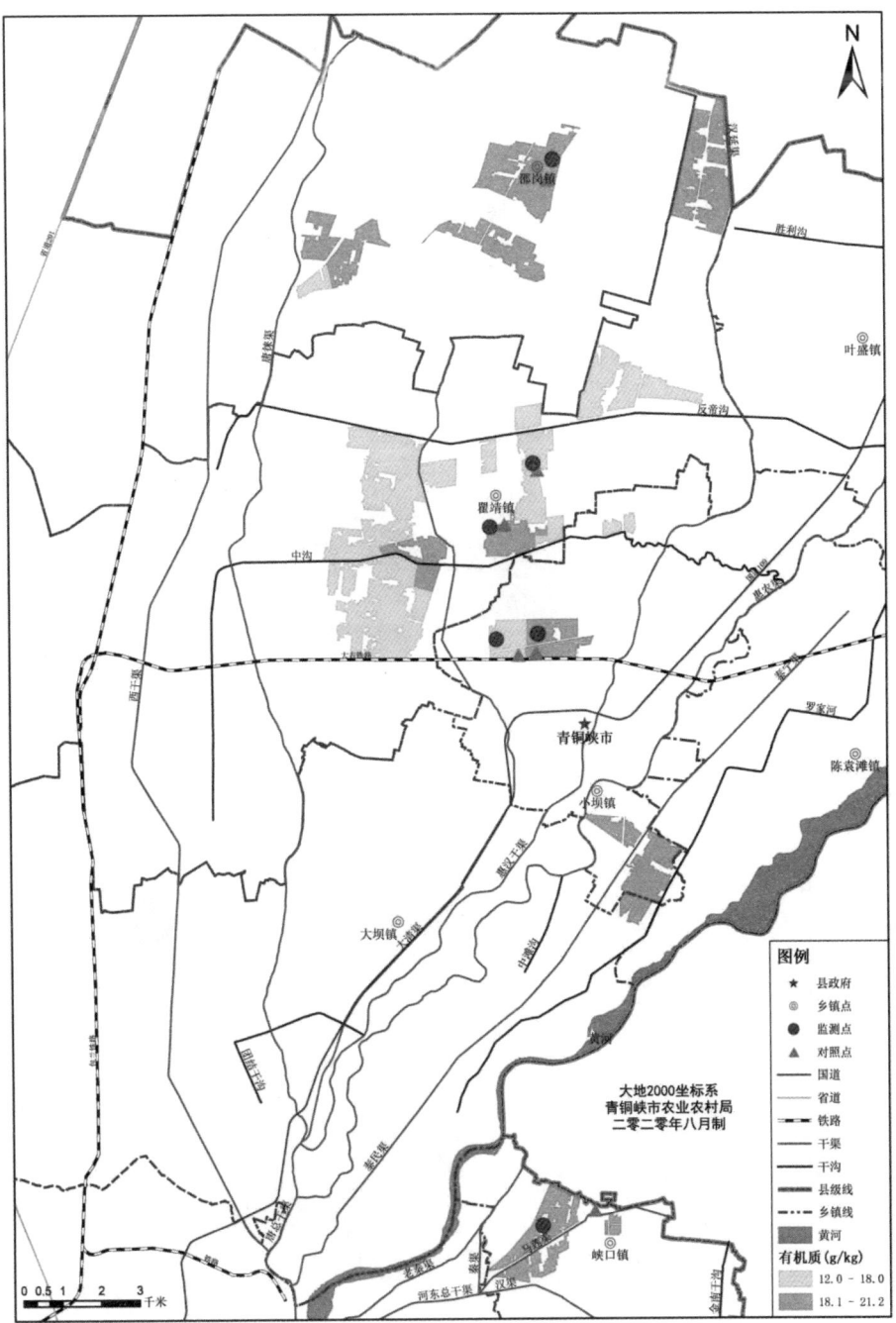

图 7-7 青铜峡市供港基地土壤有机质含量分布图

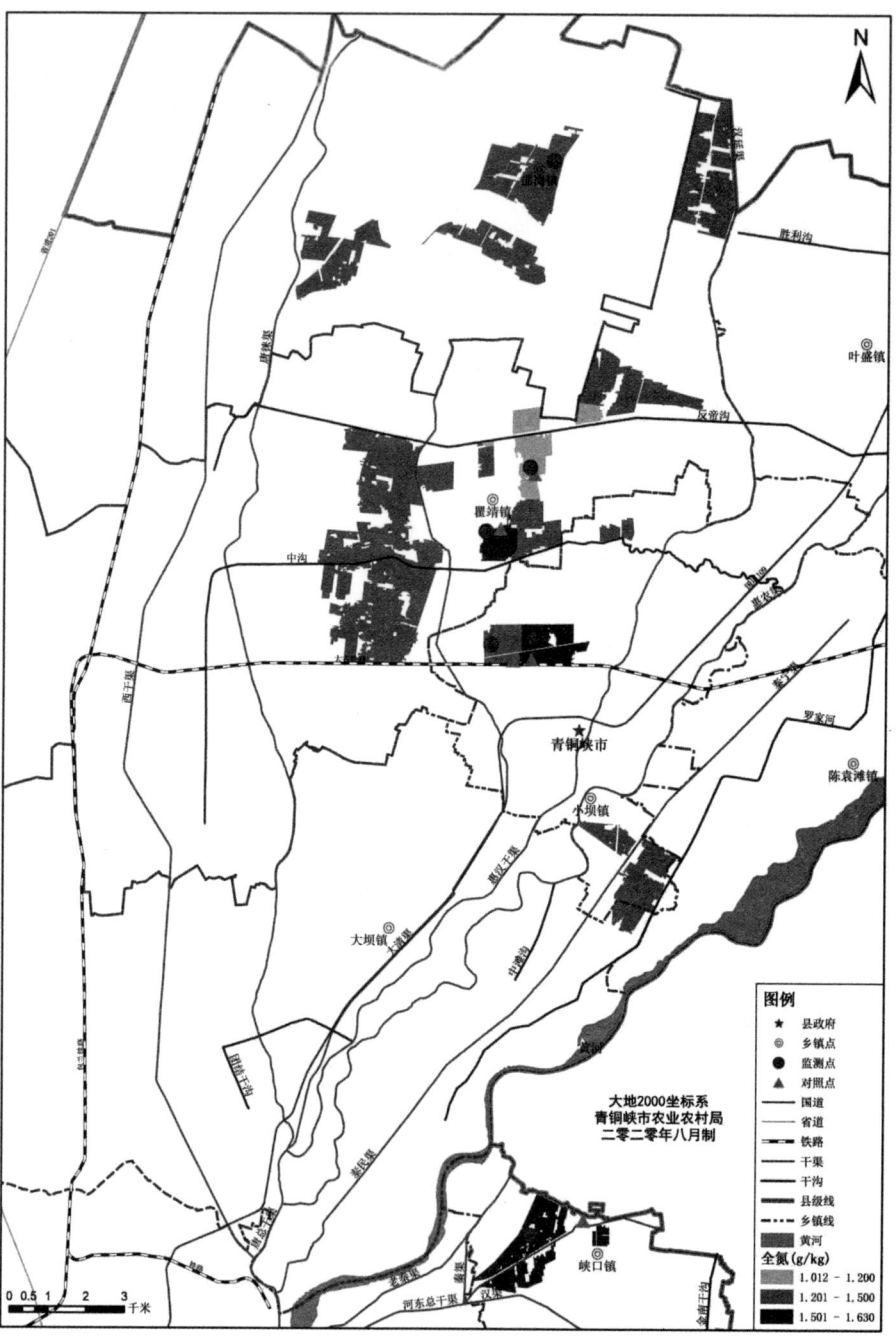

图 7-8 青铜峡市供港基地土壤全氮含量分布

量 15.36 g/kg；2012—2019 年供港基地建设后有机质含量平均为 18.62 g/kg；有机质含量增加了 3.26 g/kg。建设前后整体均呈上升趋势；从图 7-8 可看出，2005—2009 年供港基地建设前土壤全氮平均值 1.03 g/kg，2012—2019 年供港基地建设后全氮平均值 1.36 g/kg，；全氮含量提升 0.33 g/kg。建设前后整体均呈上升趋势。

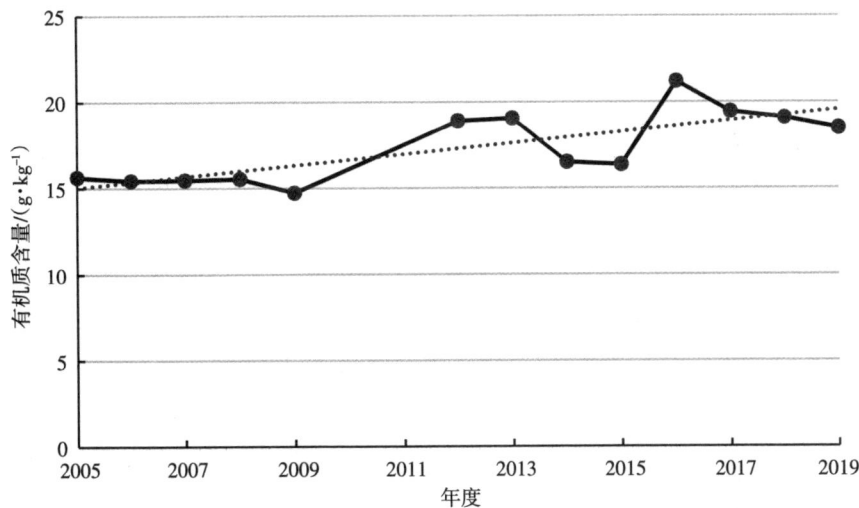

图 7-9　青铜峡市供港蔬菜基地土壤有机质变化趋势(2005—2019)

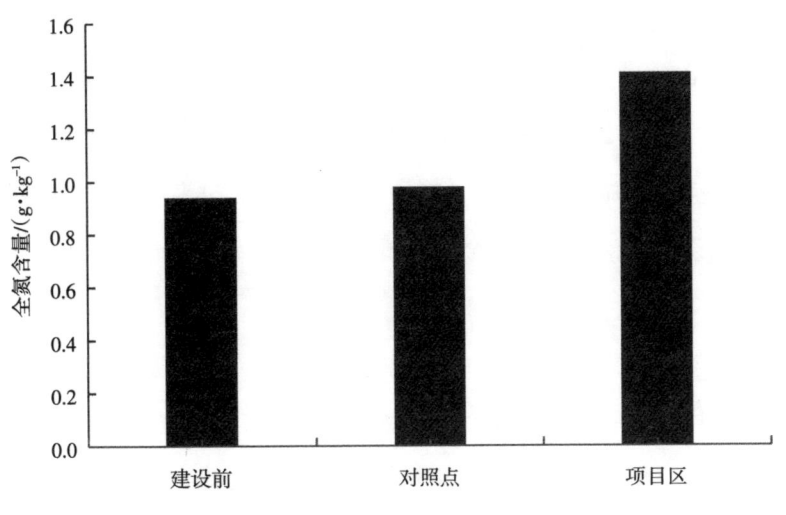

图 7-10　青铜峡市供港基地全氮对比图

(四)土壤有效磷含量

磷是植物生长发育的主要营养元素之一,叶类菜对磷的需求虽然不像氮与钾那么高,但也是蔬菜需要的大量元素。土壤中磷素常以有机态或无机态存在,磷容易在土壤中固定。土壤有效磷是指能为当季作物吸收利用的磷,土壤有效磷含量标志着土壤供磷水平,也是土壤有效肥力的一项指标,也是因土施用磷肥的参考依据,对施肥具有一定的指导意义。

1. 有效磷分布情况

由图 7-11 可看出,供港基地的有效磷范围在 67.6~219 mg/kg,有效磷平均值为 116.92 mg/kg,远远高于灌区土壤速效磷水平,其中有效磷含量为 60~150 mg/kg 的耕地土壤占比 96.43%;有效磷含量为 150~240 mg/kg 的耕地土壤占比 3.57%。

以上数据说明,供港蔬菜基地磷肥用量过高,有效磷在土壤积累过高,远远高于叶类蔬菜对磷素需求,应根据种植叶类蔬菜品种合理施用磷肥。

2. 供港蔬菜基地建设前后土壤有效磷含量变化

从图 7-11 可知,在 2009 年供港蔬菜基地建设前土壤有效磷含量变化不大,平均为 23.47 mg/kg;2011—2017 年,土壤有效磷含量达到一个高峰期,最高达到 192.1 mg/kg,比 2009 年前提高了 7.98 倍;2016 年以后由于实施"一控两减"行动,磷肥用量有所下降,2019 年为 192.1 mg/kg,建设后有效磷含量平均达 135.63 mg/kg,该数值也远远高于灌区土壤有效磷 27 mg/kg,这进一步说明各供港蔬菜基地施磷量过高,尤其是建设后施磷肥过高,造成土壤有效磷过度累积势必会存在潜在土壤重金属镉超标的威胁。

(五)土壤缓效钾与速效钾含量

钾是叶类菜需求量较高的一种元素,在氮、磷、钾养分吸收中,叶类菜主要以氮、钾为主,两者比例约为 1∶1,若缺乏氮、钾营养,就难以形成鲜嫩的商品和优良的品质。土壤速效钾是衡量土壤钾素供应能力的主要指标,全钾、缓效钾和速效钾存在相互转化变化,全钾向缓效钾相互转化,缓效钾向速效钾相互

第七章　青铜峡市供港蔬菜基地土壤质量评价

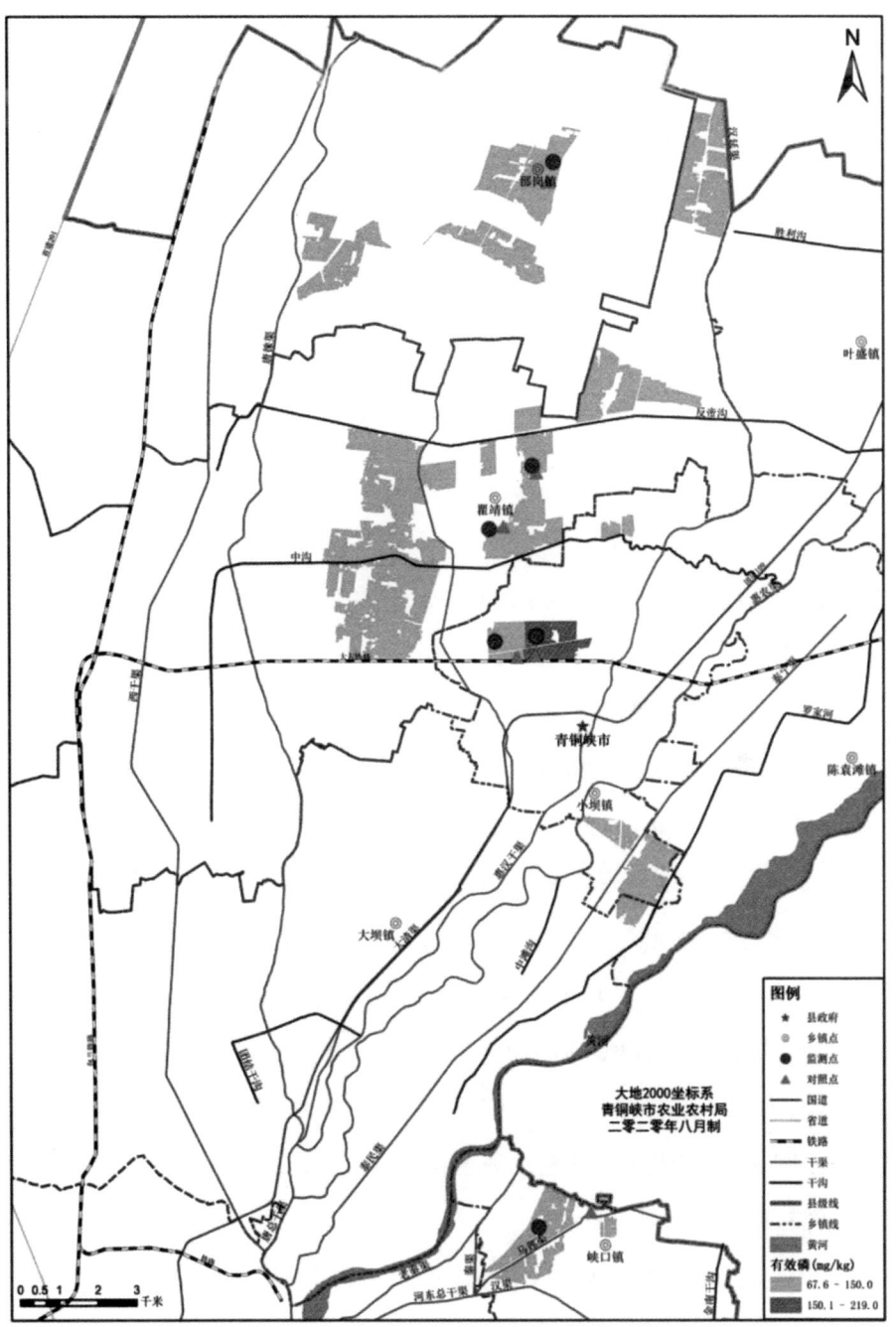

图 7-11　青铜峡市供港基耕地土壤有效磷含量分布图

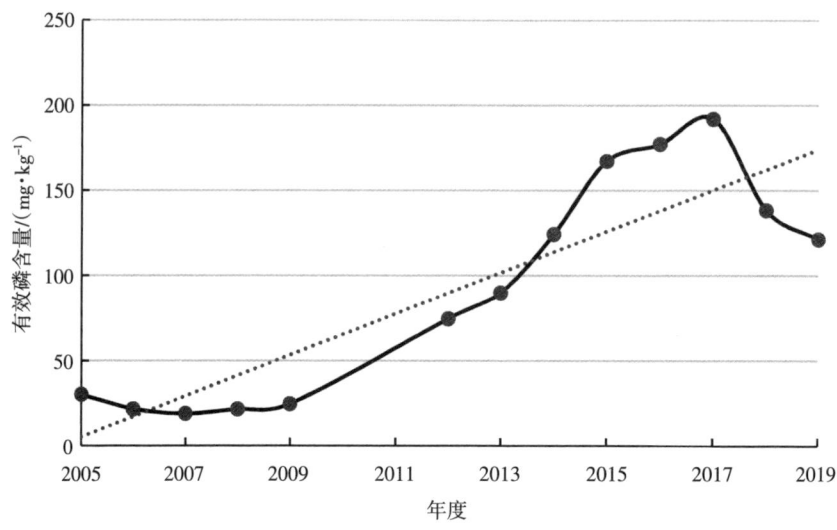

图 7-12 2005—2019 年青铜峡市供港蔬菜基地土壤有效磷变化趋势

转化,因此缓效钾是间接衡量土壤钾供应能力的指标,缓效钾高低直接影响速效钾变化,掌握了解供港蔬菜基地土壤钾素动态变化,为合理施用钾肥提供依据,同时也影响着供港蔬菜的品质。

1. 缓效钾与速效钾分布情况

从图 7-13 可知,供港基地土壤缓效钾变幅为 790~994 mg/kg,平均值为 875.2 mg/kg,其中缓效钾含量小于 800 mg/kg 占比仅为 0.84%,800~899 mg/kg 占比最大,为 81.11%,大于 900 mg/kg 占比为 18.05%;土壤速效钾含量变幅在 332~630 mg/kg,平均值为 475.72 mg/kg,其中速效钾含量小于 400 mg/kg 的耕地土壤占比 13.73%;400~499 mg/kg 占比为 35.29%在 500~599 mg/kg 占比最大,为 42.54%;速效钾含量>600 mg/kg 的耕地占比为 8.45%;从以上数据和分布图表明,供港蔬菜基地土壤缓效钾高的区域,速效钾也很高,说明土壤缓效钾和速效钾呈正相关。

2. 供港蔬菜基地建设前后土壤速效钾变化

图 7-14 可知,在 2011 年供港蔬菜基地建设前土壤速效钾含量基本稳定,平均为 146.7 mg/kg,属于土壤速效钾含量较高水平;2011—2013 年,土壤速效

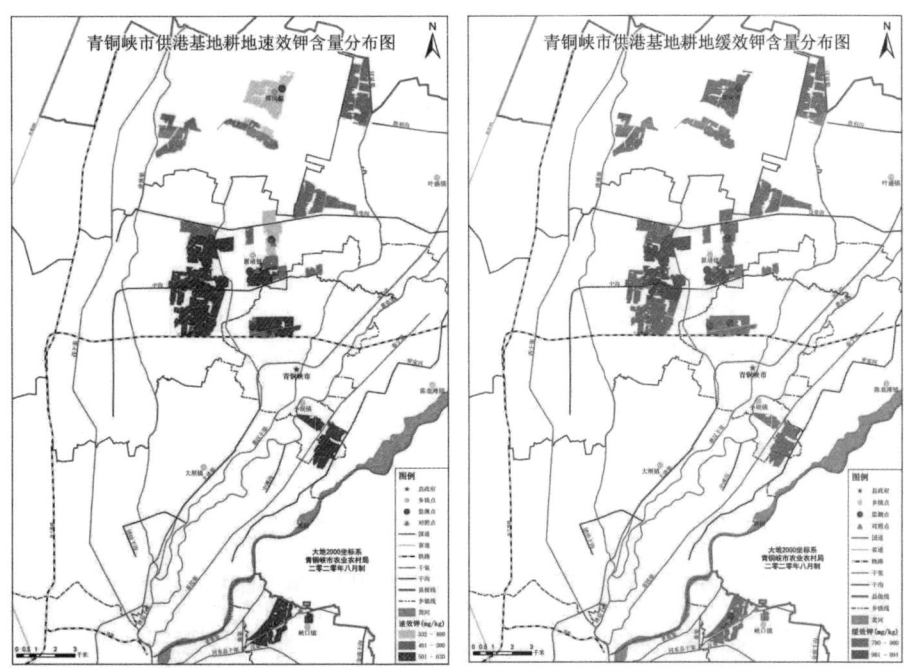

图 7-13 青铜峡市供港蔬菜基地土壤缓效钾、速效钾分布图

钾含量达到一个高峰期,最高达到 600 mg/kg,比 2009 年前提高了 5.7 倍;2013 年有所下降,到 2016 年又达到一个高峰期,达到 504 mg/kg;2016 年以后由于

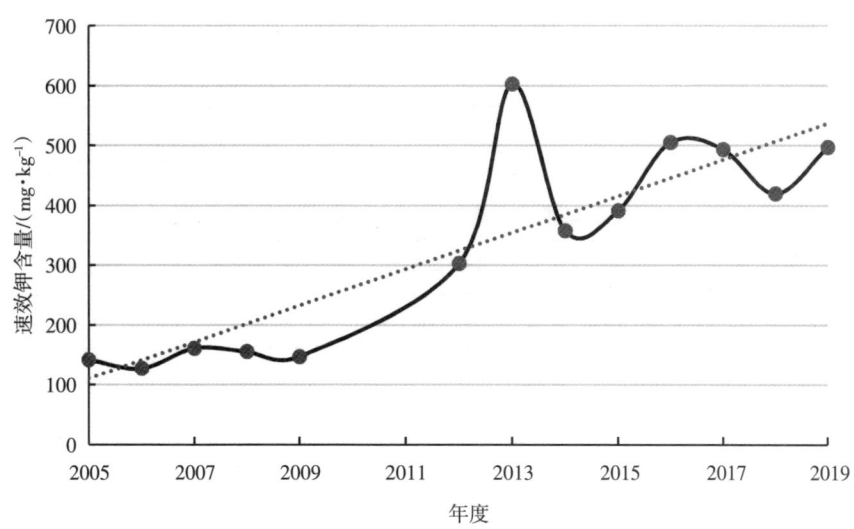

图 7-14 2005—2019 年供港蔬菜基地土壤速效钾变化趋势

实施"一控两减"行动,钾肥用量有所下降,土壤速效钾含量呈降低的趋势,至2019年达到497 mg/kg;2011年速效钾含量为446.04 mg/kg,也远远高于大田土壤速效钾平均含量173.1 mg/kg水平,以上数据说明,供港蔬菜施钾量一直居高不下,致使土壤速效钾含量趋于上升。

(六)供港蔬菜基地土壤微量元素

1. 供港蔬菜基地土壤微量元素背景值

不同蔬菜品种对微量元素吸收能力不同,芥菜对微量元素的吸收能力较好,其中锰元素吸收能力较强,锌元素吸收能力最差。因此,掌握了解供港蔬菜基地土壤微量元素背景值,对指导施用微肥具有十分重要的意义。从表7-10可知,供港蔬菜基地土壤有效铁和有效铜含量比农田分别减少了5.85%和9.95%;土壤有效硼、有效锌和有效锰含量比农田分别增加了72.71%、145.65%和4.45%,但各项指标均低于全区平均值,以上数据说明,供港蔬菜基地土壤

表7-9 农田与供港蔬菜基地土壤微量元素统计表

指标/(mg·kg^{-1})	农田	供港蔬菜基地	全区平均值
有效铁	44.18	41.60	16.87
有效铜	2.98	2.69	1.27
有效硼	1.47	2.54	3.46
有效锌	1.88	4.61	1.19
有效锰	9.88	10.32	5.46

表7-10 农田与供港蔬菜基地土壤微量元素指标统计表

指标/(mg·kg^{-1})	农田	供港蔬菜基地	全区平均值	增幅/%
有效铁	44.18	41.60	16.87	-5.85
有效铜	2.98	2.69	1.27	-9.95
有效硼	1.47	2.54	3.46	72.71
有效锌	1.88	4.61	1.19	145.65
有效锰	9.88	10.32	5.46	4.45

微量元素累积过高,土壤微量元素过剩会对植物产生毒害,反而影响作物的产量和品质,据研究报道,过量施用有机肥也会造成土壤微量元素积累,因此,各供港蔬菜基地要注意控制有机肥施用,有机无机配比合理,才能够减少土壤微量元素累积。

四、供港蔬菜基地土壤质量评价

供港蔬菜基地耕地质量评价按照国家耕地质量等级图进行分析评价,从表 7-11 和图 7-15 可知,青铜峡市耕地等级为 2.96,青铜峡市供港基地总面积为 5.02 万亩,所有耕地都为一等级,平均等级为 1.00,高于全区平均耕地等级 6.48 水平;农田对照平均等级为 1.93,分为 2 个等级,一等级和二等级,分别占耕地面积比例为 7.03%和 92.97%。以上数据说明,供港蔬菜耕地质量高于青铜峡市耕地和全区耕地水平。

表 7-11 青铜峡市供港基地与对照点耕地等级比对表

等级	供港蔬菜基地		农田	
	面积/万亩	比例	面积/万亩	比例
一	5.02	100%	0.35	7.03%
二	0.00	0%	4.67	92.97%
总计	5.02	100%	5.02	100.00%
平均等级	1.00		1.93	

第三节 供港蔬菜基地土壤环境质量评价

一、供港蔬菜基地灌溉水水质评价分析

从表 7-12 可看出,供港基地灌溉水源比农田矿化度、水溶盐分别减少 29.09%和 31.9%,总氮、总磷分别提高了 30.59%和 3 917.26%,但是整体来看符合《农田灌溉水质标准》(GB 5084-2005)标准。整体来看矿化度低于国家地

| 青铜峡市耕地土壤与地力 |

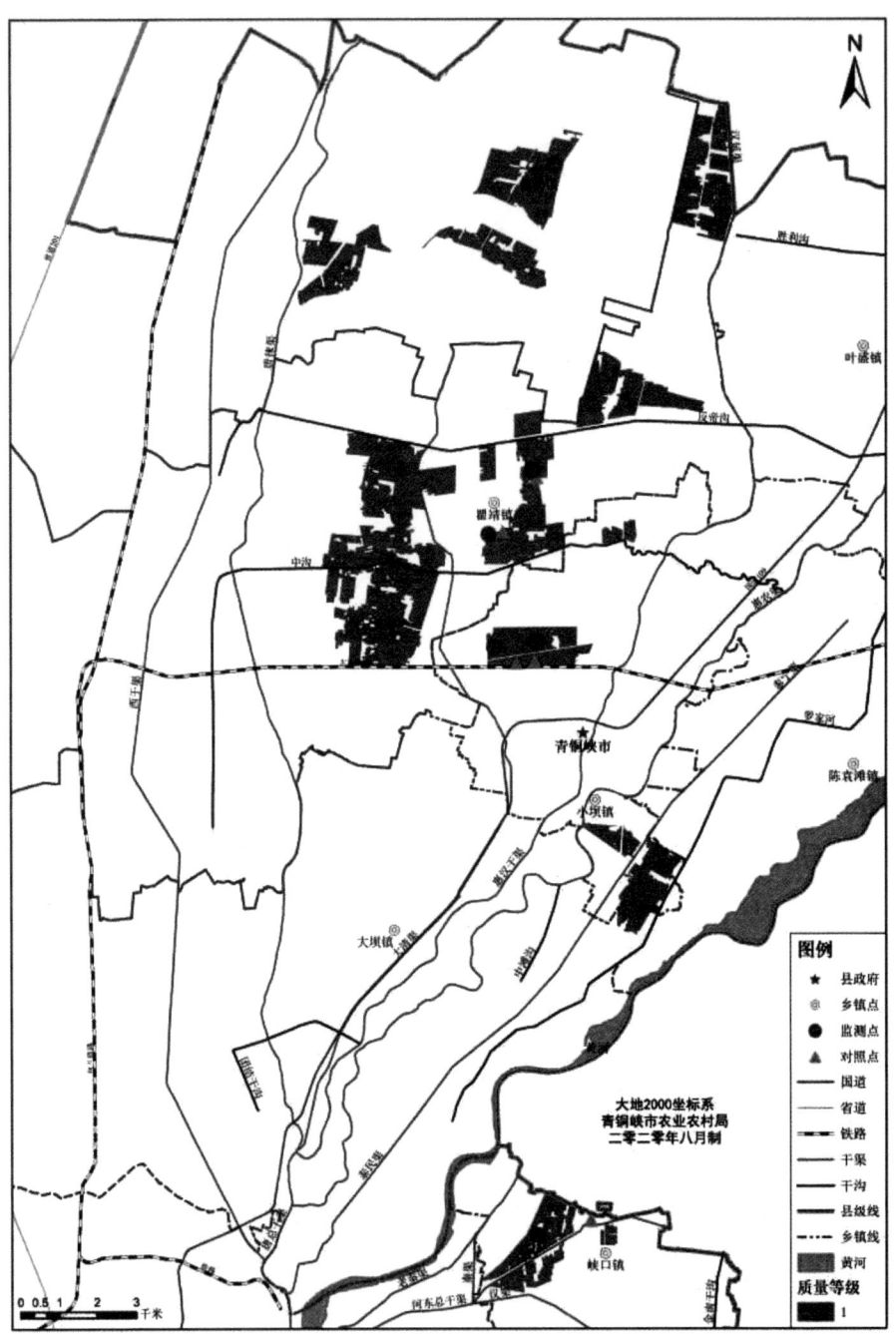

图 7-15 青铜峡市供港基地土壤质量评价等级分布图

下水质量常规指标及限值Ⅳ类标准,适用于农业和部分工业用水,铵态氮结果未发生变化,达到国家地下水质量指标极限值Ⅱ类标准。用于农业和部分工业用水,铵态氮结果未发生变化,达到国家地下水质量指标极限值Ⅱ类标准。

表7-12 供港蔬菜与农田灌溉水水质结果对比分析表

指标	供港蔬菜基地	农田	灌溉水质标准
pH	7.8	7.8	5.5~8.5
矿化度/(mg·L^{-1})	1 787	2 521	
水溶性盐/(mg·L^{-1})	1 631	2 395	
总氮/(mg·L^{-1})	24.2	18.5	
总磷/(mg·L^{-1})	0.378	0.009	
铵态氮/(mg·L^{-1})	未检出	未检出	
硝态氮/(mg·L^{-1})	未检出	未检出	

二、供港蔬菜基地土壤重金属背景值评价

从表7-13可看出,供港蔬菜基地土壤重金属背景值大部分低于全区土壤重金属平均值,也低于《土壤环境质量农用地土壤污染风险管控标准(试行)》(GB 15618-2018)标准,说明供港蔬菜目前耕地土壤重金属均未超标。

表7-13 土壤重金属检测及标准对照表

单位:mg/kg

序号	重金属	测试值	全区平均值	标准值
1	镉	0.21	0.14	<0.6
2	汞	0.06	—	<3.4
3	砷	13	7.99	<25
4	铅	20.49	21.98	<170
5	铬	55.11	45.25	<250

三、供港蔬菜基地浅层地下水评价

2020年在青铜峡市选择具有代表性供港蔬菜基地,埋置浅层地下水观测井,在蔬菜生长期间,取浅层向地下水对水质进行测试分析,从表7-14可看出,浅层地下水水溶盐、总氮和总磷差异性较大,尤其是可溶性盐差异性最大,只有pH符合《地下水质标准》(GB/T 14848-2017)标准,以上数据说明,浅层地下水虽未被污染,但也有潜在污染可能性。

表7-14 供港蔬菜基地浅层地下水水质各项指标统计表

指标	最大值	最小值	平均值	标准
pH	8.1	7.4	7.8±0.05	6.5≤pH≤8.5
水溶性盐/(mg·L^{-1})	3 588.0	426.0	1 765.6±252.64	
总氮/(mg·L^{-1})	27.9	1.4	23.2±1.69	
总磷/(mg·L^{-1})	1.2	0.0	0.31±0.11	

四、评价结论

(1)供港蔬菜基地建设后土壤速效养分累积较高

供港蔬菜土壤有机质、全氮、缓效钾和速效钾平均含量都比建设前高,尤其是有效磷、速效钾含量高于为建设前含量2倍之多。

(2)供港蔬菜基地建设后土壤易溶盐含量增加

供港蔬菜基地建设后由于化肥施用量过高,加之喷灌淋洗不彻底,导致表土易溶盐含量增加。

(3)供港蔬菜基地土壤质量等级较高

供港蔬菜基地现状评价土壤质量平均等级为1.00,高于青铜峡耕地质量平均等级1.93,高于全区平均耕地等级6.48水平。

(4)供港蔬菜基地土壤环境质量属于安全水平,各项指标目前均未超标

从灌溉水、土壤重金属和浅层地下水各项指标来看,均符合国家相关标准,目前尚未出现超标现象。

① 基于目前供港蔬菜基地土壤理化特征，做到有机无机平衡施肥技术，优化农艺管理措施。

从现有供港蔬菜土壤理化指标监测数据来看，目前青铜峡市供港蔬菜施肥存在很多问题，由于氮磷钾化肥过量，造成土壤速效磷钾累积过高；有机肥过量造成某些土壤微量元素积累过高，对蔬菜品质有潜在影响趋势；供港蔬菜长期连作，不重视倒茬、休耕，土壤有益微生物菌群减低。因此，根据供港蔬菜基地土壤目前理化现状，建议充分重视有机肥无机平衡施肥，做到合理轮作倒茬，制定休耕制度，从而有效控制土传病虫害，避免土壤退化。

② 加强供港蔬菜基地土壤理化性状各项指标监测与分析，掌握供港蔬菜基地土壤理化性状特征规律。

从现有供港蔬菜土壤理化指标监测数据来看，供港蔬菜基地土壤样本数较少，各项指标规律性不强，还有待于进一步加大监测力度，进一步掌握青铜峡市主要供港蔬菜基地土壤理化特征，为供港蔬菜基地优化施肥提供依据。

③ 加大供港蔬菜产地环境质量方面的监测力度，为摸清供港蔬菜产地环境质量现状奠定基础。

从现有供港蔬菜产地环境质量灌溉水、土壤重金属和浅层地下水各项监测数据来看，存在监测指标和样本数较少，监测的密度和频度不够，从而造成规律性不强，不能够对供港蔬菜产地环境质量现状进行全面详查。因此建议，今后进一步加大供港蔬菜产地环境质量方面的监测力度，为摸清供港蔬菜产地环境质量现状奠定基础。

第八章　青铜峡市耕地土壤专题调查研究

中低产田和土壤盐渍化对耕地质量的影响始终是制约着青铜峡市耕地综合能力的充分发挥。本章节针对以上存在问题,进行了专节阐述。

第一节　青铜峡市中低产田类型与改良利用

一、中低产田类型与划分标准

中低产田是指存在一种或多种制约农业生产的土壤障碍因素、且产量相对低而不稳的耕地。它是历史条件、自然条件和耕作制度等综合因素影响的结果。土壤障碍因素是指土体中存在着妨碍农作物正常生长发育、对农产品产量和品质造成不良影响的因素,土壤障碍层次是指耕层以下出现的阻碍根系伸展或影响水分渗透的层次。

(一)中低产田类型划分标准

按照 NY/T 310-1996《全国中低产田类型划分与改良技术规程》和《农业部测土配方施肥技术规范》,依据青铜峡市气候特点、地形、地貌、土壤类型、水文地质条件及影响作物产量的主要障碍因素。青铜峡市中低产田划分为盐碱耕地型、障碍层次型和瘠薄培肥型3个类型。

1. 盐碱耕地型

盐碱耕地型是指由于耕地可溶性盐含量和碱化度超过限量,影响作物正常生长的盐碱化耕地。其主导障碍因素为土壤盐渍化,以及与其相关的地形条件、地下水临界深度、含盐量、碱化度、pH等。宁夏盐碱耕地型主要指耕地土壤发生轻度以上盐渍化现象。且耕地表土0~20 cm土壤易溶盐含量1.5~10 g/kg的中低产田或土壤剖面内有积盐层(积盐层厚度>10 cm,土壤易溶盐含量3.0~10 g/kg)存在着次生盐渍化的威胁的中低产田。

2. 障碍层次型

土壤剖面构型有严重缺陷的耕地,如土体过薄,剖面1 m左右有沙漏、砾石、碾盘、铁子、铁盘、砂浆等障碍层次。障碍厚度包括障碍物质组成、厚度、出现部位等。宁夏障碍型主要指土壤剖面1 m土体内夹有厚度>10 cm的砾石、黏土层、沙土层等障碍土层的中低产田。

3. 瘠薄培肥型

受气候、地形等难以改变的大环境(干旱、无水源、高寒)影响,以及距离居民点远,施肥不足。土壤结构不良、养分含量低,产量低于当地高产农田,当前有无见效快、大幅度提高产量的治本措施(如发展灌溉),只能通过长期培肥加以逐步改良的耕地。宁夏瘠薄培肥型主要指表层(0~20 cm)土壤有机质含量<10 g/kg的中低产田。

(二)中低产田类型划分依据

1. 青铜峡市中低产田划分依据

青铜峡市耕地高、中、低产田级别划分是在青铜峡市耕地地力评价结果基础上,按照耕地等级划分出高产田、中产田和低产田。高产田是指一等耕地和二等耕地及部分三等耕地,籽粒玉米亩产800~1 000 kg;中产田是指部分三、四、五、六七等耕地,籽粒玉米亩产600~800 kg;低产田是指八等耕地、九等耕地及十等耕地;籽粒玉米亩产为100~300 kg,玉米籽粒低产田亩产为在小于600 kg。

2. 青铜峡市中低产田类型划分依据

以青铜峡市耕地地力等级体系为基础,以其主导障碍因素、改良主攻方向及改良利用的共性为依据,将青铜峡市中低产田耕地土壤划分为盐碱耕地型、障碍层次型和瘠薄培肥型3个类型。由于每一种中低产田一般不只是一个障碍因素,都存在着两种以上的障碍因素交织在一起,需要找出其最深的障碍因素作为划分中低产田类型的依据。如灌溉土壤存在着盐渍化、障碍土层和土壤贫瘠三种障碍因素,其中从对农业生产影响程度考虑,土壤盐渍化是其主要障碍因素,故首先考虑将其划分为盐碱地耕地型。因此划分为中低产田类型应立足土壤改良需要,从改良的角度突出主导障碍因素,以基础地力条件变化、地力升级作为划分中低产田类型的主要依据。

二、高中低产田类型与分布特征

(一)中低产田类型分布特征

1. 中低产田面积及其比例

青铜峡市因其农业生产条件差异较大,高中低产田分布的比例也不同。从表8-1分析,按照耕地等级划分高、中、低产田划分,青铜峡市耕地等级为一等地至七等地,即:高产田和中产田。高产田面积为48.47万亩,占耕地总面积83.14%,中产田面积为9.80万亩,占耕地总面积16.86%。换言之,按照耕地等级划分平均青铜峡市耕地为高、中产田。由此说明,近年来青铜峡市在高标准农田项目建设同时,不但抓好耕地基础设施建设,更注重耕地质量与环境建设,以项目区为突破口,充分展示示范带头作用。

表8-1　青铜峡市高、中、低产田面积统计表

耕地等级		高产田			中产田			总计
		一等地	二等地	三等地	四等地	五等地	六等地	七等地	
合计	面积/亩	58 632.45	251 241.00	174 850.65	48 629.25	24 875.25	19 290.60	5 160.15	582 679.35
	比例/%	10.10	43.04	30.00	8.34	4.27	3.31	0.89	100

2. 高中产田在各乡镇分布特征

根据表8-2分析,按照耕地等级划分:青铜峡镇和峡口镇两镇的耕地均为高产田,分别以三等地和二等地为主,分别占本镇耕地总面积的77.40%和

87.90%；其次，高产田面积较大的乡镇分布在瞿靖镇、小坝镇、大坝镇和邵岗镇，分别占本镇耕地总面积的93.07%、89.14%、87.95%和68.71%；中产田主要分布在陈袁滩镇、叶盛镇、邵岗镇的部分区域（以甘城子区域为主），分别占本镇耕地总面积的49.86%、42.99%、31.29%。陈袁滩镇和叶盛镇的高中产田分布较为均衡，各占50%左右。

表8-2 青铜峡市高、中、低产田各乡镇面积统计表

耕地等级 乡镇名称		高产田			中产田				总计
		一等地	二等地	三等地	四等地	五等地	六等地	七等地	
陈袁滩镇	面积/亩	2 110.50	4 052.70	5 629.65	4 803.60	6 923.70	0.00	0.00	23 520.15
	比例/%	8.97	17.23	23.94	20.42	29.44	0.00	0.00	100.00
大坝镇	面积/亩	2 943.45	75 801.45	18 340.05	11 038.35	2 250.45	15.00	0.00	110 388.75
	比例/%	2.67	68.67	16.61	10.00	2.04	0.01	0.00	100.00
瞿靖镇	面积/亩	18 611.10	54 617.55	45 602.40	5 448.30	3 400.05	6.15	0.00	127 685.55
	比例/%	14.58	42.78	35.71	4.27	2.66	0.005	0.00	100.00
青铜峡镇	面积/亩	184.05	8 298.75	29 052.60	0.00	0.00	0.00	0.00	37 535.40
	比例/%	0.49	22.11	77.40	0.00	0.00	0.00	0.00	100.00
邵岗镇	面积/亩	0.00	31 581.15	35 636.55	998.10	5 184.75	19 269.45	5 160.15	97 830.15
	比例/%	0.00	32.28	36.43	1.02	5.30	19.70	5.27	100.00
峡口镇	面积/亩	0.00	52 694.40	7 251.90	0.00	0.00	0.00	0.00	59 946.30
	比例/%	0.00	87.90	12.10	0.00	0.00	0.00	0.00	100.00
小坝镇	面积/亩	33 439.35	16 004.55	7 738.05	6 967.65	0.00	0.00	0.00	64 149.60
	比例/%	52.13	24.95	12.06	10.86	0.00	0.00	0.00	100.00
叶盛镇	面积/亩	1 344.00	8 190.45	25 599.45	19 373.25	7 116.30	0.00	0.00	61 623.45
	比例/%	2.18	13.29	41.54	31.44	11.55	0.00	0.00	100.00

3. 不同耕地等级中低产田类型分布特征

从图 8-1 可看出,中低产田中,盐碱耕地型占耕地总面积最高,占 42.82%;障碍层次型和瘠薄培肥型面积较小,分别占 29.11% 和 28.07%。

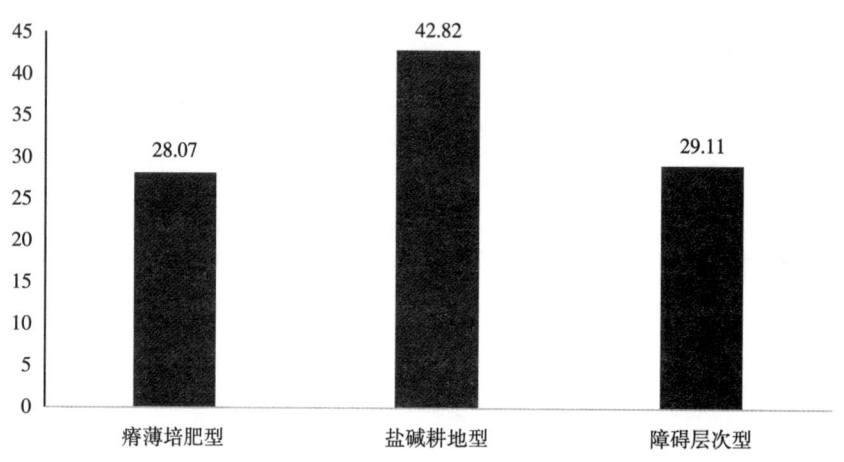

图 8-1 青铜峡市中低产田类型占总耕地百分比分布图

4. 不同耕地等级中低产田类型在各乡镇分布特征

从表 8-3 可得知,盐碱耕地型上万亩的乡镇有瞿靖镇、大坝镇、青铜峡镇和邵岗镇;5 000 亩以下的有叶盛镇和小坝镇。最大的瞿靖镇面积达到 2.9 万亩,占全镇中低产田总面积的 56.29%,占本市同类面积的 26.32%;最小的小坝镇面积只有 1 191 亩,占全镇中低产田总面积的 40.65%,占本市同类面积的 1.07%。瘠薄培肥型上万亩的乡镇有邵岗镇和峡口镇;1 000 亩以下的有小坝镇和叶盛镇;最大的邵岗镇面积达到 4 万亩,占全镇中低产田总面积的 50.69%,占本市同类面积的 54.94%;最小的叶盛镇面积只有 131 亩,占全镇中低产田总面积的 1.88%,占本市同类面积的 0.18%。障碍层次型上万亩的乡镇有邵岗镇、瞿靖镇和青铜峡镇;2 000 亩左右的乡镇有叶盛镇和小坝镇;最大的邵岗镇面积达到 2.3 万亩,占全镇中低产田总面积的 29.25%,占本市同类面积的 30.57%;最小的小坝镇只有 1363 亩,占全镇中低产田总面积的 46.52%,占本市同类面积的 1.8%。

表 8-3 青铜峡市各乡镇中低产田类型统计表

类型 乡镇	瘠薄培肥型			盐碱耕地型			障碍层次型			中低产田总计	
	面积/亩	占本镇中低产田/%	占本类型/%	面积/亩	占本镇中低产田/%	占本类型/%	面积/亩	占本镇中低产田/%	占本类型/%	面积/亩	占总面积/%
陈袁滩镇	1 308	9.25	1.79	6 315	44.68	5.68	6 512	46.07	8.61	14 135	8.61
大坝镇	3 277	8.89	4.50	26 432	71.69	23.77	7 160	19.42	9.47	36 869	9.47
瞿靖镇	4 391	8.45	6.02	29 262	56.29	26.32	18 330	35.26	24.25	51 984	24.25
青铜峡镇	8 570	21.47	11.76	17 848	44.71	16.05	13 502	33.82	17.86	39 920	17.86
邵岗镇	40 047	50.69	54.94	15 850	20.06	14.26	23 107	29.25	30.57	79 004	30.57
峡口镇	14 793	53.07	20.29	9 545	34.25	8.58	3 534	12.68	4.67	27 872	4.67
小坝镇	376	12.83	0.52	1 191	40.65	1.07	1 363	46.52	1.80	2 930	1.80
叶盛镇	131	1.88	0.18	4 744	68.17	4.27	2 084	29.95	2.76	6 959	2.76

5. 中低产田空间分布

从图 8-2 可看出，青铜峡市中低产田盐碱耕地型主要分布在唐徕渠两侧至西干渠两侧、邵刚镇甘城子所管辖的村、惠农渠以东到黄河边、青镇挡浸沟两侧至峡口镇东干渠之间、峡口镇开发区三星塘、原广武乡所管辖区域（109 国道两侧）以及金沙湾生态园区和 2007 年新规划为青铜峡市的原中宁新田、跃进 2 个村的大部分区域。瘠薄培肥型主要分布在邵岗镇甘城子乡大部分区域、包兰铁路至沿山公路之间、沿山公路以西 5 km 新开发的区域和峡口镇开发区三星塘等地。障碍层次型主要分布在原广武乡国道 109 国道两侧大部分区域，邵刚镇甘城子玉东村、玉西村、甘泉村、二旗村、五道渠村、沙湖村、星火村，瞿靖镇富裕村、尚桥村、新民村、东升村、蒋顶村、友好村，大坝镇蒋南村、沙庙村以及 109 国道至泰民渠之间零星村队，陈袁滩镇袁滩村、沙坝湾村、万粮滩村等区域。

总的来看，青铜峡市中低产田的分布呈"板块集中，局部分化"的特点。"板块集中"是指盐碱耕地型和瘠薄培肥型主要分布在盐渍化区域和土地相对瘠

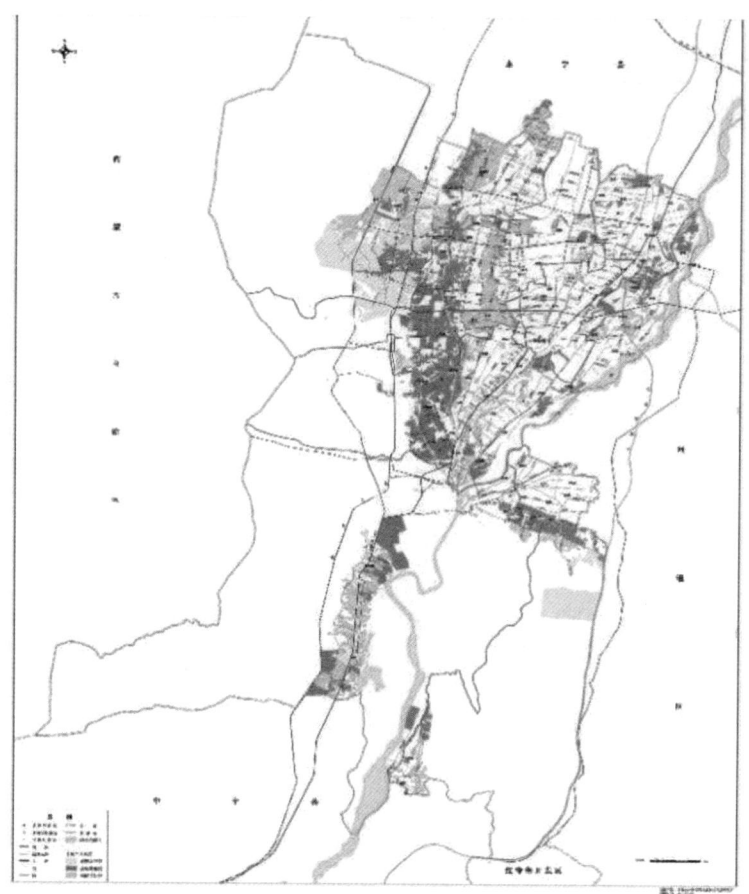

图 8-2　中低产田空间分布图

薄的贺兰山东麓西干渠、唐徕渠、东干渠两侧,具有"集中连片、易认定、难治理"的特点。"局部分化"主要是指障碍层次型广泛分布于全市各镇,具有"分散、难识别、易治理"的特点。

(二)高产田地力特征

1. 高产田面积与比例

青铜峡市因其农业生产条件差异较大,高中低产田分布的比例也不同。从表 8-1 可看出,青铜峡市高产田面积 48.47 万亩,占耕地总面积 83.14%。

2. 高产田在各乡镇分布特征

从表 8-2 可看出,除青铜峡镇和峡口镇以外,高产田主要分布在,瞿靖镇、小坝镇、大坝镇和邵岗镇,分别占本镇耕地总面积的93.07%、89.14%、87.95%和68.71%。以上数据说明,青铜峡市高产田分布相对比较集中。

三、中低产田类型的特性与改良利用

中低产田改造不单纯是提高当年产量,二是针对不同类型中低产田采取相应的改良治理措施,清除或减轻制约产量的土壤障碍因素,才能够进一步提高耕地综合生产能力。

(一)盐碱耕地性中低产田特性及改良利用

盐碱耕地土壤有盐化现象,其表土(0~20 cm)全盐量为1.5~10 g/kg,或土壤剖面内夹有厚度>10 cm盐积层,其全盐量为3.0~10 g/kg。

1. 养分分布特征

从表8-4可看出,盐碱耕地型是指由于耕地可溶性盐超过限量,影响作物

表8-4 青铜峡市盐碱耕地型(0~20 cm)土壤养分特征值统计

项目	养分名称	有机质/ (g·kg^{-1})	有效磷/ (mg·kg^{-1})	速效钾/ (mg·kg^{-1})	全氮/ (mg·kg^{-1})	碱解氮/ (mg·kg^{-1})	水溶性全盐/ (g·kg^{-1})
全市	样本数	2 944	2 881	2 935	2 921	2 916	2 946
	平均值	13.81	22.14	148.05	0.92	70.02	0.8
	最大值	36.2	99.5	585	2.5	258	9.4
	最小值	1	1	30	0.1	5	0.1
	标准差	4.81	17.49	59.39	0.3	28.88	0.76
	变异系数/%	34.88	78.96	40.12	32.33	41.24	92.11
盐碱型 耕地	样本数	607	599	606	583	590	607
	平均值	11.56	17.76	127.65	0.75	55.27	0.82
	最大值	35.3	99	455	1.68	258	12.8
	最小值	1.4	1	31	0.1	5	0.1
	标准差	5.4	16.61	53.32	0.32	30.07	0.87
	变异系数/%	46.71	93.53	41.77	43.13	54.41	109.58

正常生长的一种盐碱化耕地。青铜峡市部分农田地势比较低洼,地下水位高或排水不畅,造成土壤盐分含量高。青铜峡市大部分盐碱型耕地表土(0~20 cm)全盐量>1.5 g/kg,部分盐碱耕地性其耕层全盐量<1.5 g/kg,但其剖面中下部有积盐层,全盐量>3 g/kg。故其耕层全盐量差异较大,变异系数高达109%。盐碱耕地型土壤有机质及氮磷钾养分平均含量均低于青铜峡市全市耕地平均水平。

2. 盐渍化程度

由表8-5可知,盐碱耕地型中50.6%的耕地为轻盐渍化,春季耕作层土壤全盐量为1.5~3.0 g/kg,田块盐霜和盐斑面积比例为1/10~1/3;中度盐渍化占盐碱耕地型总面积33.1%,春季耕作层全盐量为3.0~6.0 g/kg,田块盐霜和盐斑面积比例占1/3~1/2;重度盐渍化面积占盐碱耕地型16.3%,春季耕作层全盐量为6.0~10.0 g/kg,田块盐霜和盐斑面积比例占1/2以上。

表8-5 青铜峡市盐碱耕地型不同程度盐渍化面积统计

耕地盐渍化程度	盐碱耕地性/亩	占比/%
轻盐渍化耕地	56 027	50.6
中盐渍化耕地	36 702	33.1
重盐渍化耕地	18 027	16.3
合计	110 756	100.0

3. 改良利用

盐化的土壤母质、矿化的水质、起伏的地形、渠道渗漏、高地灌溉和排水沟淤塞等是引起土壤盐渍化的主要因素。采用因地制宜利用改良盐碱耕地型的有效途径。对分布在唐徕渠、西干渠、东干渠两侧,惠农渠以东,峡口镇三星塘开发区,新田、跃进的盐碱耕地型中低产田。一是加强渠道衬护,防止侧渗引起的盐分积累;二是挖沟排水洗盐,保证灌排畅通,控制地下水位上升,防止土壤返盐;三是平整土地,实施小畦灌溉,推广喷灌、滴灌等先进灌溉技术,提高灌溉水利用率,消除盐斑,抑制局部返盐;四是因地制宜,宜农则农,宜渔则渔,调整产业结构,提高土地综合能力。

(二)障碍层次型中低产田特性及改良利用

1. 养分分布特征

从表8-6可看出,障碍层次型指土壤环境因素不良或土体内存在一种或几种障碍因子,影响了土壤生产力发挥,从而导致农作物产量低而不稳的一类耕地。障碍层次型耕地表土(0~20 cm)全盐含量为0.84 g/kg,比全市平均值高0.04 g/kg;有机质含量为14.08 g/kg,比全市平均值高0.27 g/kg;全氮含量为0.93 mg/kg,比全市平均值高0.01 g/kg;碱解氮含量为71.68 mg/kg,比全市平均值高1.66 mg/kg;有效磷含量为22.61 mg/kg,比全市平均值高0.47 mg/kg;速效钾含量为156.25 mg/kg,比全市平均值高8.2 mg/kg。

表8-6 青铜峡市、中低产田障碍层次型耕地土壤养分特征值统计

项目	养分名称	有机质/ (g·kg^{-1})	有效磷/ (mg·kg^{-1})	速效钾/ (mg·kg^{-1})	全氮/ (mg·kg^{-1})	碱解氮/ (mg·kg^{-1})	水溶性全盐/ (g·kg^{-1})
全市	样本数	2 944	2 881	2 935	2 921	2 916	2 946
	平均值	13.81	22.14	148.05	0.92	70.02	0.8
	最大值	36.2	99.5	585	2.5	258	9.4
	最小值	1	1	30	0.1	5	0.1
	标准差	4.81	17.49	59.39	0.3	28.88	0.76
	变异系数/%	34.88	78.96	40.12	32.33	41.24	92.11
障碍层次型耕地	样本数	490	468	487	491	488	491
	平均值	14.08	22.61	156.25	0.93	71.68	0.84
	最大值	34.5	99.5	538	2.41	239.4	8.2
	最小值	1.5	1	53	0.2	17	0.2
	标准差	4.47	19.76	57.37	0.28	26.08	0.77
	变异系数/%	31.74	87.41	36.72	29.69	36.39	92.31

2. 障碍层次

从表8-7可看出,障碍层次型中砾石障碍层面积最大,占42.3%;其次为夹黏土型占29.1%;夹砂型面积最小,仅占28.6%。砾石障碍层指土壤剖面中夹有砾石含量大于30%且厚度大于10 cm的障碍土层,砾石障碍型一般有效土层较薄,不宜种植深根系作物;且砾石层漏水漏肥,田间水肥管理要坚持"少量多餐"原则。黏土障碍型指土壤剖面中夹有厚度大于10 cm黏土层,剖面中的黏土层具有滞水积盐的作用,大部分盐渍化土壤剖面中均夹有黏土层,造成排水不畅,因此一般盐渍化较重且剖面中夹有黏土层的土壤,采用暗管排水是治理土壤盐化的有效途径。夹砂障碍型是指土壤剖面中夹有厚度大于10 cm的砂质土层,剖面中的砂土层漏水漏肥,田间水肥管理应坚持"少量多餐"的原则。

表8-7 青铜峡市障碍层次型中低产田剖面结构

障碍层	隶属度	面积/亩	占总面积/%
腰沙	0.90	1 998	5.6
深位粘	0.70	4 308	12.0
浅位粘	0.60	6 070	17.1
漏沙	0.80	8 167	23.0
砾石层	0.40	15 035	42.3
合计		35 578	100.00

3. 改良利用

障碍层次型中低产田应根据土壤剖面中所夹的障碍层次类型,采取针对性地利用改良措施。对于夹砾障碍型的中低产田不宜种植水稻和深根系作物,且有条件的情况下,可加厚有效土层,且种植浅根系作物田间水肥管理方面应坚持"少量多次"的原则。对于夹粘障碍型中低产田应根据所夹黏土层的剖面部位采取相应的利用改良措施,所黏土层部位较浅的应采取深耕深松措施,破除黏土层,增强土壤通气透水性能。对于夹砂障碍型中低产田也应根据所夹砂土层的剖面部位采取相应的利用改良措施,所夹砂土层部位较浅应在田间水肥管理方面,坚持"少量多餐"的原则,防治漏水漏肥,提高水肥利用率。

(三)瘠薄培肥型中低产田特性及改良利用

1. 养分分布特征

由表 8-8 可看出,瘠薄培肥型耕地土壤养分含量低,土壤养分缺乏。土壤有机质、有效磷含量低。瘠薄培肥型耕地表土(0~20 cm)全盐含量为 0.44 g/kg,比全市平均值低 0.38 g/kg;有机质含量为 6.84 g/kg,比全市平均值低 6.97 g/kg;全氮含量为 0.47 mg/kg,比全市平均值低 0.45 mg/kg;碱解氮含量为 34.25 mg/kg,比全市平均值低 35.77 mg/kg;有效磷含量为 7.86 mg/kg,比全市平均值低 14.28 mg/kg;速效钾含量为 115.21 mg/kg,比全市平均值低 32.84 mg/kg。

表 8-8 青铜峡市、中低产田瘠薄培肥型耕地土壤养分特征值统计

项目	养分名称	有机质/(g·kg⁻¹)	有效磷/(mg·kg⁻¹)	速效钾/(mg·kg⁻¹)	全氮/(mg·kg⁻¹)	碱解氮/(mg·kg⁻¹)	水溶性全盐/(g·kg⁻¹)
全市	样本数	2 944	2 881	2 935	2 921	2 916	2 946
	平均值	13.81	22.14	148.05	0.92	70.02	0.8
	最大值	36.2	99.5	585	2.5	258	9.4
	最小值	1	1	30	0.1	5	0.1
	标准差	4.81	17.49	59.39	0.3	28.88	0.76
	变异系数/%	34.88	78.96	40.12	32.33	41.24	92.11
瘠薄培肥型	样本数	133	131	132	128	133	133
	平均值	6.84	7.86	115.21	0.47	34.25	0.44
	最大值	19.6	71.3	230	1.2	126	6.8
	最小值	1	1	30	0.11	5	0.1
	标准差	3.47	11.13	41.12	0.22	19.66	0.69
	变异系数/%	50.73	141.6	35.69	46.81	57.4	156.82

2. 土壤属性

从表8-9可以看出,在全市瘠薄培肥型中低产田中,淡灰钙土面积最大,占87.2%;其次为典型新积土,占8.5%;风沙土和典型潮土面积小,仅占2.8%和1.5%。淡灰钙土开垦时间短,且土质砂,须经过长期培肥土壤才能充分发挥土壤生产潜力。

表8-9 青铜峡市瘠薄培肥型中低产田土壤母质状况

土壤亚类	隶属度	面积/亩	占比/%
典型潮土	0.7	677	1.5
草原风沙土	0.45	1 238	2.8
典型新积土	0.7	3 746	8.5
淡灰钙土	0.5	38 581	87.2
总计		44 242	100

3. 改良利用

对于分布在邵岗镇甘城子乡大部分区域、包兰铁路至沿山公路之间、沿山公路以西5 km新开发区和峡口镇三星塘等地的瘠薄培肥型中低产田,以提高土壤肥力为重点:一是要种植绿肥,增加地面覆盖,防止蒸发提盐,减轻危害;二是增施有机肥,实施秸秆还田,改善土壤理化性状,提升土地中长期产出能力;三是开展测土配方施肥,改进施肥技术,引导群众科学施肥,提高施肥效益;四是调整种植结构,因地制宜,合理轮作。

第二节 青铜峡市盐渍化土壤与改良利用

宁夏引黄灌区是我国最古老的灌溉农业区之一,有2 000多年的灌溉历史,素有"塞上江南"之称,灌溉不仅给土壤输入水分,也输入了盐分,土壤次生盐渍化与灌溉相伴,只要有灌溉,就有土壤次生盐渍化发生的可能。

本节在青铜峡市耕地质量调查基础上,开展耕地土壤盐渍化调查研究,掌握了解青铜峡市耕地土壤盐渍化分布、成因、发展趋势、演变规律和生物学特性,针对性提出盐渍化土壤的防治和改良措施,对青铜峡市种植结构调整、生态工程建设和农业生产力水平的综合提升都具有重大的意义。

一、土壤盐渍化危害及分级

土壤盐渍化是指土壤中易溶性盐分含量超过正常耕作土壤的水分导致作物生长受伤害的自然现象。有易溶盐盐分的积累的土壤,称为盐渍化土壤。易溶性盐主要包括钠、钾、钙镁的硫酸盐、氯化物、碳酸盐和重碳酸盐。硫酸盐和氯化物一般为中性盐;碳酸盐和重碳酸盐为碱性盐。盐渍化土壤表土(0~20 cm)易溶盐含量为 1.5~9.9 g/kg。当土壤中易溶性盐类在土壤表层大量积累,盐分含量超过 10 g/kg 时,绝大部分农作物不能生长,这种土壤称为盐土。

(一)土壤盐渍化危害机理

1. 生理干旱

由于土壤盐分的增加,使土壤溶液浓度增加,导致渗透压不断提高。植物从土壤中吸收水分能力减少,表现缺水。如果土壤溶液的渗透压大于植物细胞内渗透压,植物就不能吸收土壤中水分,发生"生理干旱",植株抗病性下降,严重影响作物产量和品质。

2. 生理毒害

盐渍环境中,植物的被迫吸收,使钠离子、氯离子在体内增多,细胞膜上钙离子就被钠离子取代,产生膜的渗透现象,使细胞内可溶物质失去平衡,常常出现氮、磷、钾等营养元素的缺乏。且土壤含盐量的增加,抑制土壤微生物活动,降低土壤中硝化细菌、磷细菌和磷酸还原酶活性,从而使氮的氨化和硝化作用受到抑制,降低氮的有效性,石灰性土壤铁、锌、铜等营养元素的有效性降低。

(二)耕地土壤盐渍化划分依据及标准

1. 耕地土壤盐渍化划分依据

土壤盐渍化主要以地表出现盐霜或盐斑的形式表现出来。盐斑含盐量较低,在农田中分布均匀,灌水后很快消失,对作物的危害不大。盐斑盐分含量高,作物种子难以发芽或死苗严重,盐斑常是农田中缺苗斑块。因此,耕地土壤盐化是不均匀的,是各种程度不同的盐渍化土壤复区,简称为盐渍区。

在一定范围内,盐斑面积的多少,说明了作物受盐害危害程度,也标志着土壤盐渍化的轻重,因此,以盐斑面积占农田的比例,来划分盐渍化的等级。宁夏灌溉农业区春季四月份灌头水以前,是一年中土壤返盐最重,也是小麦等作物易受盐害的时期,因而,一般多以4月份春灌前,盐斑面积占农田面积比例为依据,划分农田土壤盐渍化。

2. 耕地土壤盐渍化等级鉴别标准

耕地土壤盐渍化按其土壤盐斑面积占农田比例和表土(0~20 cm)盐斑处和非盐斑处土壤易溶盐含量加权平均值划分为五个级别,各级别鉴别标准如下:

(1)非盐渍化(0级)

土壤无盐化或有轻微盐化现象,地表无盐霜或部分田面有霜,田块盐斑面积所占比例<1/10,表土(0~20 cm)盐斑处和非盐斑土壤易盐量含量加权平均值<1.5 g/kg,春灌前地下水埋深2 m以下,作物生长良好,不受盐渍化危害,适宜种植各种作物。

(2)轻盐渍化(Ⅰ级)

地表有明显的盐霜和盐斑,田块盐斑面积的比例为1/10~1/3,表土(0~20 cm)盐斑处和非盐斑土壤易盐量含量加权平均值1.5~3 g/kg,春灌前地下水埋深1.5~2 m作物生长受轻微抑制。

(3)中盐渍化(Ⅱ级)

地表有较多盐霜和盐斑,盐斑面积的比例达1/3~1/2,表土(0~20 cm)盐斑处和非盐斑土壤易盐量含量加权平均值 3.0~6.0 g/kg，春灌前地下水埋深 1~1.5 m。作物生长明显受抑制。

(4)重盐渍化(Ⅲ级)

地表有浓厚盐霜和大量盐斑,盐斑面积的比例>1/2,表土(0~20 cm)盐斑处和非盐斑土壤易盐量含量加权平均值 6.0~10 g/kg，春灌前地下水埋深为 1 m 左右,作物生长受到严重抑制。

(5)潜在盐渍化

土壤剖面 20~100 cm 内夹有厚度>10 cm 的积盐层,积盐层土壤易溶盐含量>3.0 g/kg,但地表无盐化,土壤表层(0~20 cm)易溶盐含量<1.5 g/kg,灌溉不当极易形成土壤次生盐渍化。

表 8-10　宁夏盐渍化分级标准

单位:g/kg

盐渍化程度	非盐渍化	轻盐渍化	中盐渍化	重盐渍化	盐土
0~20 cm 土壤全盐量	<1.5	1.5~3.0	3.0~6.0	6.0~10	>10

二、盐渍化耕地分布特征

(一)青铜峡市耕地土壤易溶性盐含量特征

2010 年野外盐渍化补充采样调查 150 个,对其 pH、全盐、矿化度、剖面构型、土壤母质等指标进行化验和统计。

从表 8-11 可得知,青铜峡市非盐渍化耕地全盐平均含量 0.9 g/kg;轻盐渍化耕地平均含盐量为 2.24 g/kg,中盐渍化耕地平均含盐量为 4.30 g/kg;重盐渍化耕地平均含盐量为 7.20 g/kg。以上数据说明,青铜峡市耕地土壤盐碱改良形势依然很严峻。

2. 不同乡镇耕地盐渍化等级及分布含量特征

从表 8-12 可得知,青铜峡市总耕地面积 49.2 万亩,其中非盐渍化耕地面积 36.98 万亩,占总耕地面积的 75.16%;盐渍化耕地面积(轻盐渍化+中盐渍

表 8-11 青铜峡市盐渍化等级全盐含量特征值

特征值 \ 盐渍化等级	非盐渍化	轻盐渍化	中盐渍化	重盐渍化
样本数/个	28	22	5	2
平均值/($g \cdot kg^{-1}$)	0.90	2.24	4.30	7.20
最大值/($g \cdot kg^{-1}$)	1.50	2.88	5.37	8.35
最小值/($g \cdot kg^{-1}$)	0.30	1.60	3.15	6.05
标准差/($g \cdot kg^{-1}$)	0.33	0.42	0.98	1.63
变异系数/%	36.80	18.81	22.69	22.59

化+重盐渍化）共计 12.2 万亩，占耕地面积的 24.84%；盐渍化耕地主要分布在瞿靖、邵岗、大坝和青铜峡四镇；轻盐渍化面积较大，占全市耕地总面积 13.72%；青铜峡镇面积最大，占全镇总面积 19.49%。中盐渍化面积较小，占全市耕地总面积 7.46%；瞿靖镇面积最大，占本镇耕地总面积 15.11%。重盐渍化

表 8-12 青铜峡市各镇耕地盐渍化等级面积统计表

类别 \ 乡镇	非盐渍化		盐渍化耕地							面积小计/万亩
	面积/万亩	占比/%	面积/万亩	占比/%	轻盐渍化		中盐渍化		重盐渍化	
					面积/万亩	占比/%	面积/万亩	占比/%	面积/万亩	占比/%	
陈袁滩镇	2.46	76.55	0.75	23.45	0.58	18.16	1.60	4.96	0.01	0.33	3.22
大坝镇	5.45	65.73	2.84	34.27	1.15	13.83	13.74	16.58	0.32	3.86	8.29
瞿靖镇	6.39	66.06	3.29	33.94	1.58	16.32	14.62	15.11	0.24	2.52	9.68
青铜峡镇	2.64	59.47	1.80	40.53	0.86	19.49	2.08	4.70	0.72	16.35	4.43
邵岗镇	8.96	84.81	1.60	15.19	1.17	11.13	1.29	1.22	0.30	2.85	10.56
峡口镇	4.22	80.71	1.01	19.29	0.73	14.01	1.56	2.98	0.12	2.30	5.23
小坝镇	3.22	93.11	0.24	6.89	0.20	5.84	0.36	1.05	0.00	0.00	3.46
叶盛镇	3.64	84.01	0.69	15.99	0.47	10.75	1.45	3.34	0.08	1.90	4.34
合计	36.98	75.16	12.22	24.84	6.75	13.72	36.70	7.46	1.80	3.66	49.20

面积最小,仅占全市耕地总面积 3.66%;青铜峡镇面积最大,占本镇耕地总面积 16.35%。

3. 不同等级耕地土壤盐渍化程度及分布特征

从图 8-3 可看出,青铜峡市一等耕地为非盐渍化土壤;二等耕地非盐渍化面积较大,占 92.87%;轻盐渍化面积仅占 7.33%。三等耕地非盐渍化面积占 59.63%;轻盐渍化面积占 27.74%;中盐渍化面积占 11.88%;重盐渍化面积仅占 0.76%。四等耕地非盐渍化面积占 76.84%;轻盐渍化面积占 7.43%;中盐渍化面积占 10.58%;重盐渍化面积仅占 5.15%。五等耕地非盐渍化面积占 10.27%;轻盐渍化面积占 49.03%;中盐渍化面积占 32.6%;重盐渍化面积仅占 8.09%。六等耕地中盐渍化面积占 26.35%;重盐渍化面积仅占 76.35%。以上数据说明,随着耕地等级降低,土壤盐渍化程度加重,尤其是四五六等耕地土壤盐渍化较严重。这表明青铜峡市仍有四分之一的耕地土壤存在不同程度的盐化,且重盐渍化耕地仍占有一定比例。

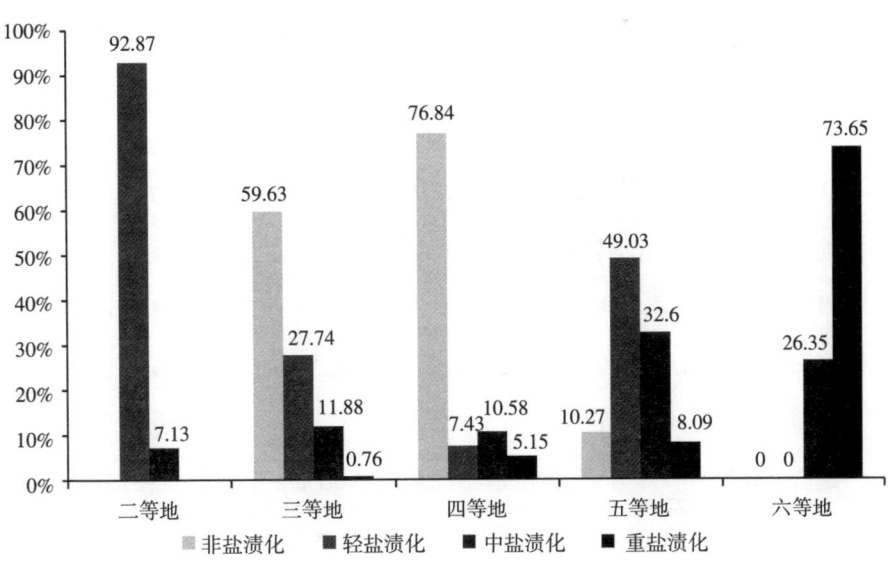

图 8-3　不同等级耕地盐渍化程度所占比例空间分布图

(二)盐渍化耕地分布特征

1. 非盐渍化耕地分布特征

从表 8-12 得知,非盐渍化耕地(0 级盐渍区)面积 36.98 万亩,占农田总面积的 75.16%。主要分布在地势较高,排水条件好的地区,各镇均有不同程度地分布,灌溉耕种历史悠久,土壤肥力较高。其中小坝镇、邵岗镇、叶盛镇、峡口镇非盐渍化耕地面积所占本镇耕地面积比例较大,分别达到 93.11%、84.81%、84.01% 和 80.71%。青铜峡镇、陈袁滩镇面积较小,分别占本镇耕地面积 59.47% 和 76.55%。邵岗镇和瞿靖镇非盐渍化耕地面积占 84.15 和 66.06%。

2. 轻盐渍化耕地分布特征

从表 8-12 得知,轻盐渍化耕地 6.75 万亩,占耕地总面积的 13.72%。主要分布在地形平坦、地势低平的河滩地上,排水条件好的地区。其中瞿靖镇、邵岗镇、大坝镇面积较大,分别为 1.58 万亩、1.18 万亩和 1.15 万亩;分别占本镇耕地总面积的 16.32%、11.13% 和 13.86%。青铜峡镇和陈袁滩镇轻盐渍化耕地虽然面积小,分别为 0.86 万亩和 0.58 万亩,但占本镇耕地总面积的 19.49% 和 18.16%,且分布相对较为集中,属重点治理区域。

3. 中盐渍化耕地分布特征

从表 8-12 得知,中盐渍化耕地 3.67 万亩,占耕地总面积的 7.46%。主要分布在地势低平,距排水沟较远,或地形低洼排水有困难的地区,多属三等或四等农田。其中瞿靖镇、大坝镇居多,面积分别为 1.46 万亩和 1.37 万亩,分别占本镇农田总面积的 15.11% 和 16.58%。而小坝镇面积最小,仅 363 亩。

4. 重盐渍化耕地分布特征

重盐渍化耕地 1.8 万亩,占耕地总面积的 3.66%。主要分布在地形低洼的湖泊洼地边缘和渗漏严重的大渠两侧,多为新开垦荒地。基本上属四等农田,部分为三等和五等农田。其中青铜峡镇、邵岗镇、大坝镇、瞿靖镇面积较大,分别为 0.72 万亩、0.32 万亩、0.3 万亩和 0.24 万亩,其中青铜峡镇面积较大,占本镇耕地总面积 16.35%,其他均不足 5%。

三、青铜峡市耕地盐渍化的发展趋势

(一)土壤盐分的动态变化

土壤的盐渍化过程,随气候、灌水和耕作等条件的不同,在空间和时间上都是经常变化的,掌握这种变化规律,对于盐渍土形成、性质的了解以及采取有效的防治措施都十分重要。

1. 土壤含盐量的剖面分布特点

干旱地区土壤盐渍化的形成是由于土壤剖面中、下部的盐分(包括地下水中的盐分),通过地下水毛管的上升和水分的不断蒸发,盐分聚于地表或土层内形成盐化层的结果。根据1985年青铜峡市土壤普查资料统计,一般春灌前土壤的含盐量以表土层(0~20 cm)最高,表土层以下盐分含量下降。除重盐渍化外,其他盐渍化心底土(30~100 cm)的全盐均低于1.5 g/kg(部分黏土层例外)。而且以50~100 cm 层段的含盐量最低;0~50 cm 土层盐分显著增加;100 cm 以下盐分也有增加的趋势。不同盐渍化的土壤含盐量,以表土层差异最大,向下差异逐渐减少,并且直至底土层(100~180 cm)仍存在一定的差异,而且随着盐渍化程度的加重差异更为显著。这表明盐分在剖面中的分布与上下土层有着相互过渡的内在联系,一般非盐渍化表土层全盐量是50~100 cm 的2.5倍左右,中、重盐渍区则在4.5~5倍。

2. 灌溉期间的盐分动态

根据多年定位观察,青铜峡灌区在灌溉期间农田土壤表土含盐量的变化,同种植作物、灌水、施肥和气候都有密切关系。以春小麦为例,一年内水盐运动基本上可以划分为4个时期。

(1)春季蒸发积盐期

3月初气温回升,冻层开始自上而下逐步融解,至夏灌前(冻层未融通前)形成滞水层,其水分60%~75%消耗于蒸发,盐分也迅速随着积累于地表。4月上旬冻层融通,地下水直接参与土壤盐渍过程。此时蒸发十分强烈,水盐上行,土壤处于积盐盛期。

(2)夏灌后淋溶脱盐期

5月初灌水至夏灌停灌水后,土壤水以重力水下降,水盐下行。由于灌水,地下水位普遍上升,除二水与三水间隙内盐分有较明显增加外,总的趋势是土壤处于淋溶脱盐(压盐)阶段。

(3)秋季积盐期

夏灌停止至冬灌前,夏收后地表裸露,气温增高,蒸发旺盛,地表盐分普遍增加。麦收后,复种糜谷、绿肥、蔬菜、经耕耙、灌水也可以抑制盐分上升。秋收后,紧接着灌白露水,灌后耙耱,防盐保墒。这一时期仍以积盐为主,但变化幅度较小。

(4)冬灌后相对稳定期

10月下旬至11月中旬冬灌后开始结冻至翌年2月底解冻前,水盐处于相对稳定时期,从时间上来看一年中积盐期有6个月,脱盐期2个月,相对稳定期3个半月。土壤蒸发积盐是土壤毛细管水向上运动过程;土壤淋溶洗盐,是土壤重力水向下运动过程。因此,调控水盐运动,防止土壤盐渍化最基本的就是减少或抑制水盐上行,加大灌水入渗,使土壤向脱盐方向转化。

3. 土壤盐分的组成

综合青铜峡市1962年、1985年、2010年土壤盐分化验结果,青铜峡市耕地盐分一般由CO_3^{2-}、HCO_3^-、SO_4^{2-}、Cl^-四大类阴离子和K^+、Na^+、Ca^{2+}、Mg^{2+}四大阳离子组成。一般表土层多数土壤阴离子以硫酸根为主,阳离子以钾钠为主,即表土层的易溶盐以硫酸盐钾和硫酸钠为主。但在心底土层(50~100 cm)则以镁离子的重碳酸盐为主,其次为钾钠的硫酸盐。大部分土壤的盐分组成中,钙和氯的含量均较低。目前青铜峡市对盐分有白碱、黑碱、黄碱三种说法,从经验值来确定白碱即钠盐、黑盐即镁盐、黄碱则为钾盐。

(二)青铜峡市耕地盐渍区的发展趋势

以此次土壤盐渍化调查结果与1962年4月、1985年进行的土壤盐渍化调查资料比较,青铜峡市农田土壤盐化总的趋势是减轻的(见表8-13、表8-14、表8-15、表8-16)。

表 8-13 青铜峡市 1962 年、1985 年、2010 年盐渍化耕地土壤(0~20 cm)全盐量变化表

盐渍区		耕地土壤平均含盐量/(g·kg⁻¹)				非盐渍化区/(g·kg⁻¹)				轻盐渍化区/(g·kg⁻¹)				中盐渍化区/(g·kg⁻¹)				重盐渍化区/(g·kg⁻¹)			
		1962年	1985年	2010年	下降幅度/%	1962年	1985年	2010年	下降幅度/%	1962年	1985年	2010年	下降幅度/%	1962年	1985年	2010年	下降幅度/%	1962年	1985年	2010年	下降幅度/%
全盐	全市平均	2.08	1.36	0.82	60.58	1.51	0.8	0.7	53.6	2.07	1.79	1.11	46.4	2.98	2.46	2.01	32.6	1.95	5.22	2.76	−41.5
	青铜峡镇	2.86	1.78	0.72	74.83	—	1.1	0.83		2.46	2.9	0.84	65.9	—	2.24	1.65		—	5.79	—	
	小坝镇	1.32	1.04	0.88	33.33	2.22	0.62	0.83	62.6	1.5	1.52	1.12	25.3	—	1.89	2.09		—	2.09	—	
	大坝镇	1.73	1.4	0.78	54.91	1.62	0.68	0.52	67.9	0.92	1.47	—		2.94	3.15	3.12	−6.1	1.67	5.23	—	
	邵刚镇	2.3	1.23	0.75	67.39	1.3	0.62	0.77	40.8	2.21	1.45	0.53	76.0	4.16	2.88	1.75	57.9	1.83	11.8	3.42	−86.9
	叶盛镇	2.21	2.06	0.95	57.01	—	0.94	0.93		2.57	2.37	2.13	17.1	2.85	3.21	1.65	42.1	1.77	4.8	2.35	−32.8
	峡口镇	1.88	1	0.67	64.36	1.16	0.79	0.52	55.2	2.46	1.32	0.4	83.7	1.61	1.59	1.81	−12.4	—	4.38	—	
	陈袁滩镇	—	—	1.03		—	0.9	0.84		—	1.66	1.26		—	1.99	—		—	2.26	—	
	瞿靖镇	2.29	1.01	0.84	63.32	1.23	0.76	0.39	68.3	2.39	1.62	1.51	36.8	3.33	2.71	2.02	39.3	2.53	5.44	2.5	

表 8-14 青铜峡市 1985 年、2010 年盐渍化土壤水埋深与矿化度变化表

单位	非盐渍化(0) 地下水埋深/m 1985年	2010年	增减	矿化/(g·L⁻¹) 1985年	2010年	增减	轻盐渍化(Ⅰ) 地下水埋深/m 1985年	2010年	增减	矿化/(g·L⁻¹) 1985年	2010年	增减	中盐渍化(Ⅱ) 地下水埋深/m 1985年	2010年	增减	矿化/(g·L⁻¹) 1985年	2010年	增减	重盐渍化(Ⅲ) 地下水埋深/m 1985年	2010年	增减	矿化/(g·L⁻¹) 1985年	2010年	增减
全市	1.67	1.8	0.13	0.62			1.43	1.51	0.08	1.46			1.2	1.34	0.14	1.79			0.91	1.07	0.16	1.49	4.42	2.93
立新	1.63	1.8	0.17				1.31	1.6	0.29	1.85			1.32	1.4	0.08	2.93			—	—	—	—	—	—
青铜峡镇	1.7	1.8	0.1				1.25	1.6	0.35	1.17			1.3	1.4	0.1	1.83			—	—	—	—	—	—
小坝	—	—	—				—	—	—	—			1.15	1.4	0.25	0.82			—	—	—	—	—	—
邵刚	1.65	1.8	0.15	0.48			1.35	1.6	0.25	0.96			1.13	1.5	0.37	1.05			—	—	—	—	—	—
叶盛	—	—	—				1.71	1.5	-0.2	1.12			1.39	1.2	-0.2	0.45			0.6	0.9	0.3	1.58	0.62	-1
广武	—	—	—				1.7	1.6	-0.1	0.74			—	—	—	—			0.73	1.1	0.37	1.3	10.5	9.2
峡口	—	—	—				1.36	1.5	0.14	0.84			0.81	1.3	0.49	2.16			—	—	—	—	—	—
树新	—	—	—				—	—	—	—			—	—	—	—			—	—	—	—	—	—
林场	—	—	—				0.99	1.1	0.11	3.5			0.92	1	0.08	—			—	—	—	—	—	—
蒋顶	1.7	1.8	0.1	0.76			1.8	1.6	-0.2	1.47			1.6	1.5	-0.1	3.28			1.4	1.2	-0.2	1.6	2.15	0.55

表8-15 青铜峡市1985年、2010年盐渍化耕地土壤全盐量变化表

全盐/% 单位	非盐渍化/(g·kg⁻¹) 0~20			轻盐渍化/(g·kg⁻¹)						中盐渍化/(g·kg⁻¹)						盐结皮			重盐渍化/(g·kg⁻¹) 蓬松层			0~20		
	1985年	2010年	增减	非盐斑 0~20			盐斑 0~20			非盐斑 0~20			盐斑 0~20			1985年	2010年	增减	1985年	2010年	增减	1985年	2010年	增减
				1985年	2010年	增减	1985年	2010年	增减	1985年	2010年	增减	1985年	2010年	增减									
全市平均	0.76	0.61	-0.2	1.8	1.14	-0.7	2.24	1.47	-0.8	2.9	1.96	-0.9	6.41	2.61	-3.8	248	178	-70	—	37.8	—	6.35	3.21	-3.1
立新	0.73	0.52	-0.2	1.43	0.71	-0.7	1.21	1.61	0.4	4.6	1.85	-2.8	9.67	3.12	-6.6	—	—	—	—	—	—	5.23	6	0.77
青铜峡镇	1.1	0.83	-0.3	2.9	0.84	-2.1	2.62	1.01	-1.6	2.24	1.65	-0.6	3.14	2.09	-1.1	—	—	—	—	—	—	—	—	—
小坝	0.62	0.83	0.21	1.52	1.12	-0.4	—	—	—	1.89	2.06	0.17	—	—	—	—	—	—	—	—	—	—	—	—
大坝	0.59	0.52	-0.1	—	—	—	—	—	—	3.15	2.82	-0.3	—	—	—	—	—	—	—	21	—	11.8	3.42	-8.4
邵刚	0.62	0.77	0.15	1.45	0.53	-0.9	—	—	—	2.88	1.75	-1.1	—	—	—	—	—	—	—	—	—	—	—	—
中滩	0.94	0.52	-0.4	1.89	1.42	-0.5	—	—	—	—	—	—	—	—	—	—	—	—	—	50.2	—	4.8	2.35	-2.5
叶盛	0.94	0.93	-0	2.37	2.13	0.24	—	—	—	3.21	1.65	-1.6	—	—	—	—	—	—	—	66.1	—	—	—	—
广武	0.52	0.28	-0.2	—	—	—	—	—	—	1.59	1.81	0.22	—	—	—	—	—	—	—	—	—	—	—	—
峡口	0.79	0.52	-0.3	1.32	0.4	-0.9	2.88	1.79	-1.1	2.75	2.65	-0.1	—	—	—	—	—	—	—	18.5	—	8.4	1.41	-7
树新林场	0.33	0.22	-0.1	—	—	—	—	—	—	3.75	1.38	2.37	—	—	—	248	178	-70	—	33.1	—	3.26	3.7	0.44
蒋顶	1	0.51	-0.5	2	1.09	-0.9	—	—	—	—	—	—	—	—	—	—	—	—	—	—	—	—	—	—
陈袁滩	0.9	0.84	-0.1	1.66	1.26	-0.4	—	—	—	—	—	—	—	—	—	—	—	—	—	—	—	—	—	—
瞿靖	0.76	0.61	-0.2	1.24	1.93	0.69	—	—	—	—	—	—	—	—	—	—	—	—	—	—	—	4.62	2.4	-2.2

从表 8-16 中看出，截至 2010 年，全市非盐渍化面积增加了 11.7 万亩，而轻+中+重盐渍区面积则减少了 11.3 万亩。青铜峡市耕地土壤含盐量 1962 年为 2.08 g/kg，1985 年为 1.36 g/kg，2010 年则下降为 0.82 g/kg，降低了 1.26 g/kg。重盐渍化耕地全盐量 1985 年高于 1962 年，但低于 2010 年，说明 80 年度曾经发生了次生盐渍化的危害，2010 年得到了有效治理。

表 8-16　青铜峡市 1962 年、1981 年、2010 年耕地土壤盐渍化面积

年份 \ 面积	总面积/亩	非盐渍化	盐渍化/亩			
			小计	轻盐渍化	中盐渍化	重盐渍化
1962 年	488 540	253 250	235 290	131 180	63 840	40 270
1985 年	536 889	399 038	54 951	9 211	36 049	9 691
2010 年	492 000	369 785	122 214	67 485	36 702	18 027
1962 年增减(±)	3 460	116 535	−113 076	−63 695	−27 138	−22 243
与 1962 年增减/%	0.71	46.02	−48.06	−48.56	−42.51	−55.23

1. 土壤盐化减轻地区

从表 8-16 可以看出，从 1962—2010 年，青铜峡市耕地土壤盐渍化明显减轻，全市盐渍化总面积 2010 年与 1962 年相比，总面积下降 11.3 万亩，降幅达到 48.06%。其中轻盐渍化面积减少 6.37 万亩，降幅 48.56%；中盐渍化面积下降 2.71 万亩，降幅 42.51%；重盐渍化面积下降 2.22 万亩，降幅达 55.23%。

耕地土壤表层的全盐含量显著下降，降幅达到 60.8%，其中降幅最大为青铜峡镇，土壤平均全盐量由 1962 年的 2.86 g/kg 降到 2010 年的 0.72 g/kg，降低了 2.14 g/kg。小坝镇降低最少，同比下降了 0.44 g/kg。全市耕地地下水埋深均有不同程度的降低。其中非盐渍化区 2010 年比 1985 年降低 0.13 m，轻盐渍化地区降低 0.08 m，中盐渍化地区降低 0.14 m，重盐渍化地区降低 0.16 m。

青铜峡市耕地土壤盐化减轻的主要原因是，1970 年至今，青铜峡市始终将农田水利基本建设作为全市农业农村的重点工作来抓，截至 1985 年，已开

挖反帝沟、中干沟、红旗沟、团结沟、丰登沟以及清四沟等大型的排水沟 16 条，总长 172.8 km，支沟 73 条，农沟 4 111 条，农沟总长 246.6 km，可控制排水 37.6 万亩，有效地防治了土壤盐渍化。1985 年以后青铜峡市又整合中低产田改造、盐碱地改良、农业综合开发土地综合治理等引水排水工程，对罗家河、红旗沟、中干沟、黄河西岸渠道淤塞、流沙严重、盐渍化侵蚀等问题，进行全面重点整治，投资数亿元，动用大型挖沟排淤机械，砌护主干、支、斗渠公里，建设小畦田，铺设排水暗管，打深水井，成立用水协会，全面加强盐渍化土壤治理和水资源管理，全面提高了水资源利用率，大大降低了地下水位，有效地控制了土壤盐渍化。另外在农艺方面，青铜峡市大力推广全程机械化作业，机深翻面积逐年扩大，秸秆比例显著上升，测土配方施肥得到全面应用，土壤理化性状进一步改善。一些腰沙、漏沙、通体粘等障碍层次得到有效治理。农作物基本实现了全程机械化，激光平地仪也广泛应用于平田整地，土壤表层盐斑面积显著减少。贺兰山东麓和广武、草台子等土地瘠薄相对盐渍化频发地区，已实施了 10 万亩酿酒葡萄基地项目，昔日的荒山也逐步为绿色葡萄长廊所替代，土壤蒸发量显著减少，生态环境明显改善，土壤盐渍化治理步入了新的历史时期。

2. 土壤盐化加重的地区

虽然从总体看，青铜峡市耕地的土壤盐渍化呈减轻趋势，但也有部分地区土壤盐渍化问题还没有根本改善。如分布在东干渠、西干渠、唐徕渠沿岸灌区近 10 万亩耕地土壤盐渍化问题仍未彻底得到有效治理。究其原因主要是近年来，上述三大干渠始终处于高位，加上两侧土质均为沙土，流动性较大，易受渠道渗漏的影响，加之流沙危害排水沟当年清理当年淤塞的现象普遍发生，要想从根本上解决这一问题，只有加大投入力度，对三大干渠进行全面砌护或做防渗处理，但由于资金量需求巨大而且周期较长，只能从长计议，科学规划，分步实施，重点推进。再如排水不利造成邵岗镇的五道渠村盐渍化加重。唐徕渠渠底低，抬高了蒋新渠，致使瞿靖镇的蒋顶村、银光村灌溉不利造成了土壤的次生盐渍化等。

四、青铜峡市盐渍化耕地成因分析

土壤的盐渍化过程是指土壤和地下水中的易溶性盐分在土体上部聚积的过程。土壤盐化过程的产生,有自然因素,也有人为因素。青铜峡市土壤盐渍化形成主要有以下原因。

1. 矿化的水质

青铜峡市的耕地主要以黄河水灌溉为主,沟灌、井灌只占很小的一部分。除了沟灌、井灌因水质带来的土壤次生盐渍化外,据《土壤普查技术》(宁夏农业综合勘查队1980年)第126页提供的资料,每向田中灌溉 100 m³ 黄河水,田里则增加 40 kg 盐。由此可见,经过多年的浇灌和减排,尽管采取了多项措施,但无法从根本上消除盐分。这也符合盐随水来,盐随水去的基本法则,矿化水质盐分积累是形成盐渍化的又一内因。

2. 地下水

地下水埋藏深度和矿化度对土壤盐渍化的影响尤为重要。春灌前,灌区有 85.2% 的农田地下水埋深大于 180 kg,大都属于非盐渍化和微盐渍化;有 12.20% 的农田地下水埋深在 50~180 cm,这部分农田多属于轻盐渍化,个别属于中盐渍化。有 2.2% 的农田地下水埋深在 50 cm 以上,这部分农田多属于重盐渍化。5月初,春灌开始,灌区地下水位普遍大幅度上升,大部分农田地下水埋深小于 100 cm,分布旱作地段的地下水埋深只有 50~60 cm。

3. 起伏的地形

地形起伏也是农田土壤产生盐渍化的重要原因。从大的地形看,跃进渠、东干渠和西干渠灌区地势高,地下水位深,土质沙,走水快,土壤中的盐分以向下淋洗为主,故土壤无盐化现象。而在灌区内部的湖泊洼地以及东干渠和西干渠的槽形低地,则是水、盐汇集区,故多分布盐土荒地和积水湖泊,有的虽垦为农田,但盐碱严重。在农田内部,也常因田块存在高差而出现不同的盐化现象。如青铜峡镇的旋风槽村民一组的农田,相邻高差 40 cm,土壤盐化相差 2 级。高田为非盐渍化,低田为轻盐渍化。

从小地形看,由于地面凸起蒸发量大,故盐分多集中在高处。在同一田块内,田面不平是形成盐斑的主要原因。若高差>10 cm,土壤含盐量可相差几倍到数十倍。因此田面平整是防治土壤形成盐斑的重要措施。一般要求同一田块的田面高差不要>10 cm,最好不要>5 cm。

4. 渠道渗漏、高地灌溉

前已述及,峡口镇的青铜峡镇部分农田盐化加重的原因是东干渠的渗漏和高地灌溉引起的。据草台子大队小麦灌水经验,全生育期灌水 10~15 次,共需水 1 000~1 500 m³。按汉延渠配水计划,小麦每亩供水 333.5 m³,水稻每亩供水 1 500 m³。因此高地小麦比老灌区小麦多用水 3~4 倍,而和水稻相当。东干渠的侧掺和高地灌水以后的侧渗范围一般可达 1 000~2 000 m,宽度达 500~1 000 m。目前的盐化带在 1962 年是无盐化的农田或荒地,现在已发生不同程度的次生盐渍化。

5. 排水沟淤塞

排水沟淤塞引起土壤盐化的现象是比较普遍的,但以西干渠、唐徕渠两侧灌区最为突出。大坝镇的新桥村、三棵树村、滑石沟村;瞿靖镇的蒋西村、银辉村;邵岗镇的营桥村、二期村的土壤盐化加重,一部分农田是由于受西干渠、唐徕渠的侧漏影响,地下水位抬高;而更主要的原因是由于反帝沟、中干沟、红旗沟、团结沟的淤塞,造成排水条件恶化,致使出流不畅而抬高地下水位。相反,罗家河是中滩、小坝和叶盛三镇的自然排水干沟,1966 年以前河床宽 5 m,河底离地面 4 m,1985 年变为河床宽 3 m,水面距地面仅 0.5~1.0 m(中滩范围内),该灌区土壤盐渍化十分严重。但近几年由于青铜峡市大力实施农业综合开发和土地综合治理,对罗家河进行全面水泥板砌护,彻底解决了淤塞侧渗问题,致使这一区域的土壤盐渍化明显减轻,现在已成为非盐渍化耕地。

6. 障碍土层

障碍层是造成积盐,盐分随蒸发上升快的主要因素。一般土灌剖面中有黏质土、黏土、重壤土障碍层时,土层的含盐量较高;尤其是剖面中夹有黏土层时由于其阻碍了水分的上下移动,盐分既排不出去,又容易造成积累,因此黏土层内的含盐量明显高于其他质地土层,从而造成土壤盐渍化。

五、盐渍化耕地改良措施

土壤盐渍化同地下水位关系最为密切,降低地下水位是盐渍土改良的根本措施。而开挖排水沟又是降低地下水位简单易行,行之有效的措施。青铜峡市已在开沟排水方面做了大量工作,收到了显著效果,在促进农业生产上起到了重要作用。但是目前,西干渠、东干渠侧渗严重;唐徕渠水位较低,蒋新渠灌溉抬高地势,灌排不配套,次生盐渍化加重。为此,盐碱地改良应采取以下措施:

1. 加强水资源管理

充分发挥各级用水协会的作用,建立必要的排水管理机构和制定维护排水沟的规章制度。按照"谁受益、谁管理"的原则,以国家和地方人民政府为主投资建设的机井、电排站和以民办公助、乡村自筹建设的机井、电排站,实行分级负责管理。市行政主管部门对辖区内的灌溉和排水设施进行统一管理。各镇负责本辖区内的灌排设施交付所在灌溉区域内的农民用水者协会或支渠承包人管理,并签订管理协议,减少水资源浪费。安排专项资金加大电排站的管理费用投入,要做到科学、合理、节约灌水,又要保护已有灌排成果,防止损坏水利设施,漫灌烂排的行为发生,杜绝次生盐渍化。

2. 加大开沟排水洗盐力度

① 继续搞好农田水利基本建设,将秋季农田水利大会战作为一项光荣传统,继承和发扬下去,做到工程量不减,标准不降,对盐渍化相对较重的地区进行重点治理。

② 挖沟排水减盐和打井竖管排盐相结合,在重盐渍化地区或条件相对较差的地区,采取打深井或布设暗管排水洗盐。利用加宁铝业公司,大唐发电公司,区水泥建材公司,树脂厂,造纸厂等企业生产和生活用水需打深水井引水的便利条件,整合资金,在东干渠的草台子、西滩,西干渠立新、高桥、三棵树等

水位较浅的地区,打深水井降低地下水位进而达到降水清盐的作用。

③ 要因地制宜,量力而行。对一些沼泽地,盐碱侵蚀较重的地区,一时财力、人力物力还无法更上,先搞适水产业,修建鱼池或实施稻蟹种养,综合开发利用。

3. 种稻洗盐

发挥青铜峡市塞外香大米品牌优势和黄河水自流灌溉优势,鼓励农民多种水稻,尤其是在盐渍化相对较重的地区,推广种植耐盐碱的水稻品种,如宁香优2号、宁香优4号、96D10等,并实施全程机械化旱育稀植栽培管理,增加产量,提升效益,调动农民降低盐渍化危害的积极性。

4. 大力提倡测土配方施肥

以增施有机肥改善土壤结构为重点,改良盐碱土的通气、透水和养料状况,中和土壤碱性。同时针对不同地区,不同作物的需肥规律,实施配方施肥,合理搭配肥料品种,经济科学地减少化肥的使用量,防止化肥带来的次生盐渍化。

5. 加大全程机械化作业力度。

推广激光平地、机深翻、水稻全程机械化栽培管理收获,玉米秸秆还田等机械化措施,对盐碱地深耕深松,加深耕层,加速淋盐,防止返盐,增强保墒抗旱能力,改良土壤的养分状况。降低地表水平落差,控制盐分因蒸发而带来的危害。

第三节 秸秆还田量对水旱轮作作物产量和土壤肥力的影响

作物秸秆中含有大量的有机碳(占干物质40%左右),秸秆还田对土壤有机质的形成、分解与累积都将产生积极的影响;秸秆还田可降低土壤容重,增加土壤孔隙度与大粒径微团聚体数量,改善土壤理化性状。本章节通过3年田间秸秆粉碎还田试验,在宁夏灌区研究不同秸秆还田量对春玉米—水稻—春玉米轮作体系作物产量和土壤肥力的影响，为宁夏灌区水旱轮作体系秸秆还田的综合管理提供理论依据。

一、材料与方法

(一) 试验地概况

试验于2013—2015年在宁夏灌区的青铜峡市瞿靖镇毛桥村四组进行，地理坐标为东经106°02′58.42″，北纬38°03′36.86″，海拔1 117 m，其主要气候特点是气候干燥、日照充足、温差较大、热量丰富、无霜期较长等。年均气温8~9℃，年均蒸发量1 100~1 600 mm，年均降水量仅180~200 mm，且降水主要分布在7~9月份，其间降雨量占全年的60%~70%。作为典型的引黄灌溉农业区，年际间春玉米（春小麦）—水稻为主要轮作模式。土壤类型为灌淤土，质地为壤土，地力均匀，灌排条件完善。0~20 cm土壤容重1.33 g/cm³，土壤pH 8.15，有机质15.4 g/kg，全氮0.98 g/kg，碱解氮91.0 mg/kg，有效磷16.9 mg/kg，速效钾165.0 mg/kg。

(二) 试验设计

试验设5个秸秆还田量处理：秸秆量0 t/hm²（S_0）、秸秆量2.25 t/hm²（S_1）、秸秆量3.75 t/hm²（S_2）、秸秆量5.25 t/hm²（S_3）和秸秆量6.75 t/hm²（S_4），每个小区面积60 m²（6.67 m×9 m），随机区组排列，重复3次，试验小区四周设0.5 m保护行。2013—2015年水旱轮作作物分别为春玉米—水稻—春玉米，同一个作物季，施肥量、肥料种类、施肥方法和秸秆还田方式都一致，还田秸秆都为水稻秸秆。氮、磷肥为普通尿素（N 46%）和磷酸二铵（N 18%，P_2O_5 48%），钾肥为硫酸钾（K_2O 50%），有机肥为牛粪（鲜基：N 14.0 g/kg、P_2O_5 4.6 g/kg、K_2O 19.9 g/kg）。每季作物还田水稻秸秆的粉碎长度为3~5 cm，每个处理配施45 kg/hm²秸秆腐熟剂，供试腐熟剂为上海联业公司生产的"谷霖牌"秸秆腐熟剂，其主要成分有效活菌数≥0.5亿个/g。肥料和秸秆施用方式都为撒施，每季作物种植前，粉碎后的秸秆与基肥撒施后翻耕。2013—2015年不同水旱轮作作物季化肥和有机肥养分投入量如表 8-17 所示。

2013 年供试作物为制种春玉米,品种为自交系宁单 19 号,前茬作物为春玉米,2013 年 4 月 13 日播种,9 月 15 日收获取样。每小区种植密度相同,父本和母本行数一致,株距 22~24 cm,行距 55~58 cm。3 月 25 日基施牛粪 600 kg/hm²、磷酸二铵 225 kg/hm² 和尿素 150 kg/hm²,6 月 7 日结合第一次大水漫灌,追施磷酸二铵 150 kg/hm²、尿素 300 kg/hm² 和硫酸钾 75 kg/hm²,7 月 10 日大喇叭口期进行第二次大水漫灌,追施尿素 75 kg/hm²;之后抽雄—灌浆期再分别进行 2 次大水漫灌。

2014 年供试作物为水稻,品种为宁粳 45,2014 年 4 月 4 日保墒旱直播播种,播种量 300 kg/hm²,等行播种,行距为 24 cm,9 月 25 日收获取样。3 月 28 日基施牛粪 600 kg/hm²、磷酸二铵 225 kg/hm²、尿素 225 kg/hm² 和硫酸钾 75 kg/hm²;5 月 10 日进行第一次大水漫灌,5 月 30 日结合大水漫灌,追施尿素 75 kg/hm²;6 月 15 日结合大水漫灌,追施尿素 120 kg/hm²;之后一直保持定期灌水至 8 月 25 日,8 月 25 日之后开始排水落干至水稻成熟收获。

表 8-17 2013—2015 年水旱轮作体系化肥和有机肥(牛粪)养分投入量

作物季	化肥/(kg·hm⁻²)			牛粪/(kg·hm⁻²)		
	N	P$_2$O$_5$	K$_2$O	N	P$_2$O$_5$	K$_2$O
2013 春玉米	309	173	38	8	3	12
2014 水稻	234	104	38	8	3	12
2015 春玉米	365	138	38	8	3	12

2015 年供试作物为饲料春玉米,品种为先玉 335,2015 年 4 月 14 日播种,播种量为 75 kg/hm²,采用等行播种,行距 60 cm,株距 20 cm,10 月 7 日收获取样。3 月 28 日基施牛粪 600 kg/hm²、磷酸二铵 300 kg/hm²、尿素 300 kg/hm² 和硫酸钾 75 kg/hm²;5 月 28 日结合头水漫灌,追施尿素 120 kg/hm²;6 月 25 日拔节期大水漫灌,追施尿素 180 kg/hm²;7 月 18 日大喇叭口期大水漫灌,追施尿

素 75 kg/hm²;在灌浆期最后进行 1 次大水漫灌。

各季作物生育期间的田间其他农艺管理同当地大田一致。

(三) 样品采集与测定

春玉米按小区收获地上部样品;水稻收获每个小区取 3 个 2 m² 地上部样品,按小区统计其产量。试验初始和每季作物收获后,用环刀法测定 0~20 cm 耕层土壤容重;同时,在试验初始、每季作物播种前(春季,3 月底至 4 月初)、收获后(秋季,9 月中下旬至 1 月上旬),采集 0~20 cm 耕层土壤样品,常规分析方法测定土壤有机质、全氮、碱解氮、有效磷和速效钾含量。

(四)数据统计

数据和图表处理用 Excel 2007 及 DPS V7.05 进行统计分析,多重比较采用 LSD 法检验。

二、结果与分析

(一)不同秸秆还田量处理下水旱轮作作物产量

2013—2015 年不同秸秆还田量处理下水旱轮作作物产量见表 8-18。可以看出,秸秆还田量对 2013 年春玉米和 2014 年水稻的产量均无明显影响,但对 2015 年春玉米的产量存在显著效应,相对于 S_0 处理,S_3 处理的春玉米产量明显提高了 7.8%,其他处理间产量差异未达显著水平。2013—2015 年各季水旱轮作作物产量,随着秸秆还田量的增加呈先增后减趋势,其最高产量都为 S_3(秸秆还田量 5.25 t/hm²)处理,2013 年春玉米、2014 年水稻和 2015 年春玉米产量分别达 7.83 t/hm²、11.61 t/hm²、14.17 t/hm²。同等秸秆还田处理下,2015 饲料春玉米的产量明显高于 2013 年制种春玉米产量,前者是后者的 1.8 倍左右。由此可见,秸秆还田对年际间水旱轮作作物产量呈叠加效应,秸秆连续还田 3 年以上才有显著的增产效果,且以 S_3 处理效果明显。

表 8-18　2013—2015 年水旱轮作体系不同秸秆还田量处理下作物产量

单位：t/hm²

处理	秸秆还田量	2013 春玉米	2014 水稻	2015 春玉米
S_0	0	7.45±0.46	11.20±0.21	13.14±0.11b
S_1	2.25	7.52±0.15	11.42±0.65	13.80±0.42ab
S_2	3.75	7.82±0.01	11.45±0.75	13.93±0.62ab
S_3	5.25	7.83±0.12	11.61±0.10	14.17±0.04a
S_4	6.75	7.49±0.28	11.21±0.15	13.50±0.55ab

(二)水旱轮作体系不同秸秆还田量处理下土壤肥力变化特征

1. 土壤容重

土壤容重是反映土壤物理性状的一个重要指标。图 8-4 结果显示，在无秸秆还田 S_0 处理下，经过 3 年的水旱轮作，耕层土壤容重基本无变化，维持在试验前的初始水平 1.33 g/cm³。相对于 S_0 处理，2013 年春玉米收获后，仅 S_4 处理

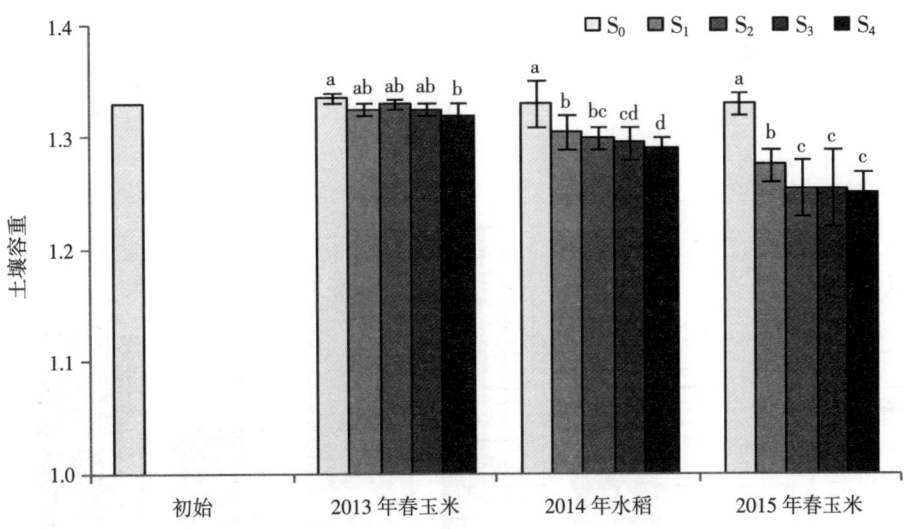

图 8-4　2013—2015 年水旱轮作体系作物收获后不同秸秆还田量处理下耕层土壤容重变化动态

注：图中误差棒表示标准差，同一季作物不同秸秆还田处理间小写字母代表 5%显著水平差异，下同

的土壤容重显著降低；2014年水稻和2015年春玉米收获后，所有秸秆还田处理的土壤容重都显著降低，而且高量秸秆还田处理下容重降低更为明显。3年的秸秆还田后，2015年春玉米收获后，S_1、S_2、S_3和S_4处理耕层土壤容重相对于试验初始值，分别降低了0.05 g/cm³、0.07 g/cm³、0.07 g/cm³和0.08 g/cm³，年均降低了0.02~0.03 cm³，降幅为1.25%~2.01%。秸秆还田有利于降低水旱轮作灌淤土农田耕层土壤容重，且其随着秸秆还田量的增加而明显降低。

2. 土壤有机质

图8-5表明，秸秆还田量对2013年秋季（当季春玉米收获）和2014年春季（当季水稻种植前）耕层土壤有机质含量有显著影响，其他时期不同秸秆还田处理间差异不显著。2013—2015年不同时期，耕层土壤有机质含量并不与秸秆还田量增加而同步增加，有机质含量最高值通常在S_2或S_3处理下（除2015年春季为S_1处理最高）。2013年秋，相对于S_0处理（土壤有机质14.7 g/kg），仅S_3处理的土壤有机质含量显著提高到16.9 g/kg，S_3和S_4处理下有机质含量分别比初始值（15.4 g/kg）降低了0.5 g/kg和0.7 g/kg，可能是当季大量秸秆还田

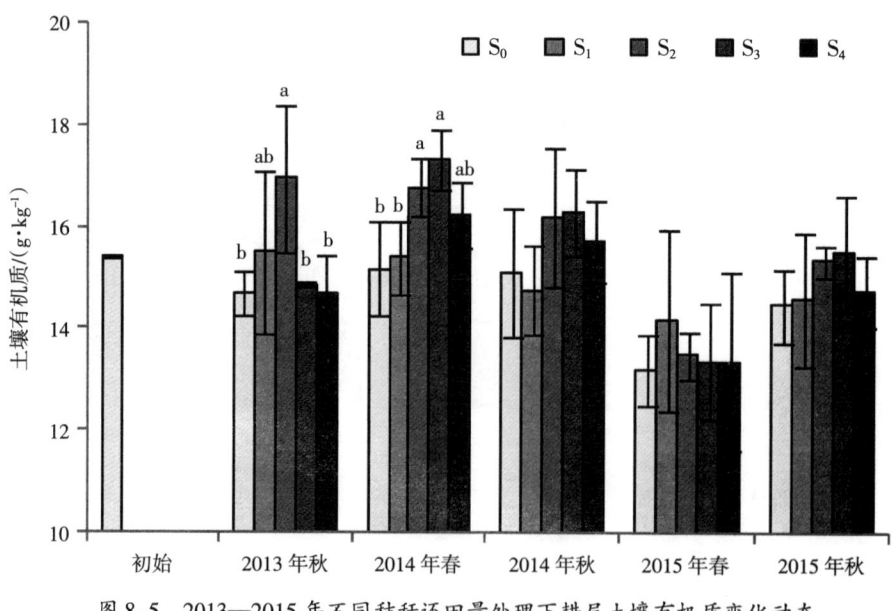

图8-5　2013—2015年不同秸秆还田量处理下耕层土壤有机质变化动态

对土壤有机碳矿化的激发效应所致。2014年春,与S_0处理相比,增施秸秆处理下土壤有机质都有不同程度的增加,S_2和S_3处理效果显著,增幅分别达10.5%和14.5%。2014年秋,经过一季水稻种植后,除S_1处理外,其他秸秆还田处理对土壤有机质均有一定的提高作用,但都未达显著水平。值得注意的是,由2014年水田改为2015年旱地后,2015年春季和秋季(春玉米收获)土壤有机质都有所降低,尤其是2015年春季降低更为明显。由此可见,秸秆还田对年际间水旱轮作农田土壤有机质提升并不呈叠加效应,而且土壤有机质也不随秸秆还田量增加而同步提高。

3. 土壤全氮

从图8-6可看出,秸秆还田量仅对2014年春季(当季水稻种植前)耕层土壤全氮含量有显著影响,其他时期处理间差异不大。相对于土壤全氮初始值0.98 g/kg,2014年水稻种植后,各处理的土壤全氮降低了0.02~0.07 g/kg(除S_3处理基本维持初始水平),而2013年和2014年旱作春玉米种植前后,各处理土壤全氮通常都提高了0.02~0.09 g/kg,这可能与氮素在水稻季通过各种途径

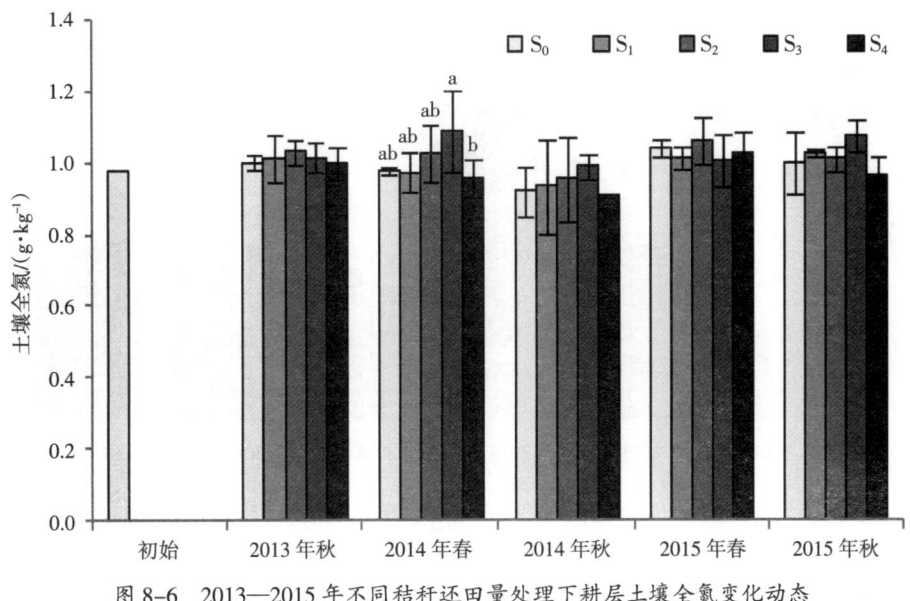

图8-6 2013—2015年不同秸秆还田量处理下耕层土壤全氮变化动态

发生损失比较严重有关。但水稻季土壤 C/N 比高达 9.18~10.03，明显高于试验前初始值 9.12，水稻季秸秆还田对调节土壤 C/N 比的效果显著，同时提高了土壤的微生物活性。值得注意的是，不同时期土壤全氮最高值都出现在 S_2 或 S_3 处理，而不是高量秸秆还田 S_4 处理，这与土壤有机质含量的变化趋势一致。

4. 土壤碱解氮

秸秆还田量对 2013—2015 年不同时期的土壤碱解氮均无显著影响（图 8-7），除 2014 年春季（当季水稻种植前）耕层土壤碱解氮含量相对于初始值 91.0 mg/kg 有所提高或维持相当水平外，2013 年秋（当季春玉米收获后）、2014 年秋（当季水稻收获后）、2015 年春（当季春玉米种植前）、2015 年秋（当季春玉米收获后）各处理土壤碱解氮分别降低了 11.7%~23.1%、22.3%~25.6%、17.6%~30.8%、17.6%~27.1%。总体来说，秸秆还田不利于土壤碱解氮含量的提高，而且在不同时期表现出秸秆还田量越高，土壤碱解氮降低越明显的趋势。

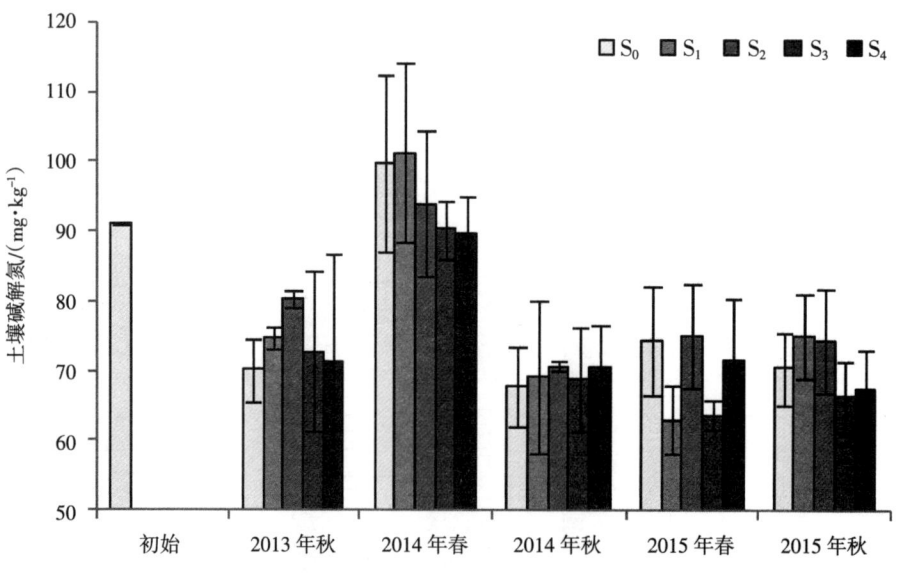

图 8-7　2013—2015 年不同秸秆还田量处理下耕层土壤碱解氮变化动态

5. 土壤有效磷

图 8-8 表明,秸秆还田量对 2013—2015 年不同时期的土壤有效磷含量也都无显著影响。2013 年秋季,经过当季旱作春玉米后,各秸秆还田处理下土壤有效磷含量为 11.8~15.4 mg/kg,相对于初始值 16.9 mg/kg,降低了 1.5~5.1 mg/kg;到 2014 年水稻种植前后,春季和秋季各处理土壤有效磷含量分别提高到 23.9~26.3 mg/kg 和 21.6~23.4 mg/kg。2015 年由水田改为旱作,春季和秋季各处理土壤有效磷含量又分别降低到 15.1~15.7 mg/kg 和 14.0~14.9 mg/kg。因此,在水旱轮作体系中,水稻季土壤有效磷含量明显提高,而在旱作季又降低,其与秸秆还田量大小无关。

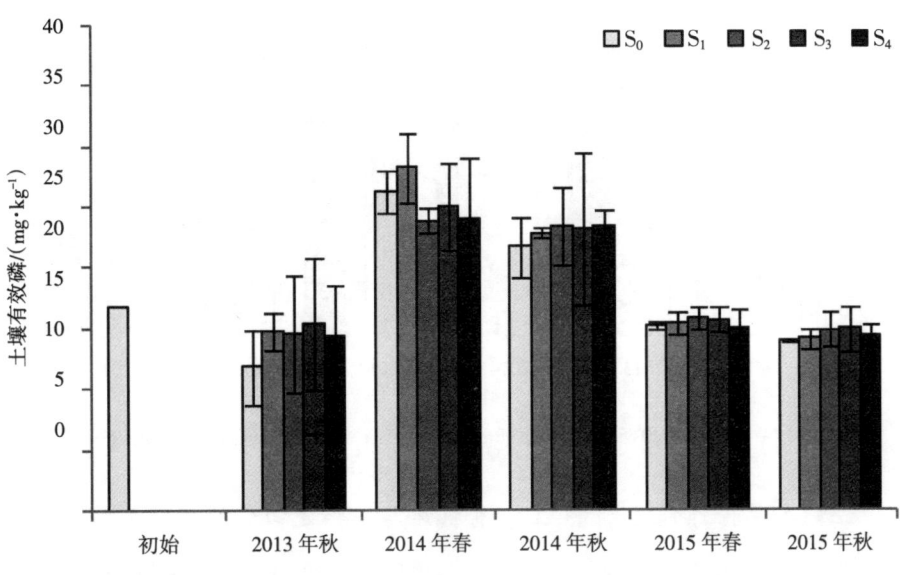

图 8-8　2013—2015 年不同秸秆还田量处理下耕层土壤有效磷变化动态

6. 土壤速效钾

2013—2015 年不同秸秆还田量处理下耕层土壤速效钾变化动态如图 8-9 所示,可以看出,秸秆还田量仅对 2014 年春季(当季水稻种植前)耕层土壤速效钾含量有显著影响,相对于 S_0 处理(166.7 mg/kg),S_2 和 S_3 处理下土壤速效钾含量分别明显提高了 14.6% 和 14.2%。连续的秸秆还田对前期耕层土壤速效钾含量的维持和提升作用明显,但随着还田时间的延续,土壤速效钾含量处于降低趋势,2015 年秋季(当季春玉米收获后)各处理土壤速效钾含量仅为 114.3~125.7 mg/kg,比试验前初始降低了 23.8%~30.7%。这可能是钾肥施用量不足(参照表 1 中 K_2O 投入量数据),土壤钾素处于连续亏缺状态所致,需对土壤全钾和缓效钾含量进一步测定,才能深入明确秸秆还田对维持土壤钾素平衡的作用。

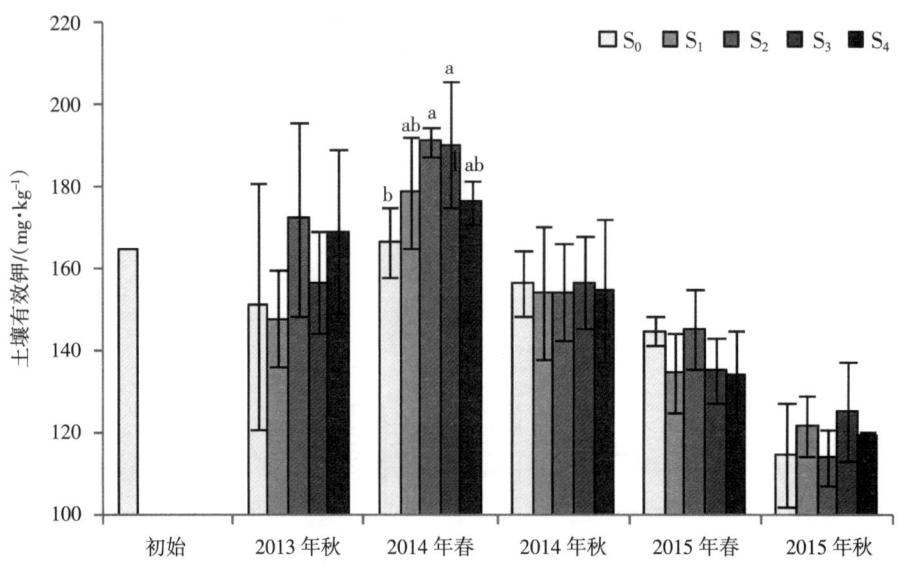

图 8-9　2013—2015 年不同秸秆还田量处理下耕层土壤速效钾变化动态

(三)水旱轮作作物产量、土壤有机质与秸秆还田量的相互关系

通过拟合 2013—2015 年水旱轮作各季作物产量与秸秆还田量的关系,发现二者都服从二次曲线关系(图 8-10 a)。2013 年春玉米、2014 年水稻和 2015 年春玉米季,作物产量与秸秆还田量的相关系数 R^2 分别为 0.602、0.698 和 0.880;2013—2015 年各季作物最高产量时,秸秆还田量分别为 4.00 t/hm²、3.72 t/hm² 和 4.01 t/hm²。图 8-10 b 可以看出,2013 年春玉米、2014 年水稻和 2015 年春玉米季,土壤有机质含量最高时秸秆还田量分别为 3.75 t/hm²、5.25 t/hm²、5.25 t/hm²。因此,兼顾水旱轮作作物产量提高和土壤有机质提升,合

理的秸秆还田量应控制在 3.75~5.25 t/hm²。

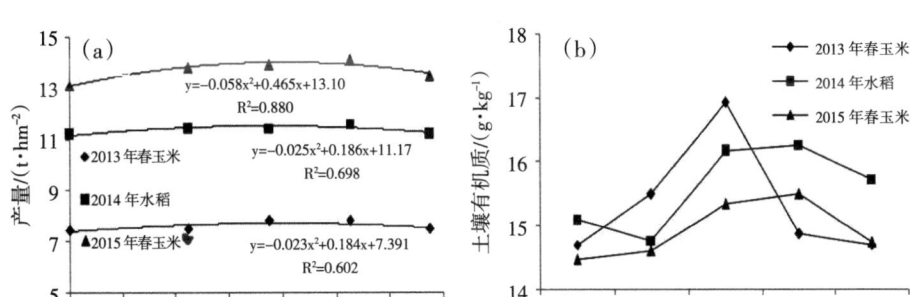

图 8-10　2013—2015 年水旱轮作体系作物产量(a)、土壤有机质(b)与秸秆还田量的关系

注:图中每个点为 3 个重复的平均值

三、结论

(一)不同秸秆还田量处理下水旱轮作作物产量

秸秆还田量对前两年作物产量无明显影响,持续还田 3 年才有显著的增产效果,S_3 处理最佳。高量的秸秆还田不利于作物的出苗和产量构成的改善,从而降低了作物产量。水旱轮作各季作物产量都随着秸秆还田量增加呈先增后减的趋势。

(二)水旱轮作体系不同秸秆还田量处理下土壤肥力

秸秆还田降低了耕层土壤容重,其随着还田量增加呈显著降低趋势;秸秆还田对年际间土壤有机质提升并不呈叠加效应,且土壤有机质含量也不随秸秆还田量增加而同步增加,通常在 S_2 或 S_3 处理下最高;水稻季秸秆还田有利于调节土壤 C/N 比,但秸秆还田对年际间水旱轮作农田土壤有机质提升并不十分明显,且随秸秆还田量增加,土壤有机质含量不呈现同步提高的趋势,通常在中量秸秆还田(S_2 或 S_3 处理)下最高;秸秆还田量对水旱轮作各个时期耕层土壤碱解氮、有效磷含量均无显著影响,但年际间水旱轮作体系进行秸秆还田造成耕层土壤速效钾含量降低的原因。

(三)水旱轮作体系秸秆还田的推荐量

本研究条件下,水旱轮作体系作物产量与秸秆还田量服从二次曲线关系,其相关系数 R^2 为 0.602~0.880,同时考虑水旱轮作作物产量和土壤有机质的提高;各季作物的秸秆推荐还田量应控制在 3.75~5.25 t/hm² 为宜,以达到作物增产和土壤培肥的双重目标。

附件:专题图件

《青铜峡市耕地质量等级分布图》

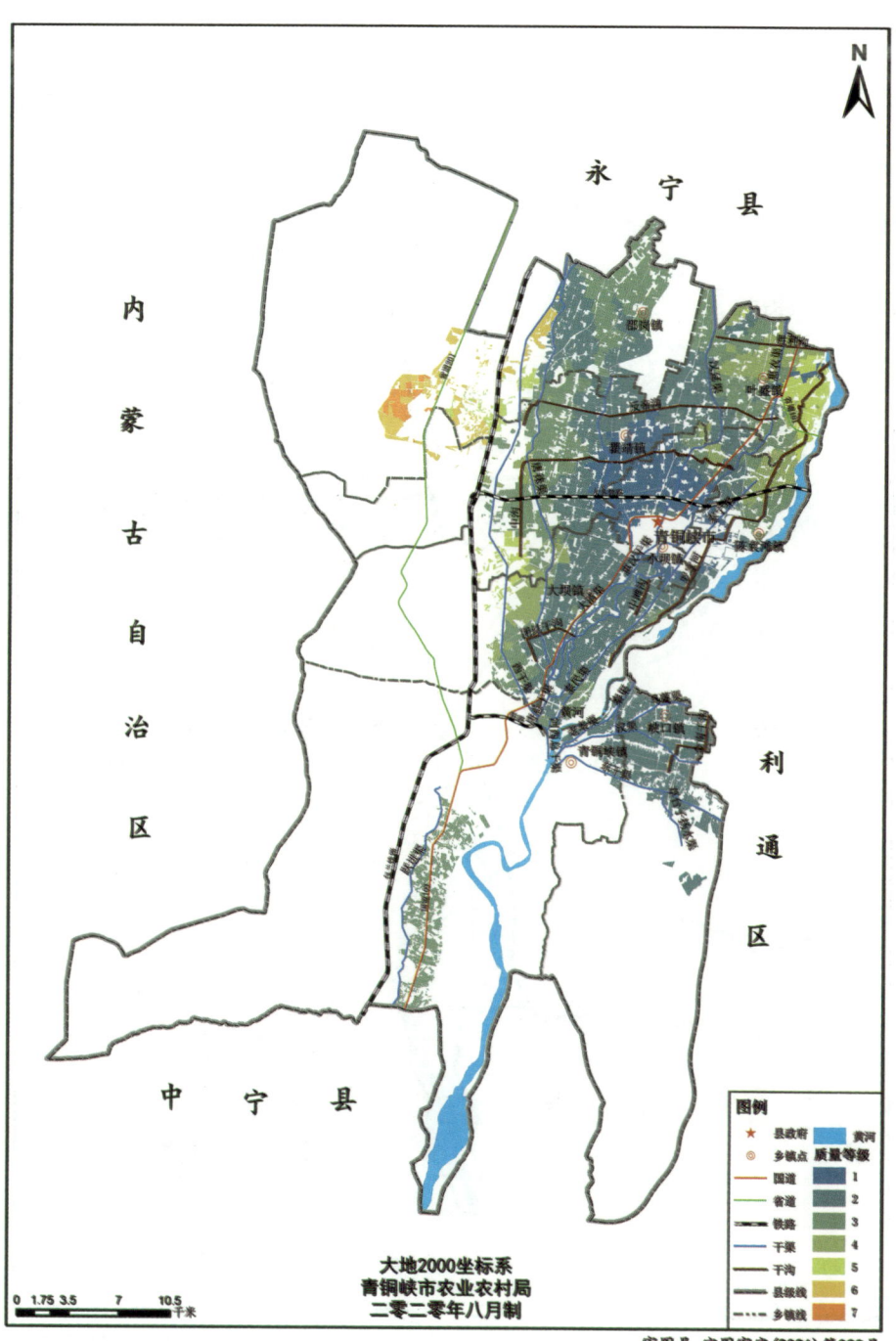

《青铜峡市耕地质量等级评价采样点分布图》

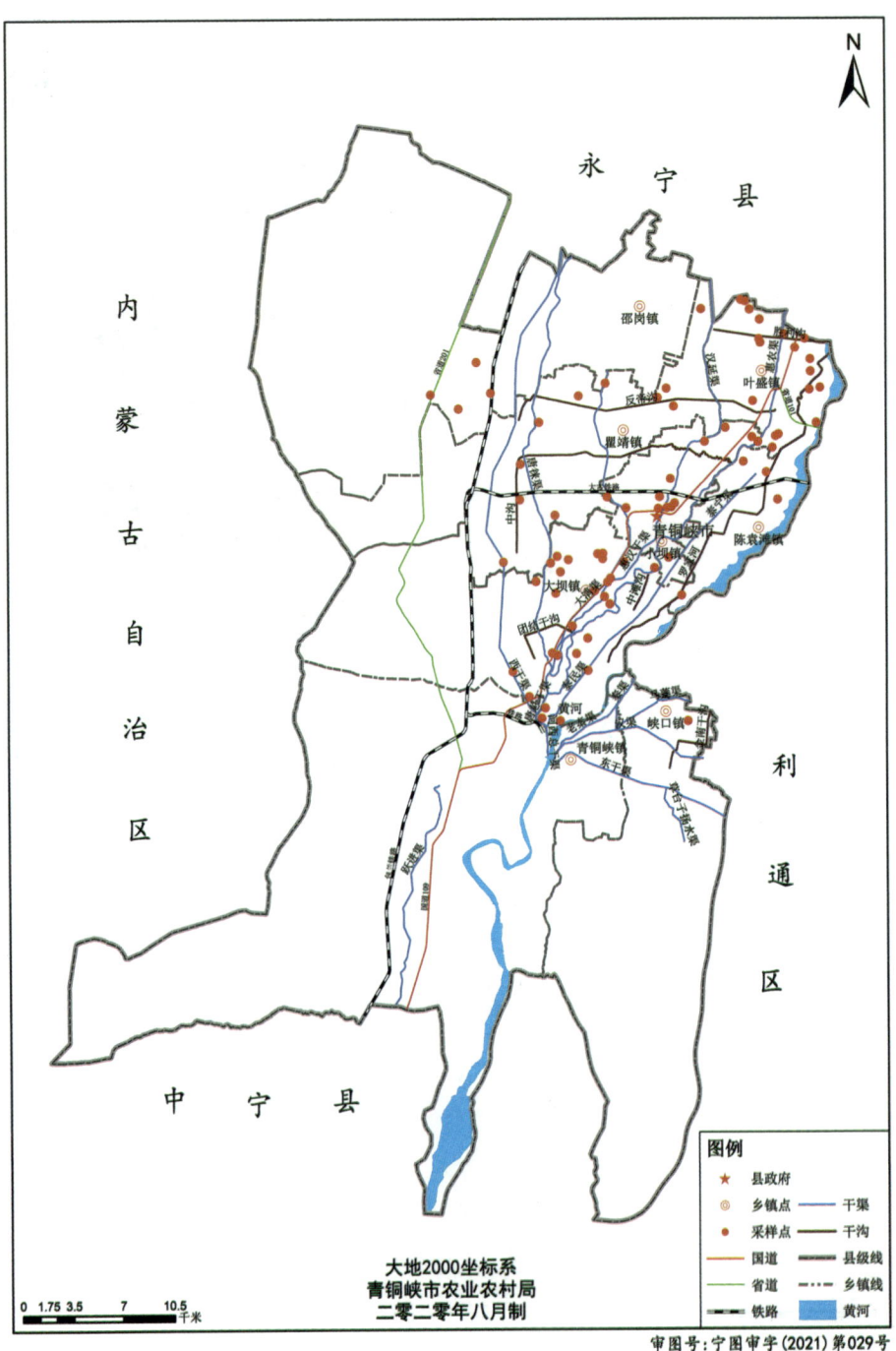

附件:专题图件

《青铜峡市行政区划图》

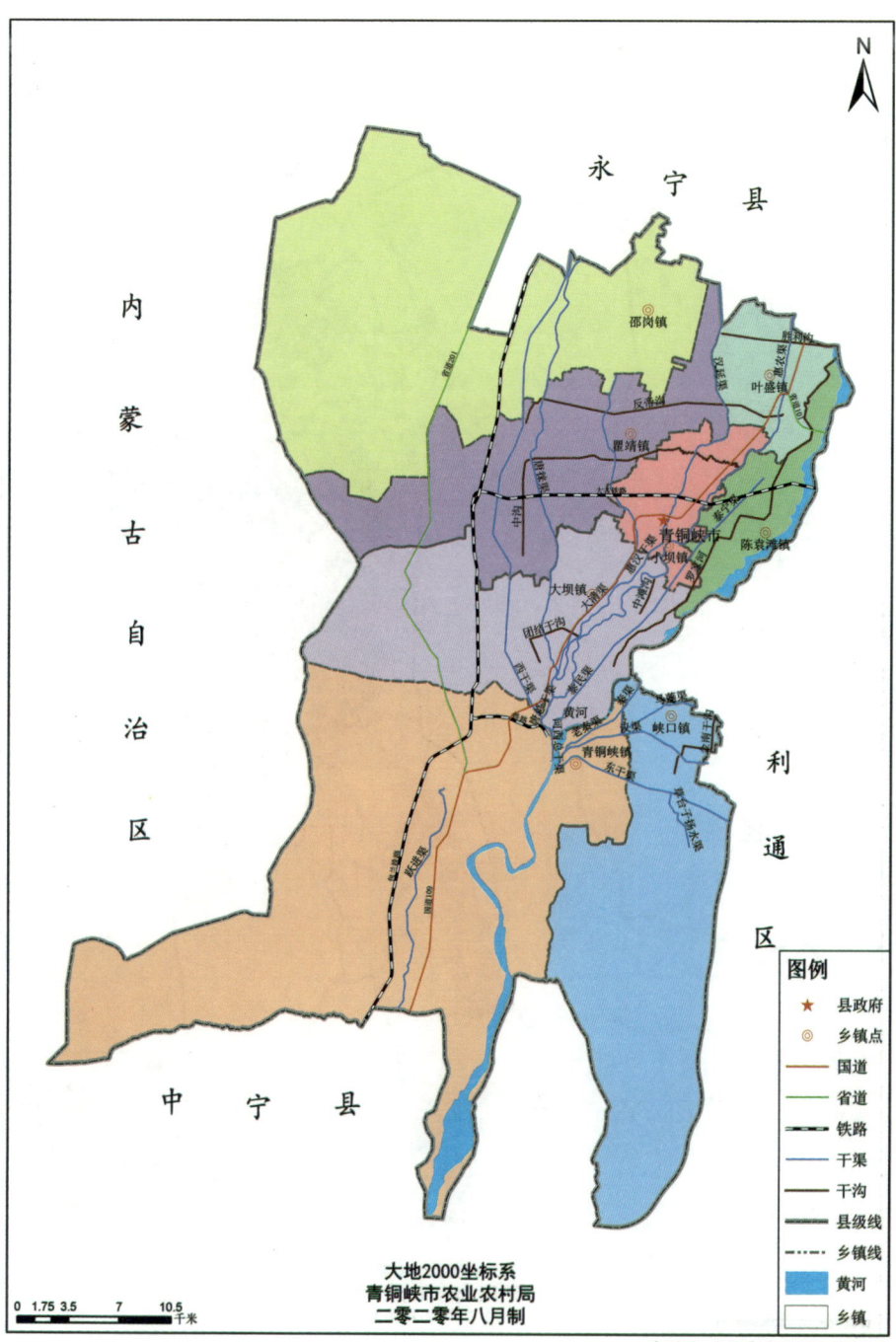

《青铜峡市土壤类型图》

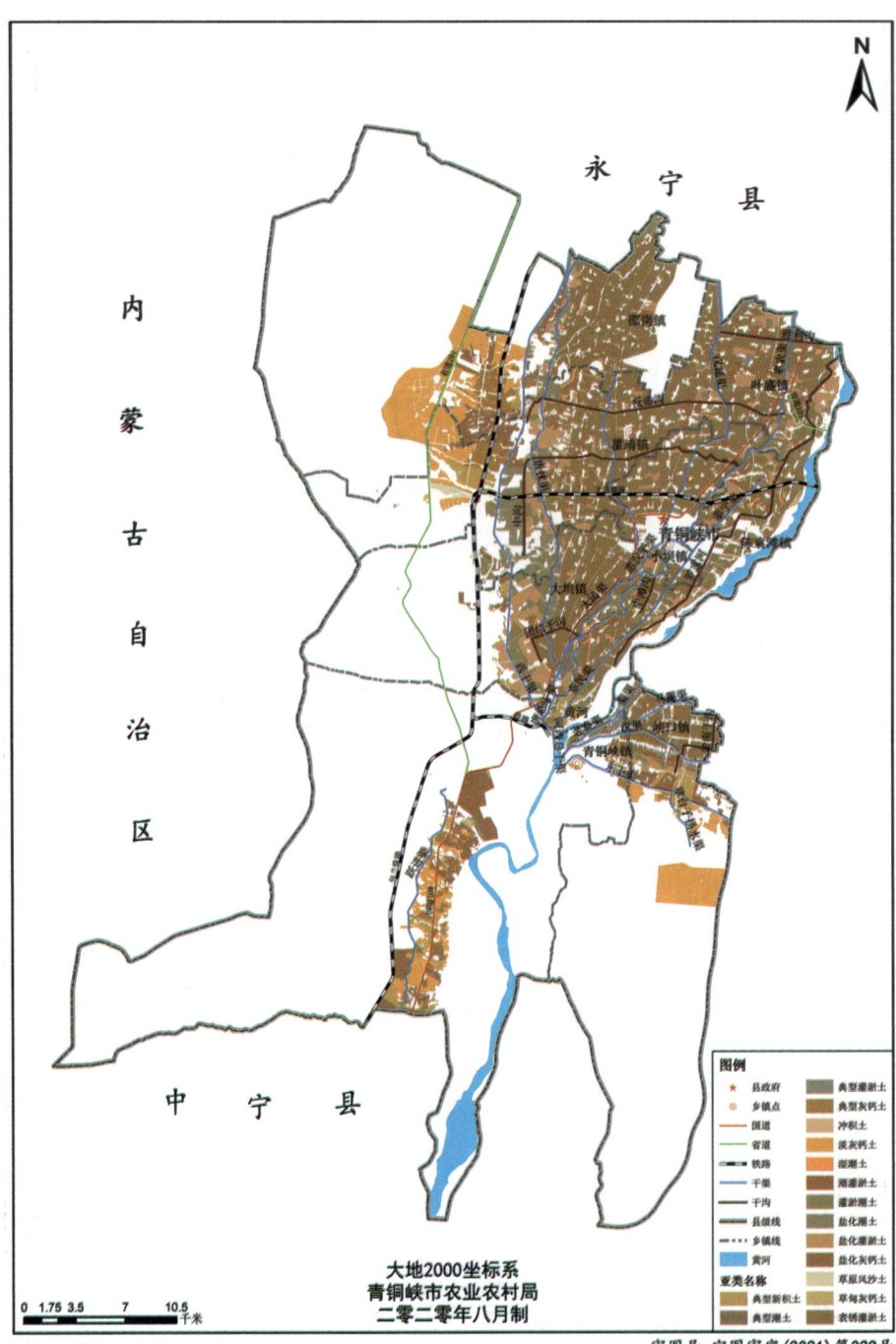

附件:专题图件

《青铜峡市土地利用现状图》

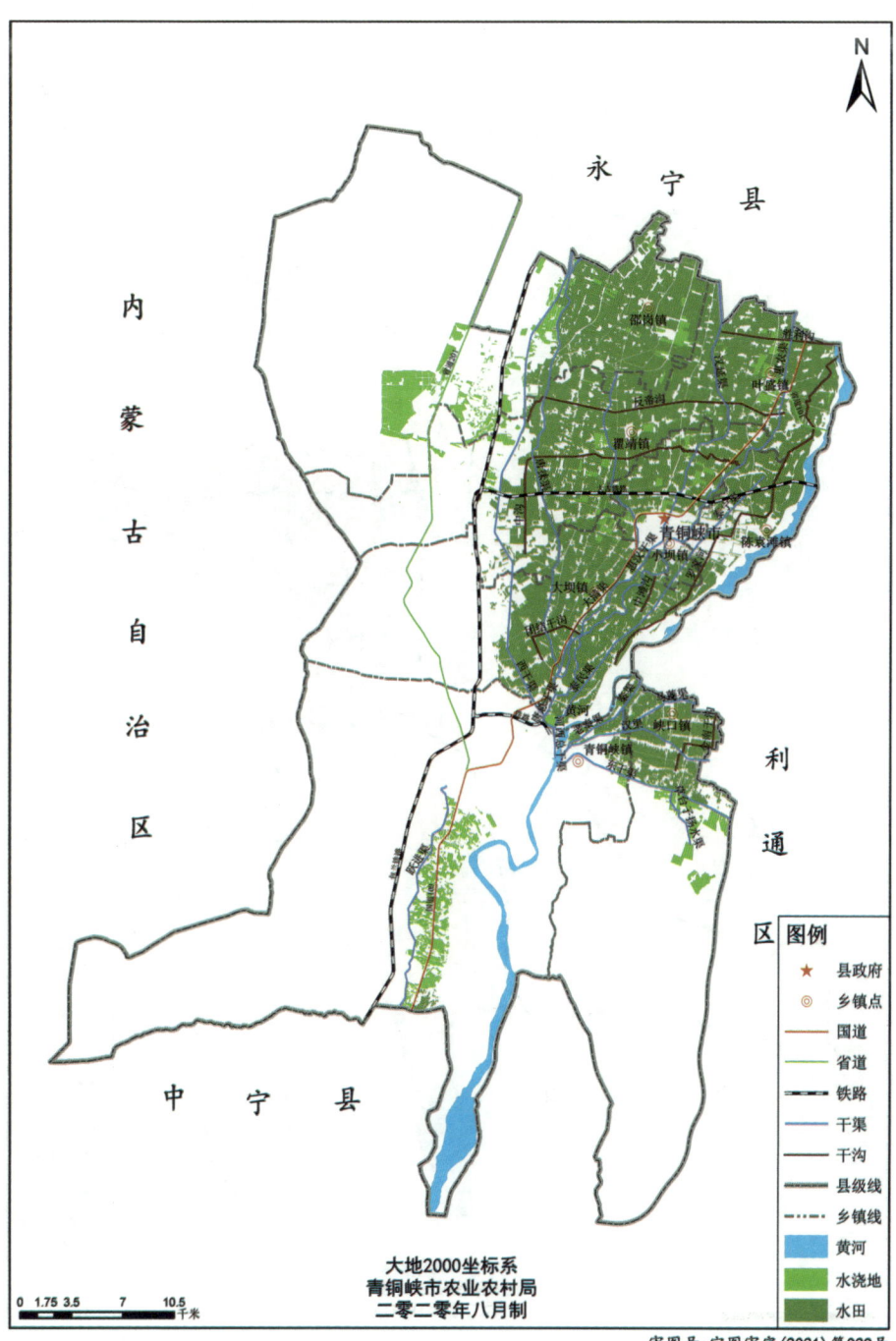

《青铜峡市耕地土壤速效钾分布图》

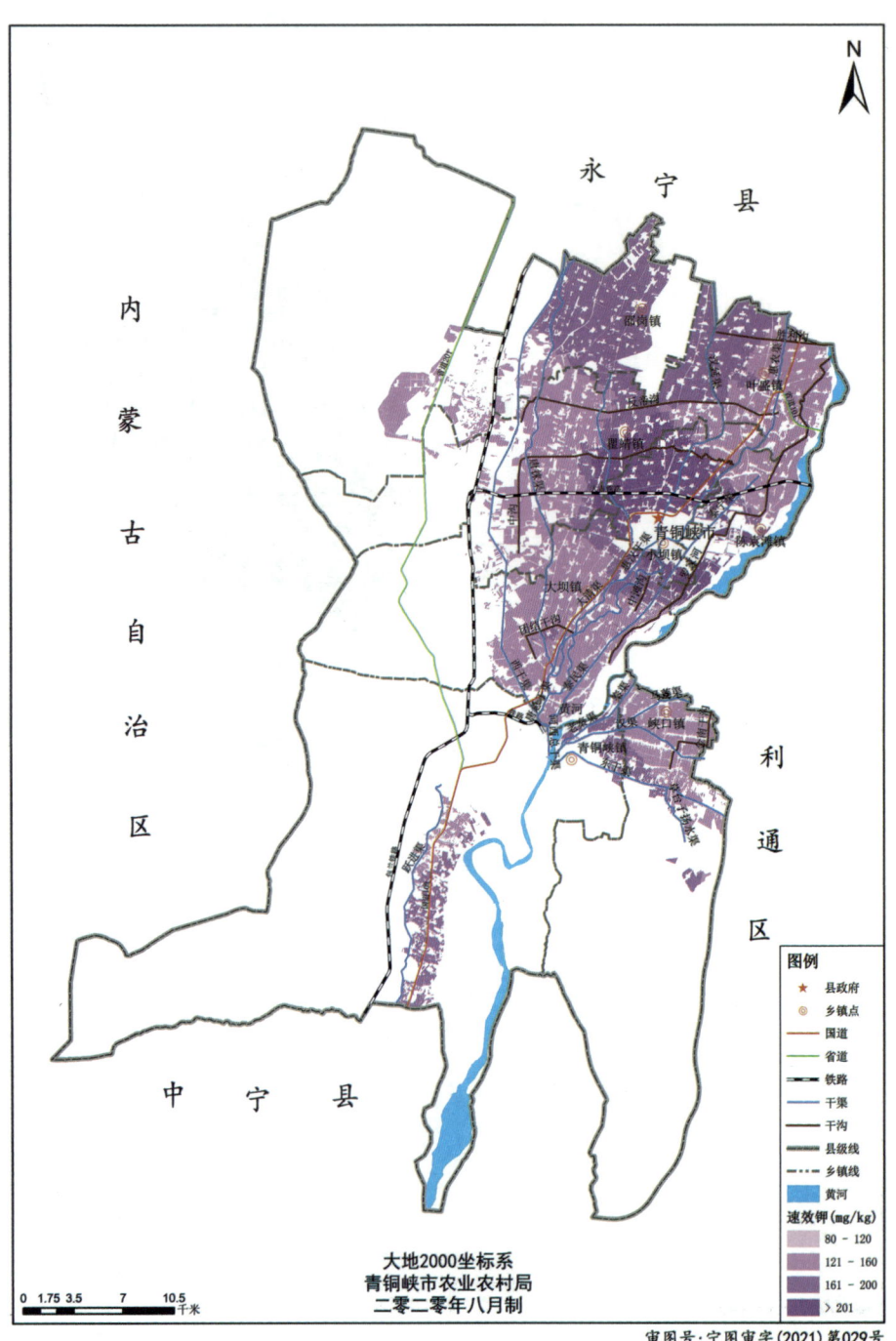

《青铜峡市耕地土壤有机质分布图》

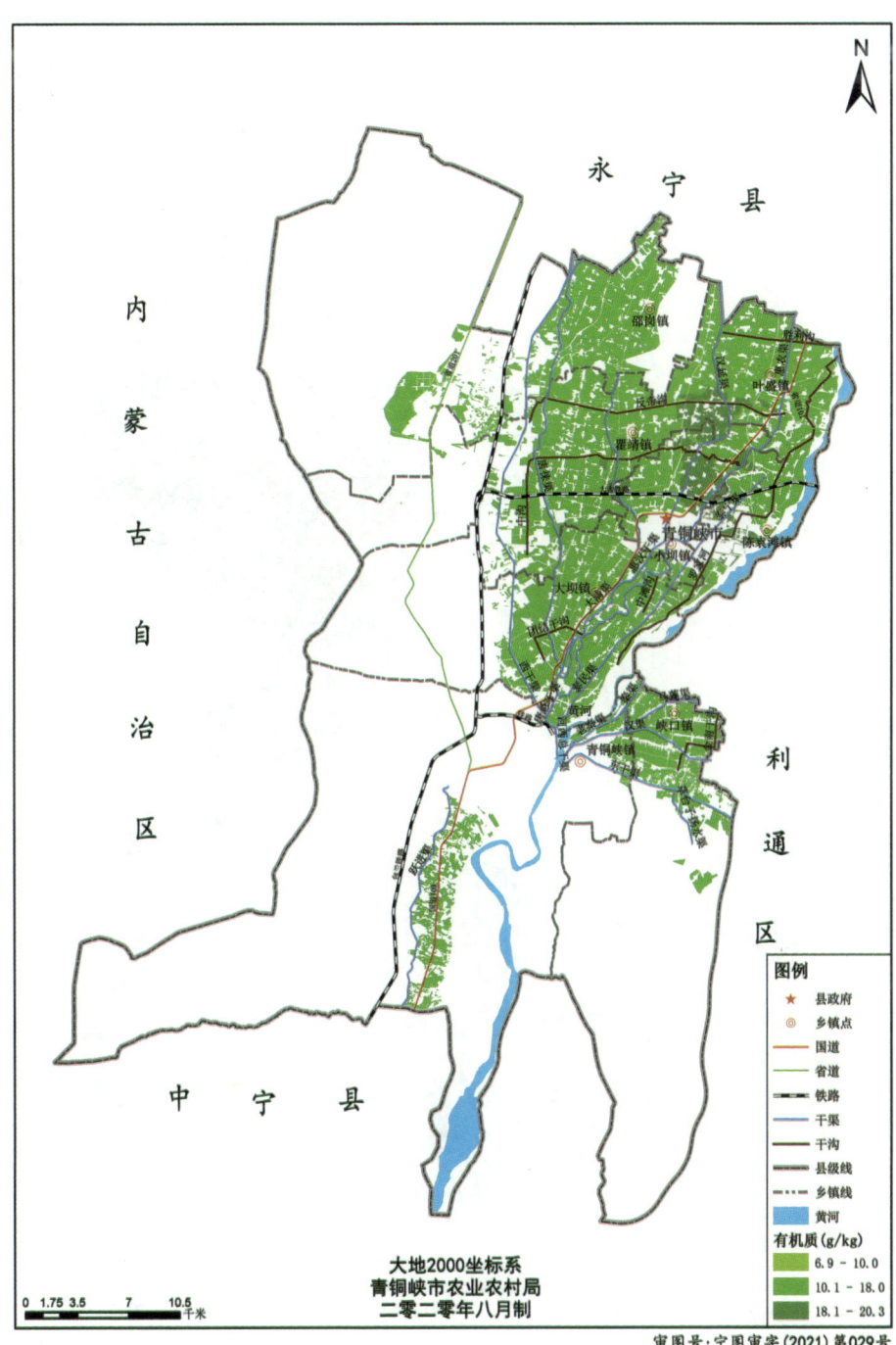

《青铜峡市耕地土壤全氮分布图》

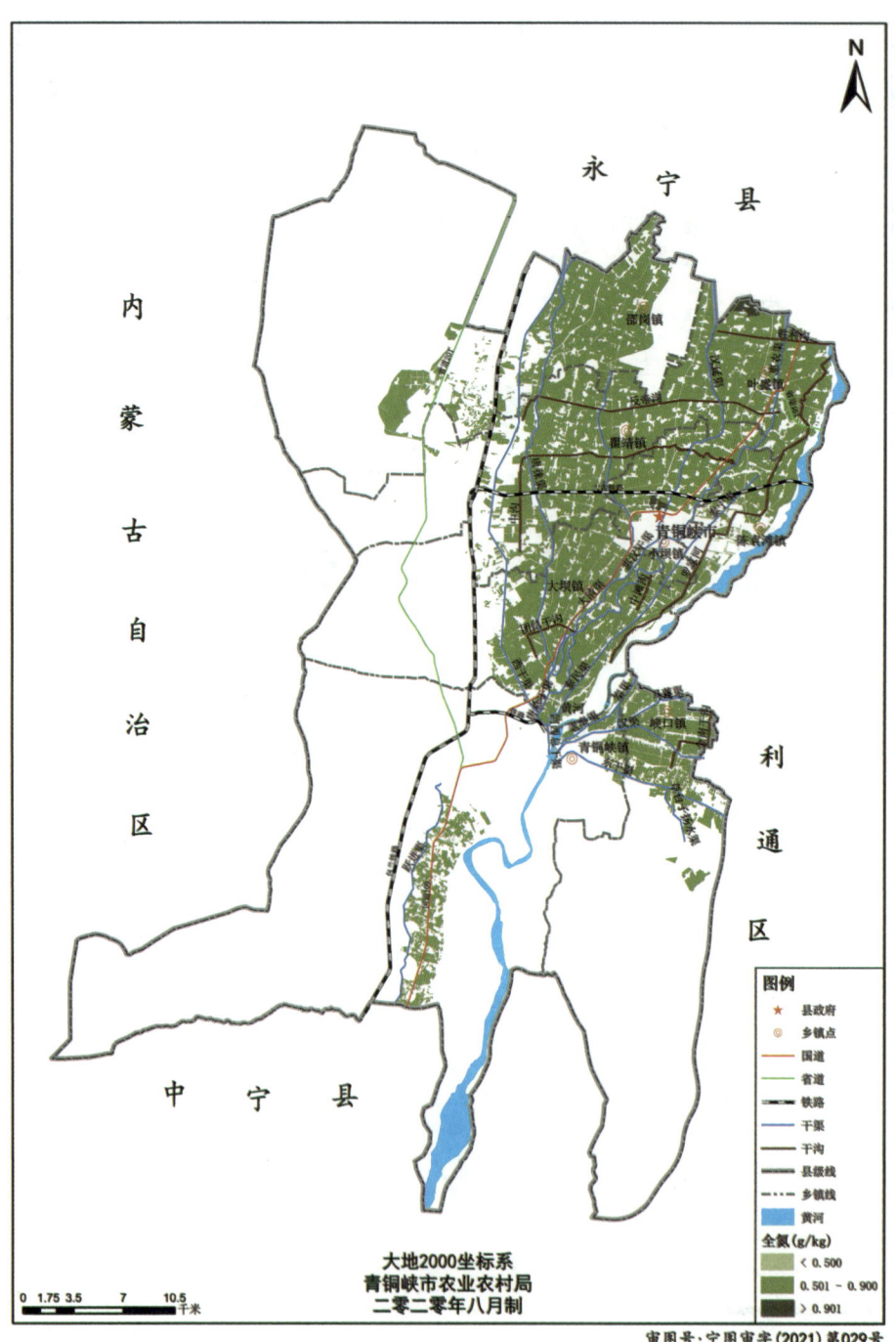

《青铜峡市耕地土壤碱解氮分布图》

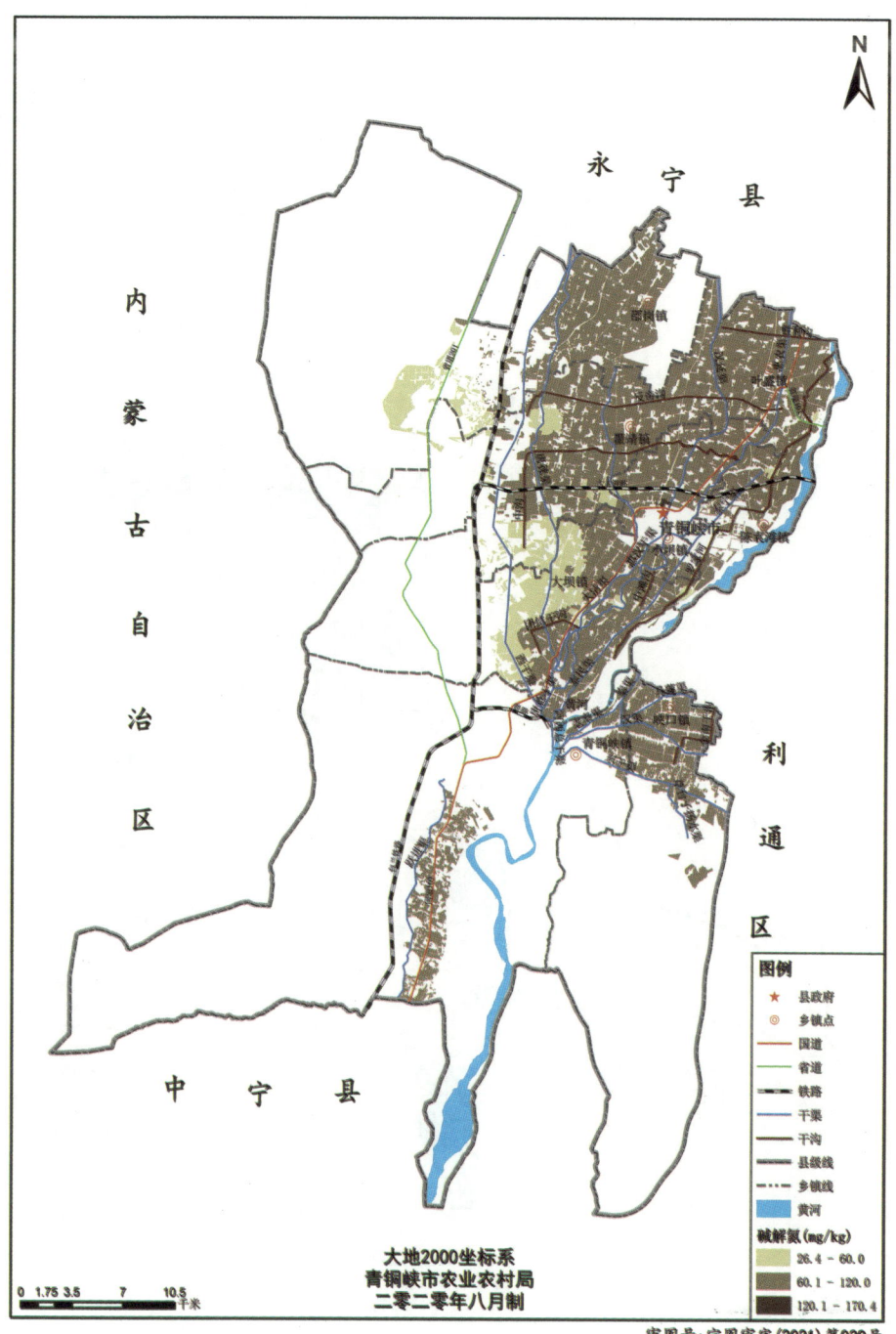

《青铜峡市耕地土壤有效磷分布图》

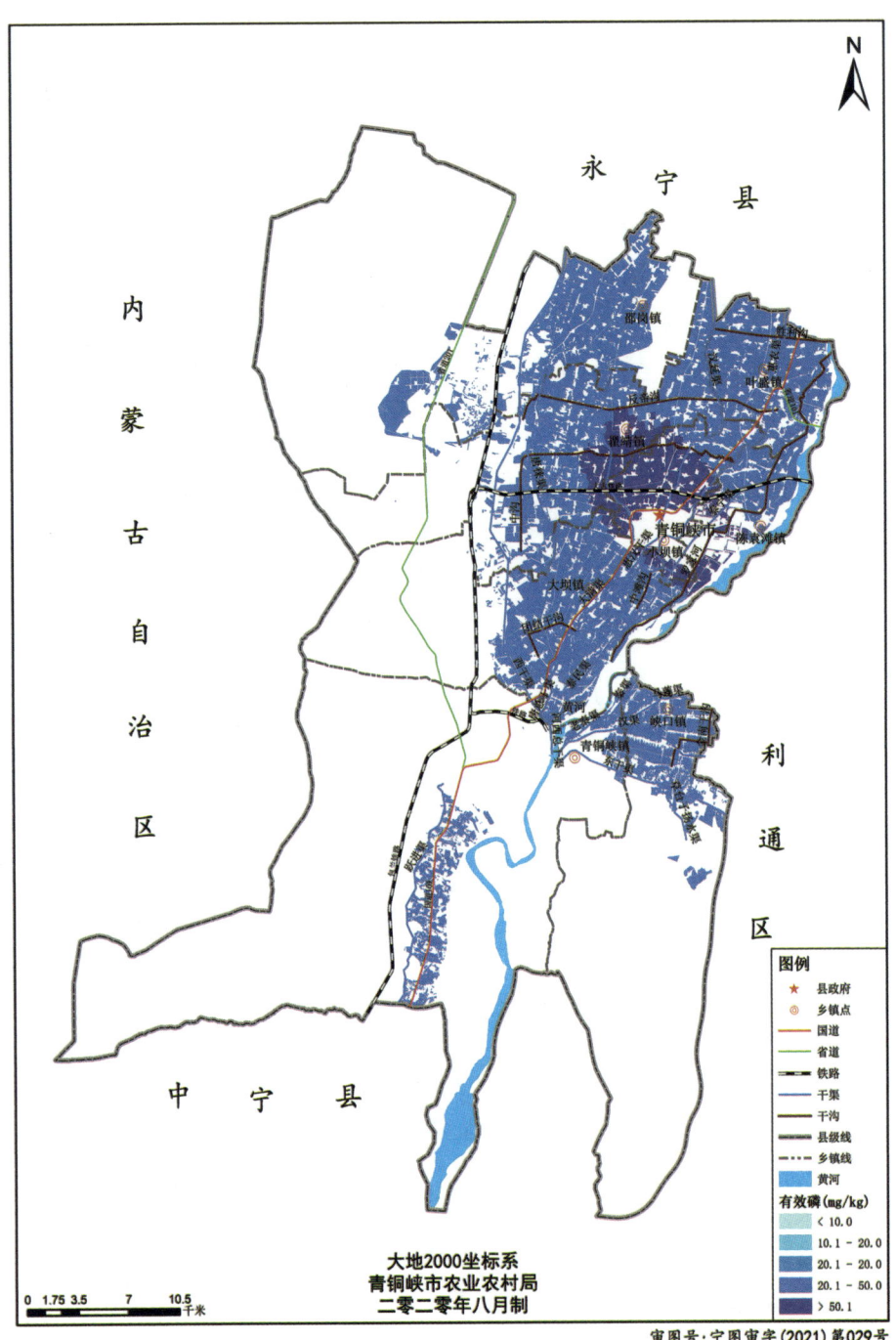

附件:专题图件

《2018年青铜峡市耕地质量等级分布图》

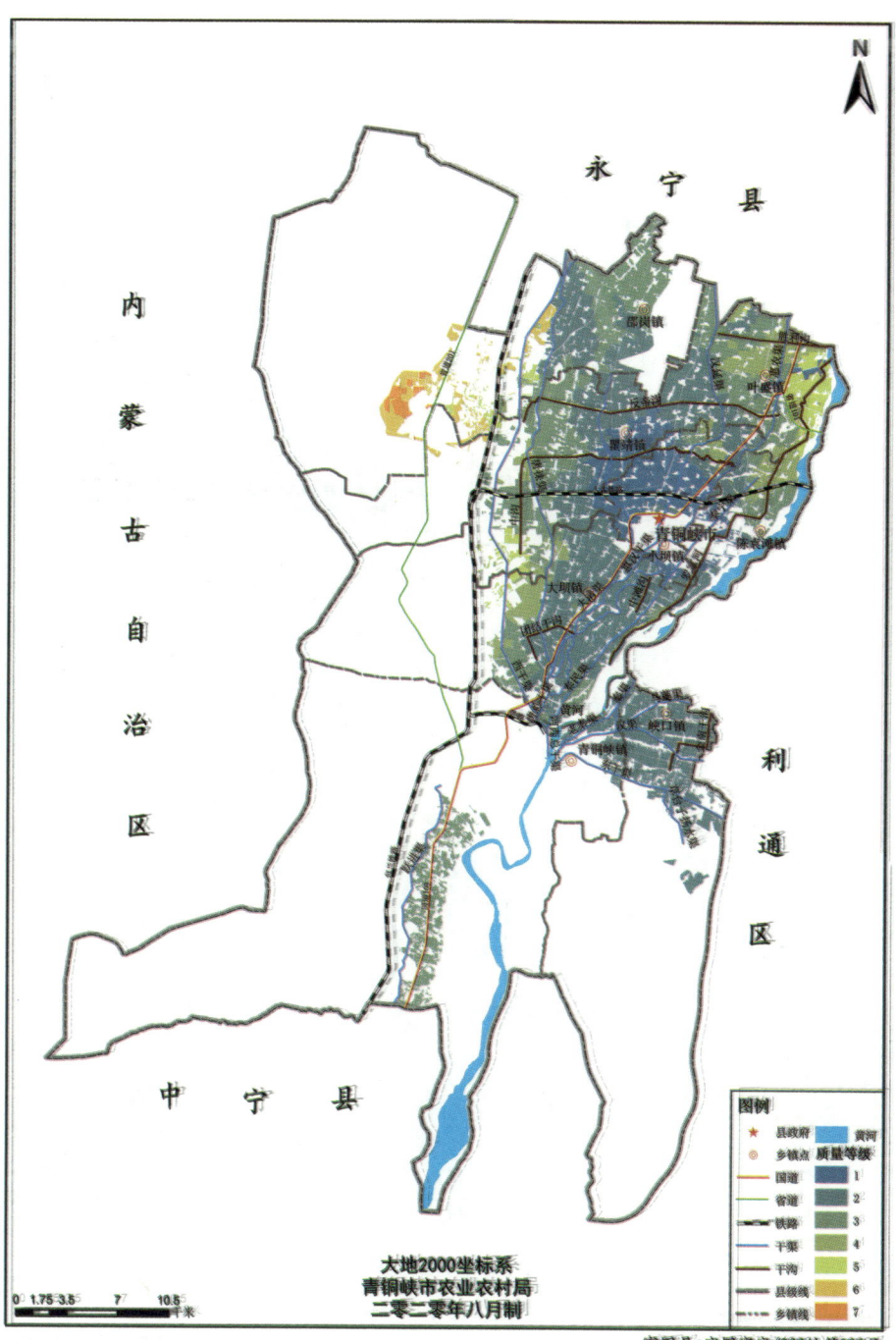

《2019年青铜峡市耕地质量等级分布图》

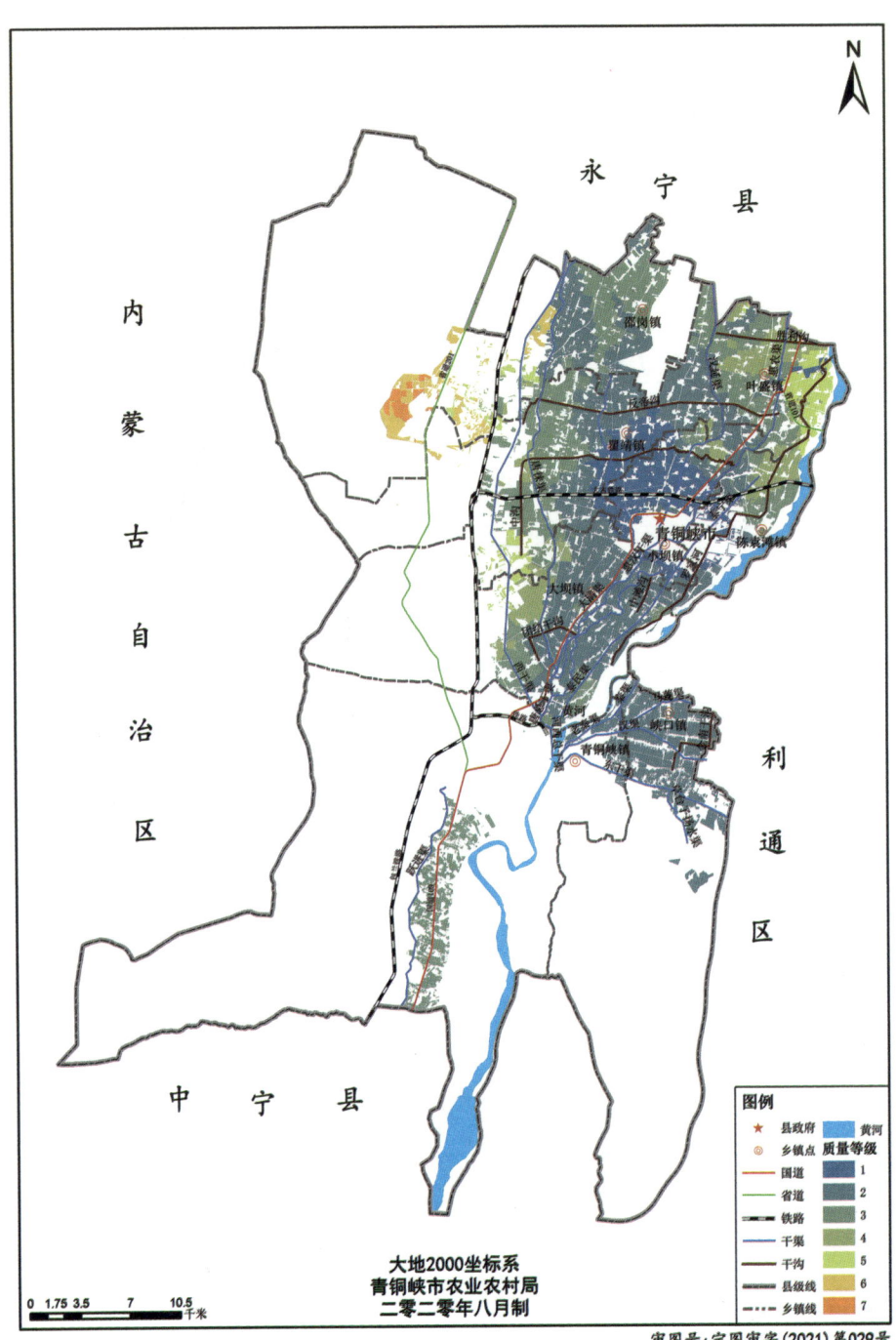

附件：专题图件

《青铜峡市供港蔬菜基地耕地质量等级分布图》

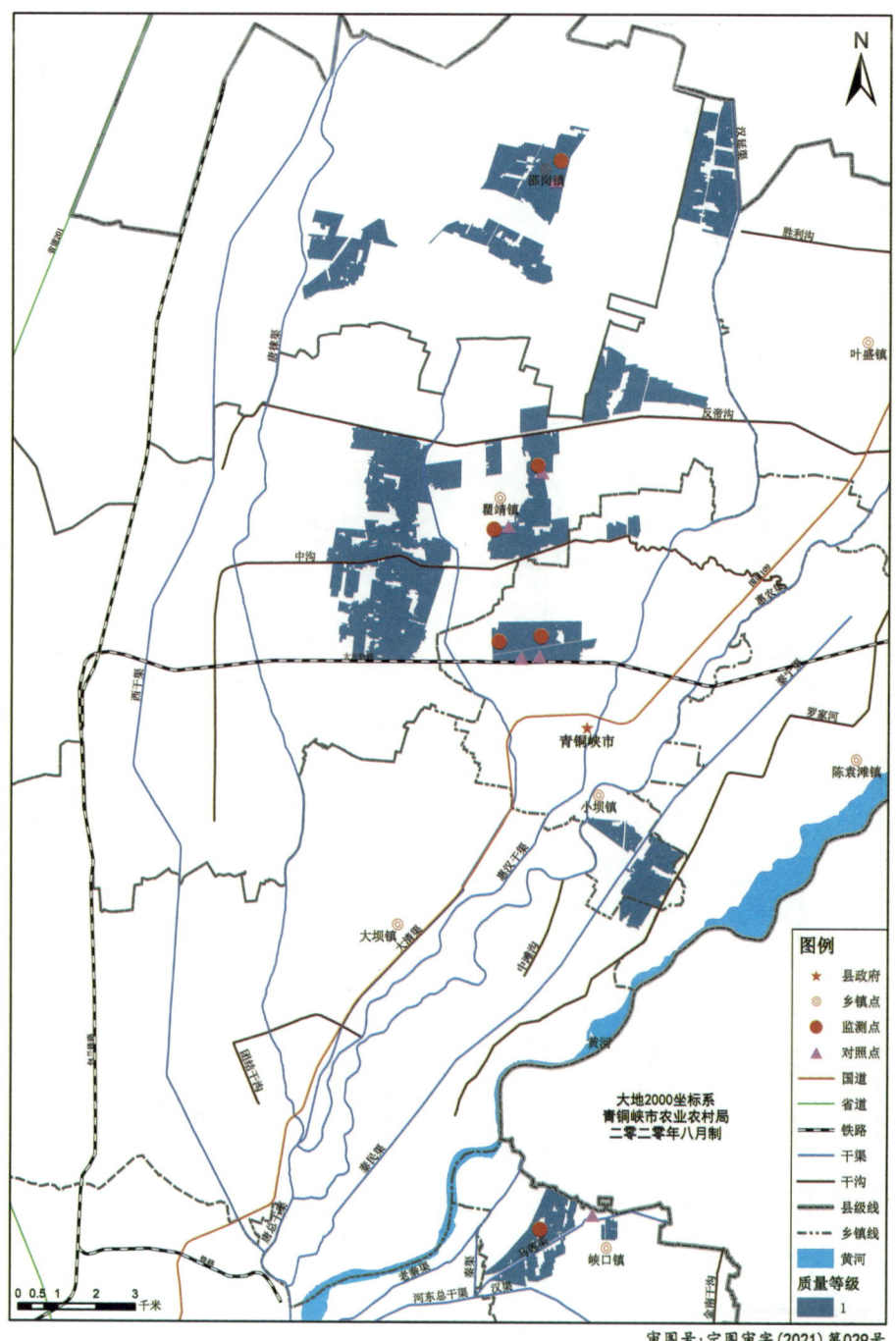

《青铜峡市供港基地采样点位分布图》

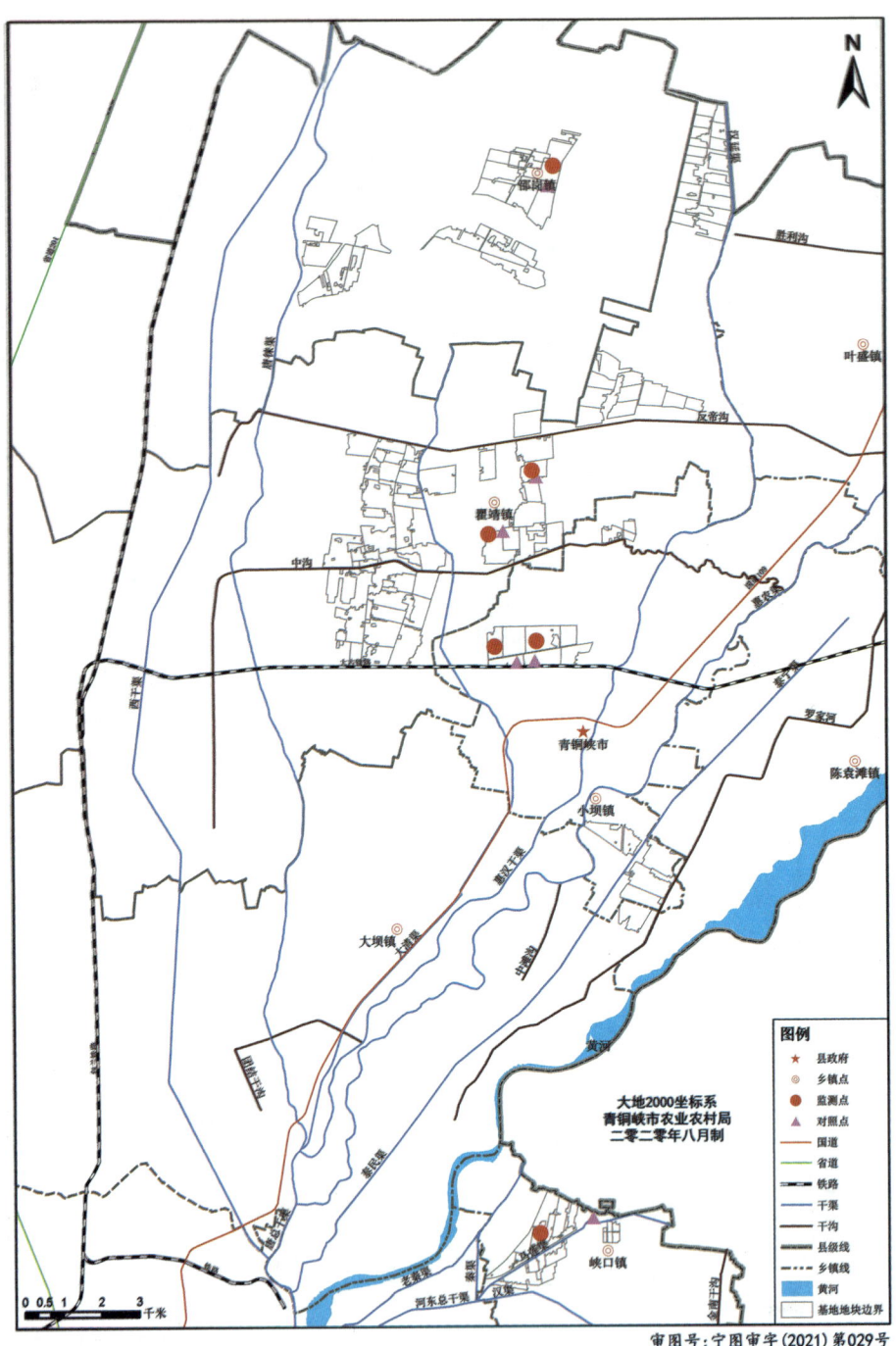

附件：专题图件

《青铜峡市供港基地耕地土壤 pH 分布图》

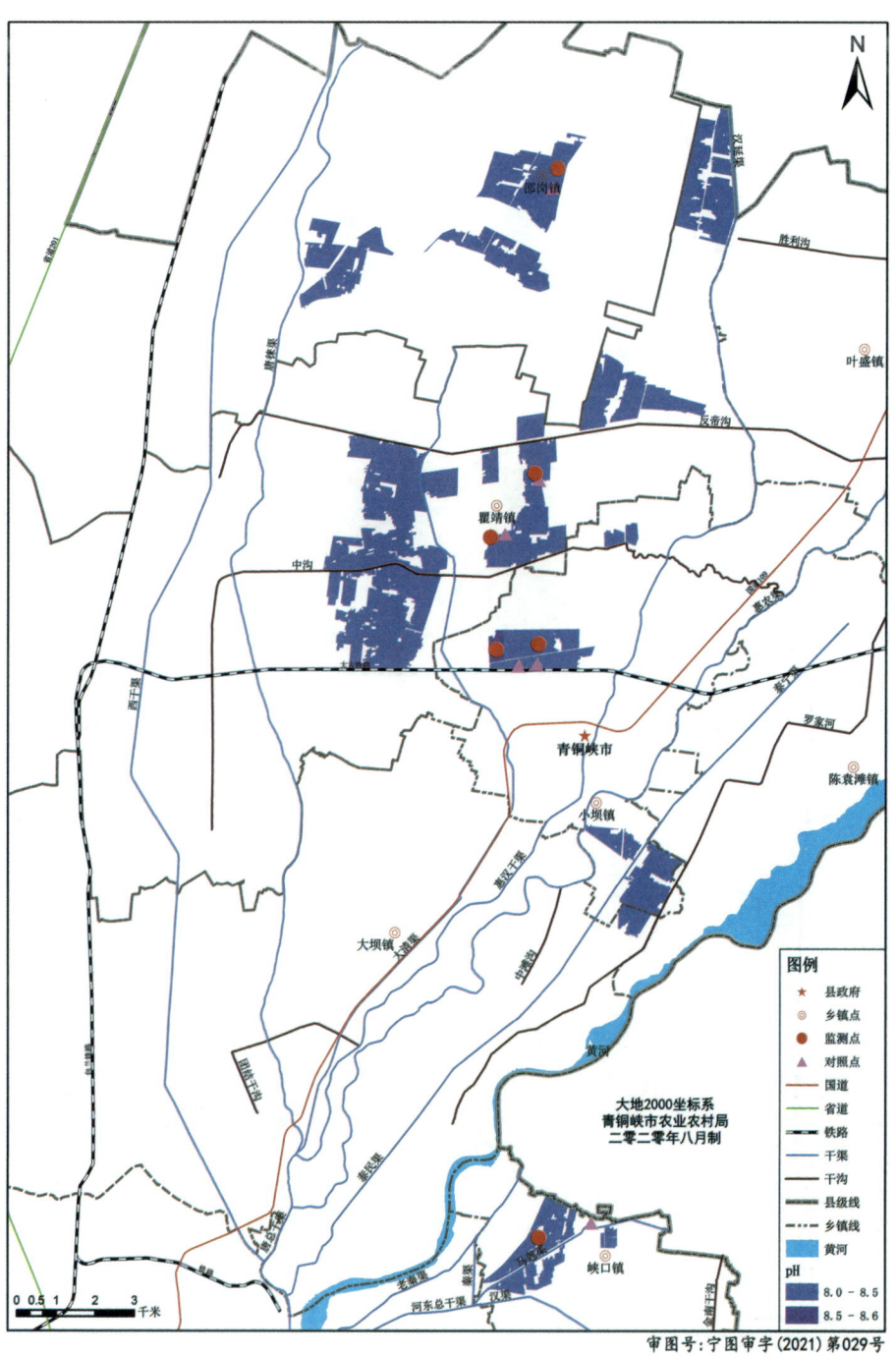

《青铜峡市供港基地耕地土壤有机质分布图》

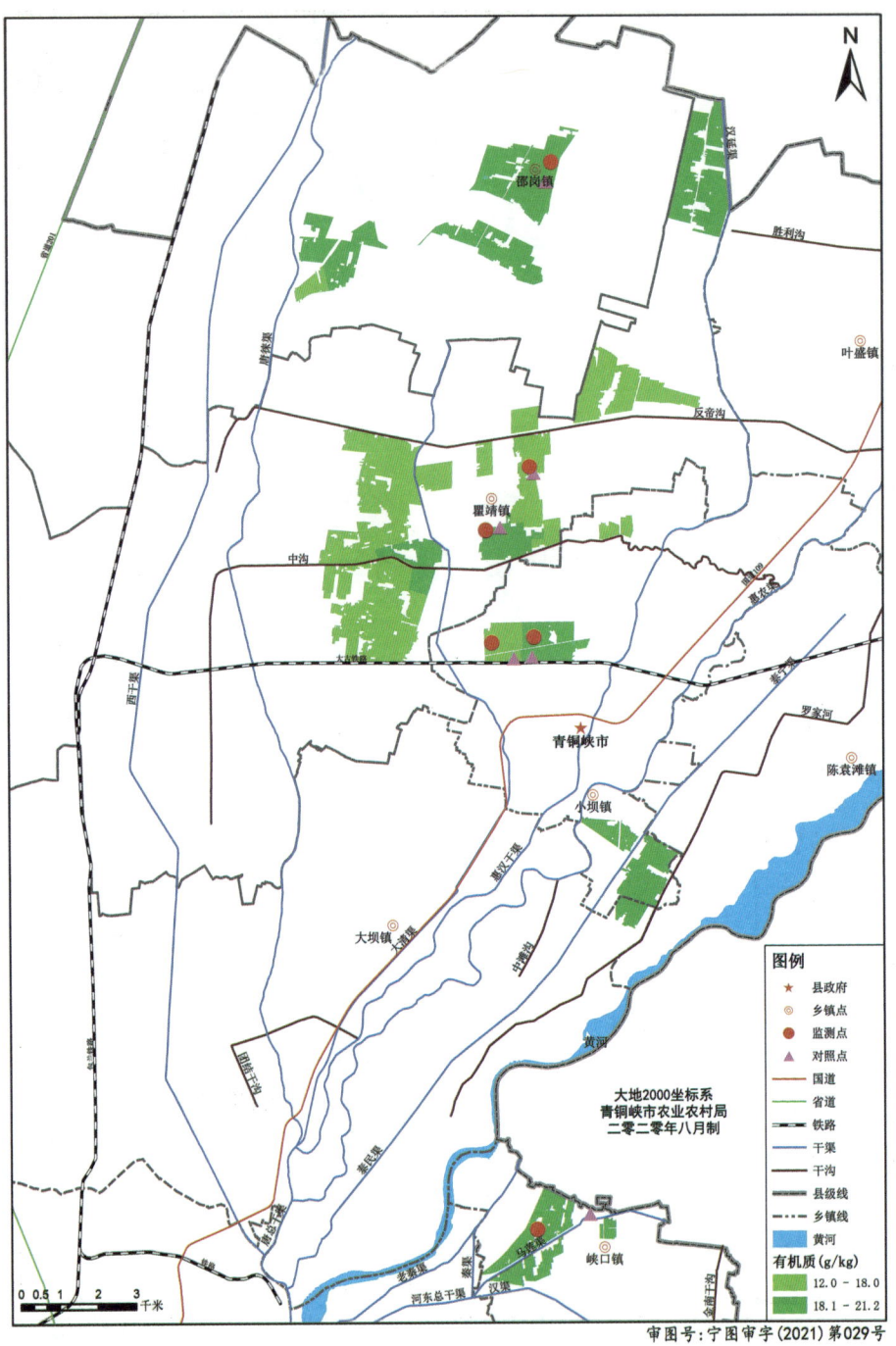

附件:专题图件

《青铜峡市供港基地耕地土壤有效磷分布图》

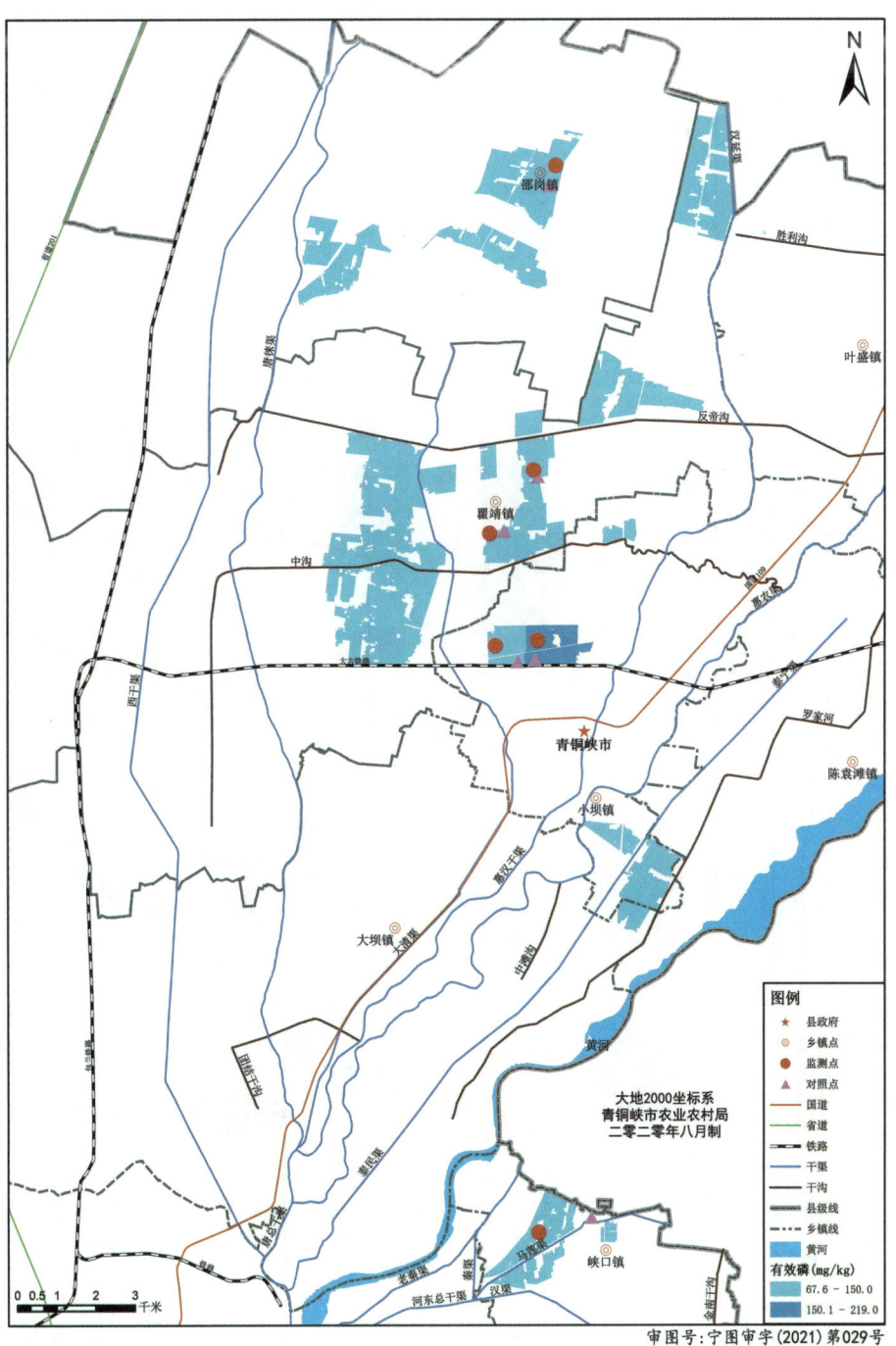

《青铜峡市供港基地耕地土壤速效钾分布图》

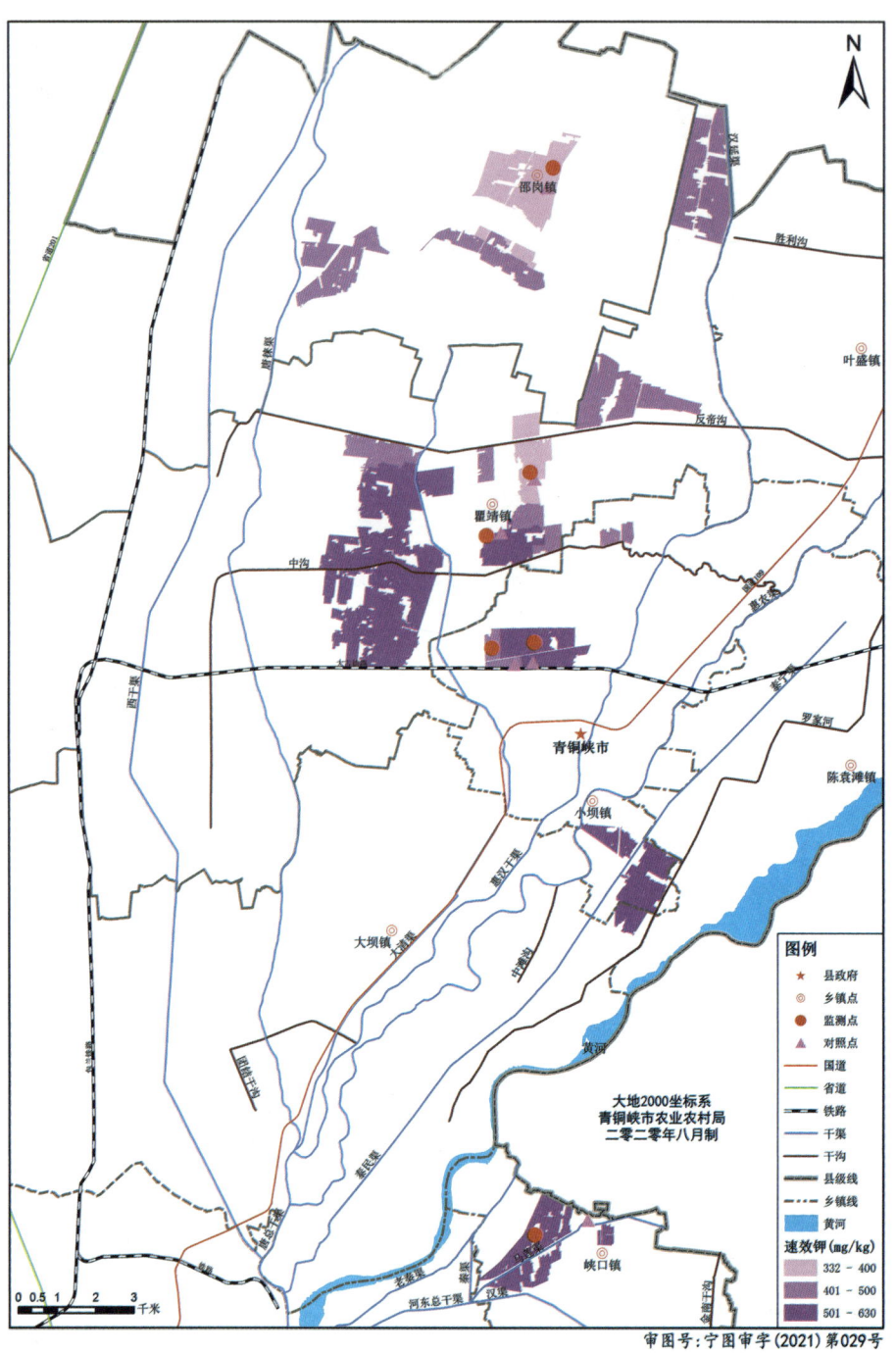

附件:专题图件

《青铜峡市供港基地耕地土壤缓效钾分布图》

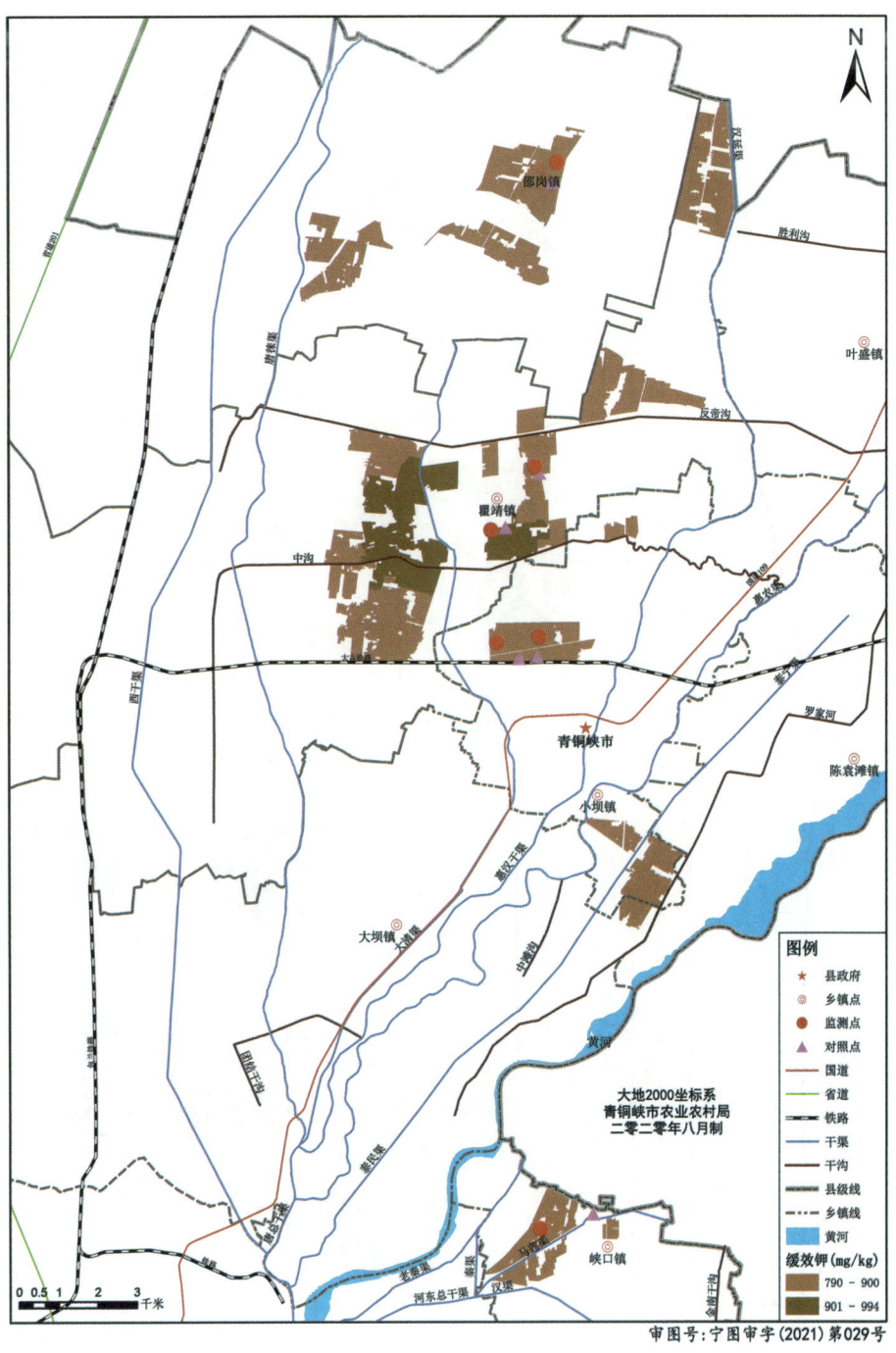

《青铜峡市供港基地耕地土壤全氮分布图》

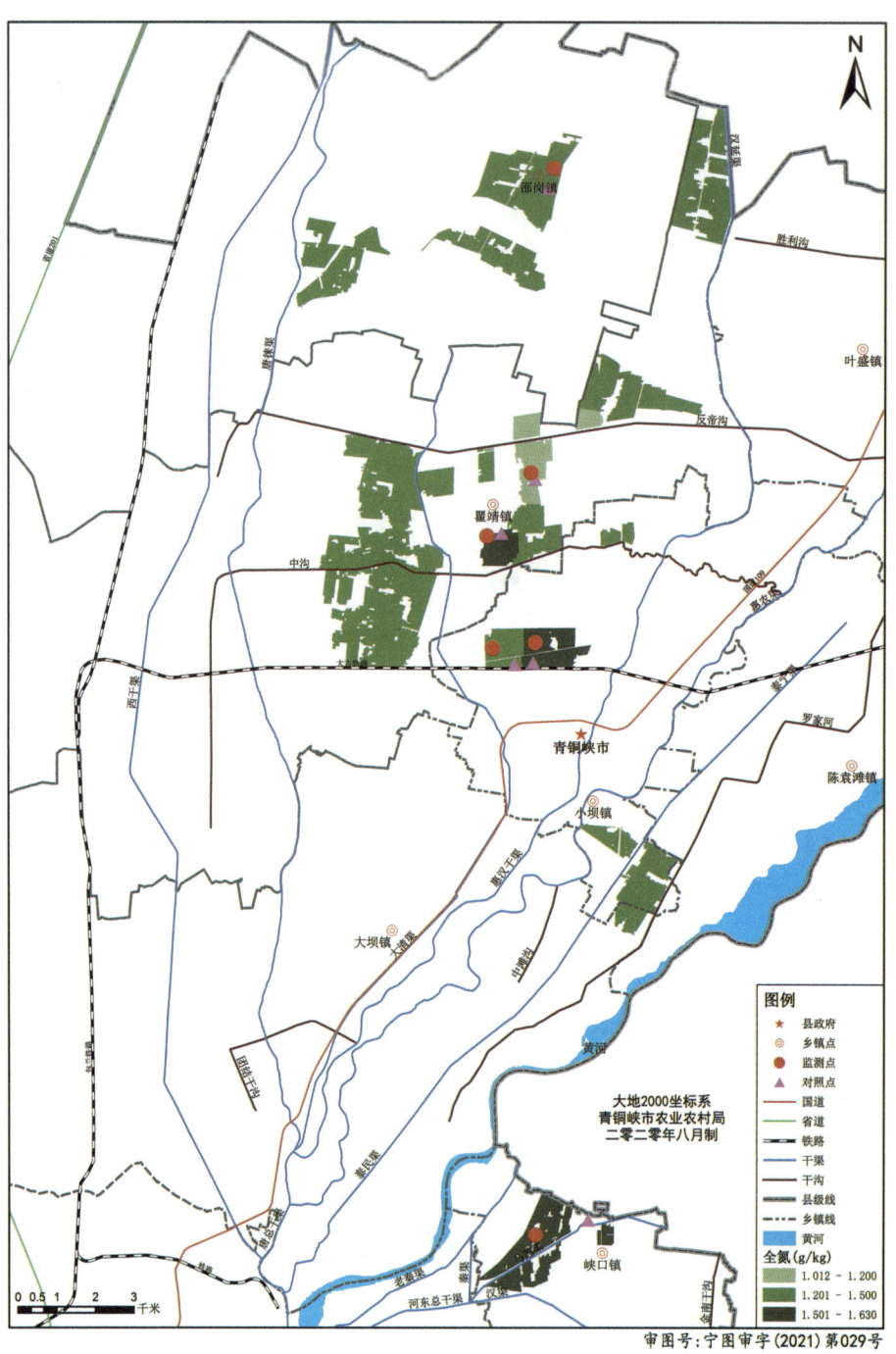

附件：专题图件

《青铜峡市供港基地耕地土壤全盐分布图》

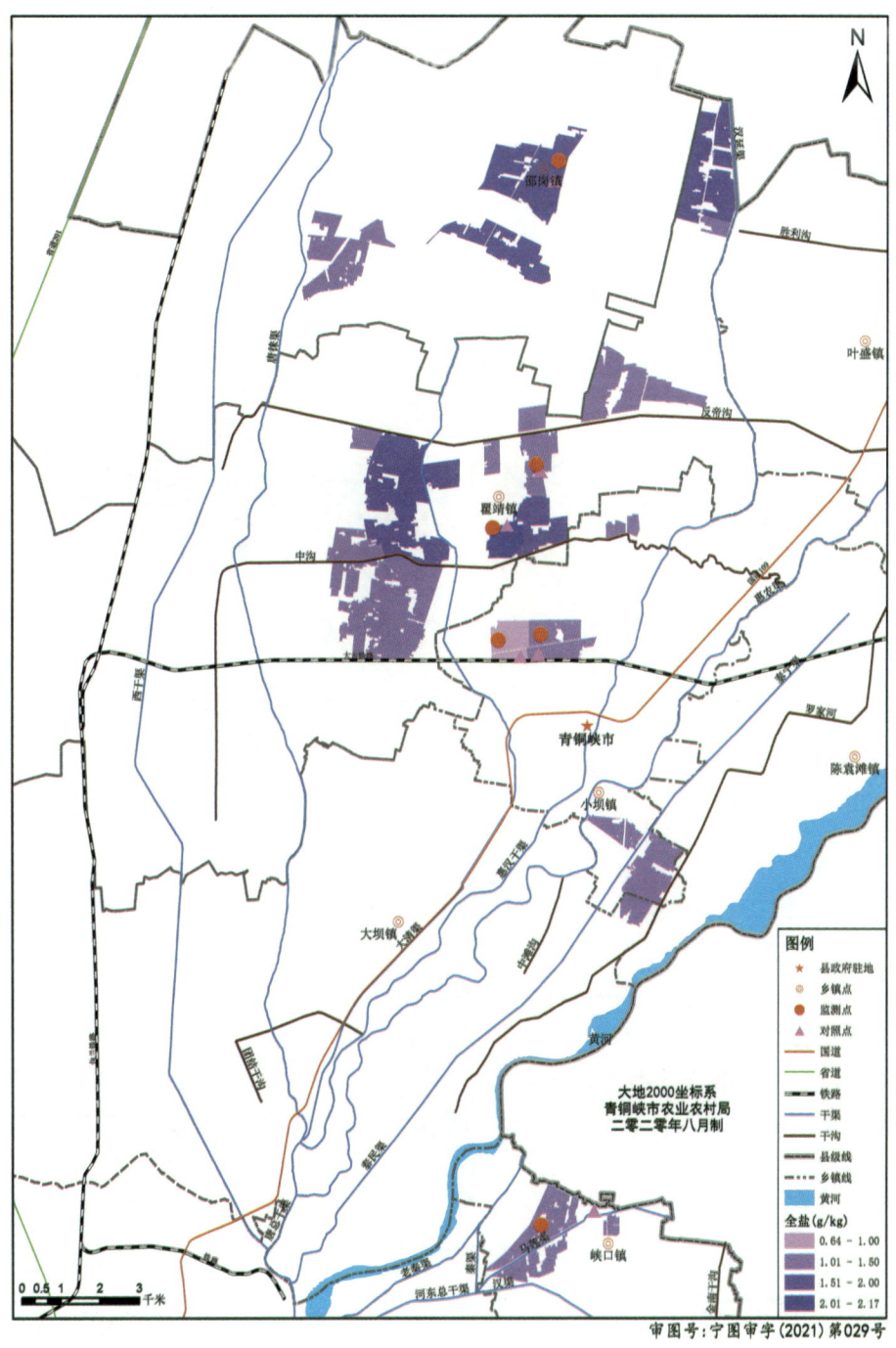

《青铜峡市耕地中低产田分布图》

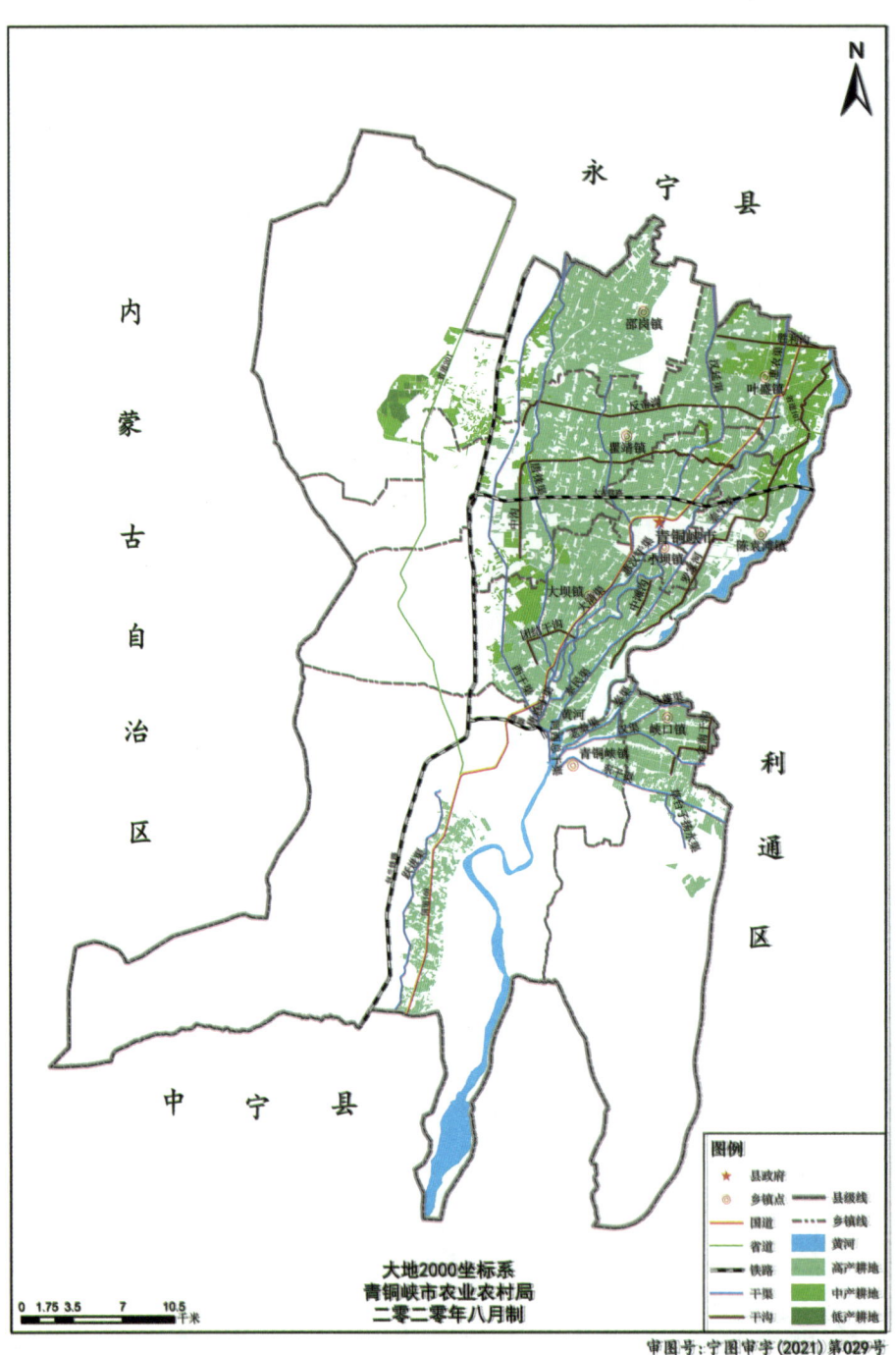

附件:专题图件

《青铜峡市耕地盐渍化分布图》

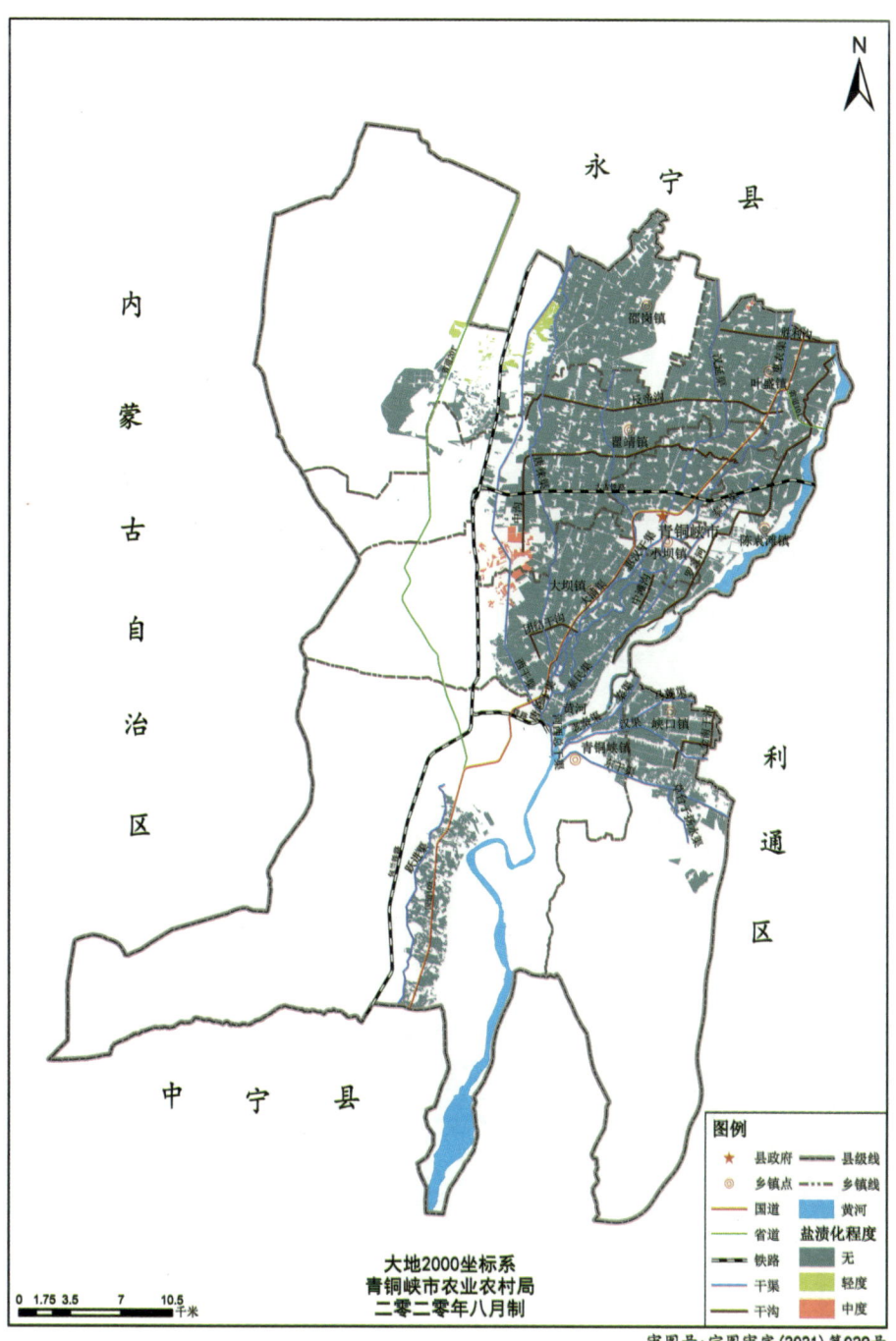